| 개정판 |

모아
전기산업기사

 **과년도 10개년**

모아합격전략연구소

전기산업기사 자격시험 알아보기

01 전기산업기사는 어떤 업무를 담당하는가?

A. 전기는 관련설비의 시공과 작동에 있어서 전문성이 요구되는 분야로 전기기계기구의 설계, 제작, 관리 등과 전기설비를 구성하는 모든 기자재의 규격, 크기, 용량 등을 산정하기 위한 계산 및 자료의 활용을 하며 전기설비의 설계, 도면 및 시방서 작성, 점검 및 유지, 시험작동, 운용관리 등에 전문적인 역할과 전기안전 관리 담당자로서의 업무를 수행합니다.

02 전기산업기사 자격시험은 어떻게 시행되는가?

시행기관
한국산업인력공단

시험과목(필기)
전기자기학
전력공학
전기기기
회로이론
전기설비기술기준

시행과목(실기)
전기설비설계 및 관리

검정방법(필기)
객관식 과목당 20문항
(과목당 30분)

검정방법(실기)
필답형 2시간

합격기준
필기 : 100점 만점에 과목당 40점 이상
전과목 평균 60점 이상
실기 : 100점 만점에 60점 이상

03 전기산업기사 자격시험은 언제 시행되는가?

구분	필기원서접수	필기시험	필기 합격자 발표 (예정자)	실기 원서접수	실기 시험	최종 합격자 발표일
2024년 제1회	01.23 ~ 01.26	02.15 ~ 03.07	03.13(수)	03.26 ~ 03.29	04.27 ~ 05.12	06.18(화)
2024년 제2회	04.16 ~ 04.19	05.09 ~ 05.28	06.05(수)	06.25 ~ 06.28	07.28 ~ 08.14	09.10(화)
2024년 제3회	06.18 ~ 06.21	07.05 ~ 07.27	08.07(수)	09.10 ~ 09.13	10.19 ~ 11.08	12.11(수)

자세한 시험일정과 정보는 큐넷(https://www.q-net.or.kr)을 참고 바랍니다.

04 전기산업기사 최근 합격률은 어떠한가?

연도	필기			실기		
	응시	합격	합격률	응시	합격	합격률
2023	29,955명	5,607명	18.72%	11,159명	5,641명	50.55%
2022	31,121명	6,692명	21.50%	16,223명	3,917명	24.10%
2021	37,892명	6,991명	18.40%	18,416명	5,020명	27.30%
2020	34,534명	8,706명	25.20%	18,082명	4,955명	27.40%
2019	37,091명	6,629명	17.90%	13,179명	4,486명	34.04%
2018	30,920명	6,583명	21.30%	12,331명	4,820명	39.10%
2017	29,428명	5,779명	19.60%	12,159명	4,334명	35.60%

05 전기산업기사 자격시험 응시 사이트는 어디인가?

A. 큐넷(http://www.q-net.or.kr) 원서 접수는 온라인(인터넷, 모바일앱)에서만 가능합니다. 스마트폰, 태블릿PC 사용자는 모바일앱 프로그램을 설치한 후 접수 및 취소, 환불서비스를 이용하시기 바랍니다.

참 잘 만들어서 참 공부하기 쉬운
모아 전기산업기사 실기 과년도 10개년

이 책의 특징 살짝 엿보기

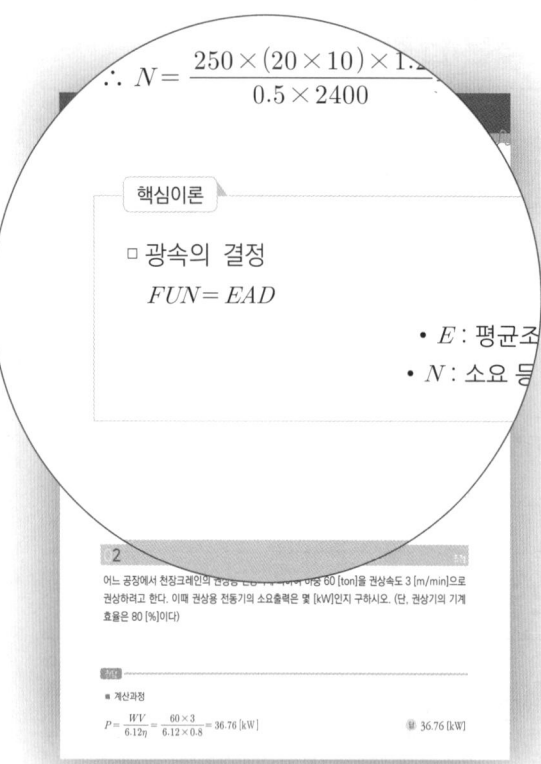

핵심이론 챙겨가기

기출문제와 연계된 **핵심이론을 별도로 정리**하여 중요한 내용을 복습하고 암기할 수 있게 구성했습니다.

중요성에 맞춰 학습하기

각 문항의 **배점정보를 제공**하여 문제의 **중요도에 맞춰 학습**할 수 있도록 준비했습니다.

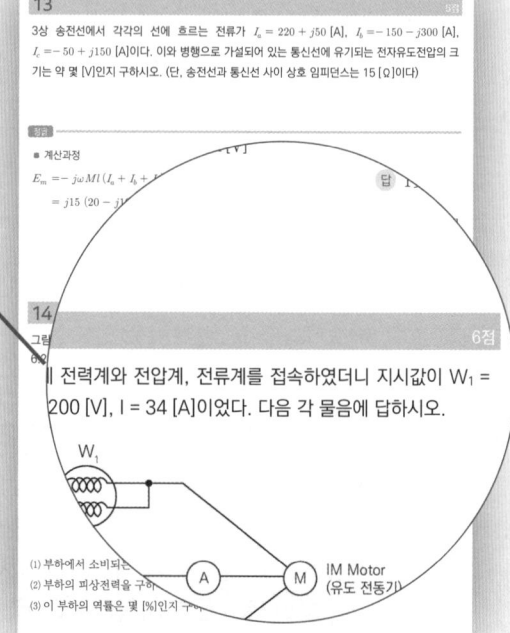

2023년 제1회

10개년 기출로 정복하기

너무 많은 기출문제는 비효율적입니다.
최신 2023년부터 딱 **10년치만 준비**하여
빠르게 합격할 수 있게 준비했습니다.

해설까지 한번에 확인하기

문제와 해설을 **연계해 배치**하여
모르는 부분을 바로 확인하며
학습효율을 극대화할 수 있게 했습니다.

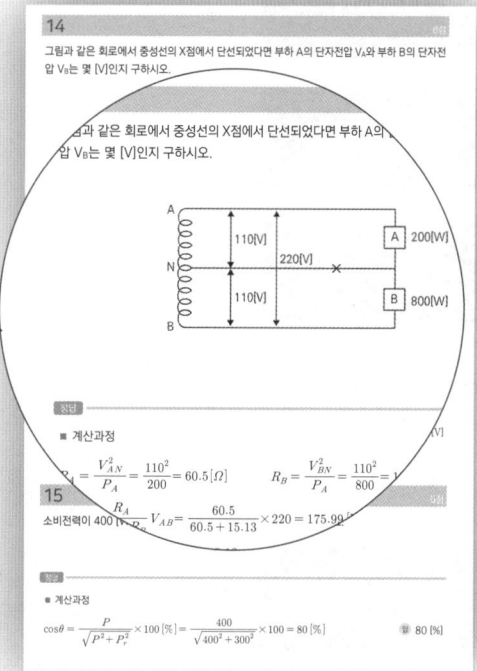

전기산업기사 실기 과년도 10개년
17일만에 완성하기

하루 소요 공부예정시간
대략 평균 3시간

📝 모아 전기산업기사 실기 과년도 10개년

DAY 1	2023년 제1회 / 2023년 제2회	**DAY 2**	2023년 제3회 / 2022년 제1회
DAY 3	2022년 제2회 / 2022년 제3회	**DAY 4**	2021년 제1회 / 2021년 제2회
DAY 5	2021년 제3회 / 2020년 제1회	**DAY 6**	2020년 제2회 / 2020년 제3회
DAY 7	2020년 제4, 5회 / 2019년 제1회	**DAY 8**	2019년 제2회 / 2019년 제3회
DAY 9	2018년 제1회 / 2018년 제2회	**DAY 10**	2018년 제3회 / 2017년 제1회
DAY 11	2017년 제2회 / 2017년 제3회	**DAY 12**	2016년 제1회 / 2016년 제2회
DAY 13	2016년 제3회 / 2015년 제1회	**DAY 14**	2015년 제2회 / 2015년 제3회
DAY 15	2014년 제1회 / 2014년 제2회	**DAY 16**	2014년 제3회

🖊 학습 Comment

기출문제가 주를 이루고 있지만 이론을 바탕으로 학습하길 추천드리며 자주 나오는 계산문제들은 반드시 점수를 획득해야 하므로 놓치지 않도록 해주세요.
의외로 단답형 문제로 합격 여부가 갈리는 경우도 있으니 자주 나왔던 문제들은 따로 정리해서 틈틈이 연습하길 추천드립니다.
기출문제는 이론편을 학습했다면 많이 다뤘던 내용이므로 스스로 풀어본 후 문제풀이 강의를 수강해주시면 됩니다.

DAY 17 — 최종점검 - 계산문제에서 **계산기 사용 시 어려움이 없도록** 확인하시고, 따로 **체크해둔 문제 위주로 마무리**해주세요.

2024 모아 전기산업기사 시리즈

실기

필기

막힘없이 달려가다 보면
가끔은 막막한 순간이 다가올 때가 있습니다

"어떤 길을 걸어야 하지?"
"얼마나 걸어야 할까?"
"이제 어떻게 걸어야 하지…?"

본 교재가 수많은 물음표에 느낌표가 되어드리겠습니다.
믿고 도전해 보세요.

천천히 걷다 보면 어느새 그리던 목적지가 나타날 것입니다.
그 곳을 향해 함께 걸어가겠습니다.

합격을 응원합니다.

- 김영언 드림

| 개정판 |

모아
전기산업기사

 과년도 10개년

모아합격전략연구소

이 책의 순서

과년도 기출문제

2023년
2023년 제1회 ··· 014
2023년 제2회 ··· 026
2023년 제3회 ··· 044

2022년
2022년 제1회 ··· 057
2022년 제2회 ··· 069
2022년 제3회 ··· 082

2021년
2021년 제1회 ··· 096
2021년 제2회 ··· 114
2021년 제3회 ··· 129

2020년
2020년 제1회 ··· 142
2020년 제2회 ··· 156
2020년 제3회 ··· 170
2020년 제4, 5회 ·· 183

2019년
2019년 제1회 ··· 200
2019년 제2회 ··· 213
2019년 제3회 ··· 226

2018년

2018년 제1회	240
2018년 제2회	254
2018년 제3회	266

2017년

2017년 제1회	282
2017년 제2회	294
2017년 제3회	307

2016년

2016년 제1회	323
2016년 제2회	338
2016년 제3회	350

2015년

2015년 제1회	363
2015년 제2회	376
2015년 제3회	387

2014년

2014년 제1회	400
2014년 제2회	411
2014년 제3회	422

모아 전기산업기사 실기

과년도 기출문제

2023년 제1회

01 (4점)

아래 그림은 154 [kV] 계통 절연협조를 위한 각 기기의 절연강도 비교표이다. 변압기, 선로애자, 개폐기 지지애자, 피뢰기 제한전압이 속해 있는 부분은 어느 곳인지 쓰시오.

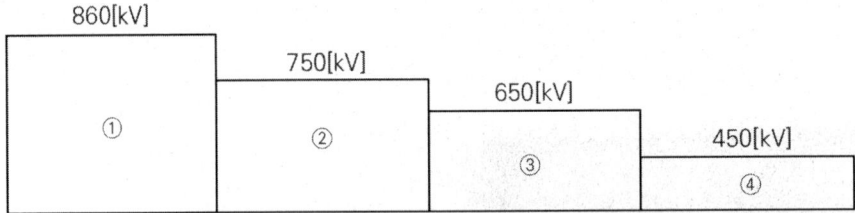

정답

① 선로애자

② 개폐기 지지애자

③ 변압기

④ 피뢰기 제한전압

02 (5점)

그림과 같은 방전 특성을 갖는 부하에 대하여 각 물음에 답하시오. (단, 방전전류는 $I_1 = 500$, $I_2 = 300$, $I_3 = 80$, $I_4 = 180$ [A]. 방전시간은 $T_1 = 120$, $T_2 = 119$, $T_3 = 50$, $T_4 = 1$ [min]. 용량환산시간은 $K_1 = 2.49$, $K_2 = 2.49$, $K_3 = 1.46$, $K_4 = 0.57$ 보수율은 0.8을 적용한다)

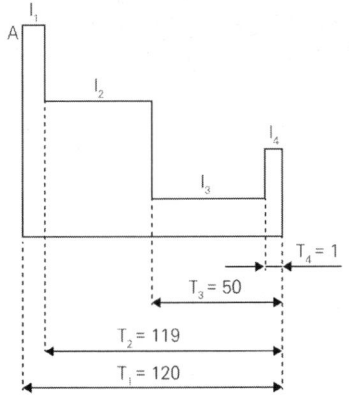

(1) 이와 같은 방전 특성을 갖는 축전지 용량은 몇 [Ah]인지 구하시오.
(2) 납축전지의 정격방전율은 몇 시간으로 하는지 쓰시오.
(3) 축전지의 전압은 납축전지에서 1단위당 몇 [V]인지 쓰시오.
(4) 예비전원으로 시설되는 축전지로부터 부하에 이르는 전로에는 개폐기와 또 무엇을 설치해야 하는지 쓰시오.

정답

■ 계산과정

(1) $C = \dfrac{1}{L}KI$ 에서

$C = \dfrac{1}{L}\{K_1 I_1 + K_2(I_2 - I_1) + K_3(I_3 - I_2) + K_4(I_4 - I_3)\}$

$= \dfrac{1}{0.8}\{2.49 \times 500 + 2.49(300 - 500) + 1.46(80 - 300) + 0.57(180 - 80)\}$

$= 603.5\,[\text{Ah}]$

(2) 10시간

(3) 2.0 [V/cell]

(4) 과전류 차단기

핵심이론

□ 축전지 용량

$C = \dfrac{1}{L}KI\,[\text{Ah}]$

C : 축전지의 용량[Ah], L : 보수율(경년 용량 저하율)
K : 용량환산시간계수, I : 방전전류[A]

03

다음은 CT 2대를 V결선하고 OCR 3대를 그림과 같이 연결하였다. 그림을 보고 각 물음에 답하시오.

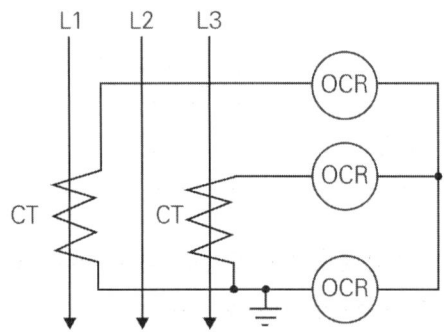

(1) 그림에서 CT의 변류비가 30/5이고, 변류기 2차 측 전류를 측정하였더니 3 [A]의 전류가 흘렀다면 수전전력은 몇 [kW]인지 구하시오. (단, 수전전압은 22900 [V], 역률은 90 [%]이다)

(2) OCR은 주로 어떤 사고가 발생하였을 때 동작하는지 쓰시오.

(3) 통전 중에 있는 변류기 2차 측 기기를 교체하고자 할 때 가장 먼저 취해야 할 조치는 무엇인지 쓰시오.

정답

■ 계산과정

(1) $P = \sqrt{3}\, V_1 I_1 \cos\theta \times 10^{-3} = \sqrt{3} \times 22900 \times \left(3 \times \dfrac{30}{5}\right) \times 0.9 \times 10^{-3} = 642.56\,[\text{kW}]$

(2) 단락사고

(3) 변류기의 2차 측을 단락시킨다.

핵심이론

□ CT의 1차 전류
- 가동접속 : $I_1 = I_2 \times CT$비
- 차동접속 : $I_1 = I_2 \times CT$비 $\times \dfrac{1}{\sqrt{3}}$

04

변압기 또는 선로의 사고에 의해서 뱅킹 내의 건전한 변압기의 일부 또는 전부가 연쇄적으로 회로로부터 차단되는 현상을 무엇이라고 하는지 쓰시오.

정답

캐스케이딩

> **핵심이론**
>
> □ 캐스케이딩 현상
> - 변압기 또는 선로의 사고에 의해서 뱅킹 내의 건전한 변압기의 일부 또는 전부가 연쇄적으로 회로로부터 차단되는 현상
> - 변압기의 뱅킹 방식에서 발생
> - 변압기와 연결되어 있는 저압선의 중간에 퓨즈를 설치하여 사고확대를 방지

05

서지흡수기의 역할과 설치장소를 쓰시오.

정답

(1) 역할 : 개폐 서지를 억제하여 2차 기기를 보호
(2) 설치위치 : 차단기 2차 측과 부하 측의 1차 측 사이

06

특고압용 변압기에서 내부에 고장이 생겼을 경우에 보호하는 장치를 시설하여야 할 때 변압기의 내부고장을 보호하기 위한 장치를 ( ) 안에 적으시오.

(1) 전기적 보호장치 : (   )
(2) 기계적 보호장치 : (   ), (   )

> 정답

(1) 비율차동 계전기

(2) 부흐홀츠 계전기, 충격압력 계전기

07 (6점)

조명에 사용되는 다음 용어를 설명하시오.

(1) 광속

(2) 조도

(3) 광도

> 정답

(1) 광속 : 광원으로부터 나오는 방사속 중 눈으로 보아 빛으로 느끼는 크기를 나타낸 것
(2) 조도 : 면의 단위면적당 입사광속에 대해 그 면이 밝게 빛나는 정도
(3) 광도 : 광원에서 어떤 방향에 대한 단위입체각으로 발산되는 빛의 세기

핵심이론

□ 조명용어

용어	기호	단위	정의
광속	F	루멘[lm]	광원으로 나오는 복사속을 눈으로 보아 빛으로 느끼는 크기를 나타낸 것
광도	I	칸델라[cd]	광원이 가지고 있는 빛의 세기
조도	E	럭스[lx]	어떤 물체에 광속이 입사하여 그 면은 밝게 빛나는 정도로 밝음을 의미함
휘도	B	스틸브[sb], 니트[nt]	단위면적당의 광도로 눈부심의 정도(표면의 밝기)
광속 발산도	R	레드럭스[rlx]	물체의 어느 면에서 반사되어 발산하는 광속

08

어느 수용가의 부하설비 용량이 1000 [kW], 수용률이 70 [%], 역률이 85 [%]일 때 최대수용전력은 몇 [kVA]인지 구하시오.

정답

■ 계산과정

$$최대수용전력 = \frac{설비용량 \times 수용률}{역률} = \frac{1000 \times 0.7}{0.85} = 823.53 \, [kVA]$$

답 823.53 [kVA]

09

전력보안통신설비란 전력의 수급에 필요한 급전·운전·보수 등의 업무에 사용되는 전화 및 원격지에 있는 설비의 감시·제어·계측·계통보호를 위해 전기적·광학적으로 신호를 송·수신하는 제어장치와 전송로설비 및 전원설비 등을 말한다. 이를 시설하는 장소 3가지를 쓰시오.

정답

(1) 송전선로

(2) 배전선로

(3) 발전소, 변전소 및 변환소

10

어느 수용가 A, B, C에 공급하는 배선선로의 최대전력이 9300 [kW]일 때, 수용가의 부등률을 구하시오.

수용가	설비 용량[kW]	수용률[%]
A	4500	80
B	5000	60
C	7000	50

정답

■ 계산과정

$$\text{합성최대 용량} = \frac{\text{설비용량} \times \text{수용률}}{\text{부등률}}$$

$$\text{부등률} = \frac{(4500 \times 0.8) + (5000 \times 0.6) + (7000 \times 0.5)}{9300} = 1.09$$

답 1.09

핵심이론

□ 부등률
① 동시간대 변압기에서 사용하는 합성 전력과 각 시간별 최대수용전력 합의 비
② 부등률 = $\dfrac{\text{수용설비 각각의 최대수용전력의 합}}{\text{합성 최대수용전력}} \geq 1$
③ 합성최대전력 = $\dfrac{\text{설비 용량} \times \text{수용률}}{\text{부등률}}$

11 5점

6극 50 [Hz]의 전부하 회전수 950 [rpm]의 3상 권선형 유도전동기의 1상의 저항이 r일 때 상회전 방향을 반대로 바꿔 역전제동을 하는 경우 제동토크를 전부하토크와 같게 하기 위한 회전자 삽입저항 R은 r의 몇 배인지 구하시오.

정답

■ 계산과정

동기속도 $N_s = \dfrac{120f}{p} = \dfrac{120 \times 50}{6} = 1000 \,[\text{rpm}]$

전부하슬립 $s = \dfrac{N_s - N}{N_s} = \dfrac{1000 - 950}{1000} = 0.05$

역회전슬립 $s' = \dfrac{N_s - (-N)}{N_s} = \dfrac{1000 - (-950)}{1000} = 1.95$

$\dfrac{r}{s} = \dfrac{r+R}{s'}$ 이므로 $\dfrac{r}{0.05} = \dfrac{r+R}{1.95}$

∴ $1.9r = 0.05R \rightarrow R = \dfrac{1.9}{0.05}r = 38r$

답 38배

12

정격 용량 500 [kVA]인 변압계에서 역률 70 [%]의 부하에 500 [kVA]를 공급하고 있다. 합성 역률을 85 [%]로 바꾸기 위한 전력용 콘덴서를 설치할 때 변압기의 부하는 몇 [kW]가 증가하는지 구하시오.

정답

■ 계산과정

개선 전 유효전력 $P_1 = P_a \cos\theta_1 = 500 \times 0.7 = 350 \,[\text{kW}]$

개선 후 유효전력 $P_2 = P_a \cos\theta_2 = 500 \times 0.85 = 425 \,[\text{kW}]$

따라서 증가되는 부하는 $P_2 - P_1 = 75 \,[\text{kW}]$

답 75 [kW]

13

수용률을 식으로 나타내고, 그 의미에 대하여 설명하시오.

정답

$$수용률 = \frac{최대수용전력}{부하설비용량} \times 100 \,[\%]$$

수용률의 의미 : 수용가에 설치되어 있는 설비 용량의 합계와 동시간대에 사용하는 부하의 최대전력의 비

핵심이론

□ 수용률
① 수용설비가 동시에 사용되는 정도
② $수용률 = \dfrac{최대수용전력}{총\ 부하설비\ 용량} \geq 1$

14

그림과 같은 회로에서 중성선의 X점에서 단선되었다면 부하 A의 단자전압 V_A와 부하 B의 단자전압 V_B는 몇 [V]인지 구하시오.

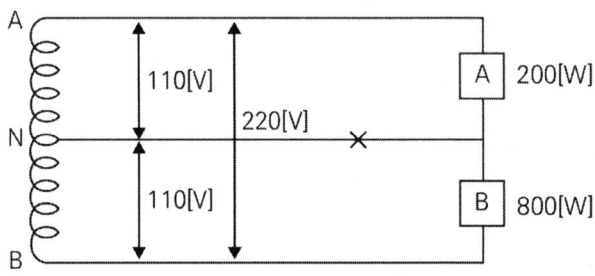

정답

■ 계산과정

$$R_A = \frac{V_{AN}^2}{P_A} = \frac{110^2}{200} = 60.5\,[\Omega] \qquad R_B = \frac{V_{BN}^2}{P_A} = \frac{110^2}{800} = 15.13\,[\Omega]$$

$$V_A = \frac{R_A}{R_A + R_B}V_{AB} = \frac{60.5}{60.5 + 15.13} \times 220 = 175.99\,[V]$$

$$V_B = \frac{R_B}{R_A + R_B}V_{AB} = \frac{15.13}{60.5 + 15.13} \times 220 = 44.01\,[V]$$

답 $V_A = 175.99\,[V]$, $V_B = 44.01\,[V]$

15

소비전력이 400 [W], 무효전력이 300 [Var]일 때 역률[%]을 구하시오.

정답

■ 계산과정

$$\cos\theta = \frac{P}{\sqrt{P^2 + P_r^2}} \times 100\,[\%] = \frac{400}{\sqrt{400^2 + 300^2}} \times 100 = 80\,[\%]$$

답 80 [%]

16

역률 개선에 대한 효과를 3가지 쓰시오.

> 정답

(1) 전력손실 감소

(2) 전압강하 감소

(3) 설비 용량 여유 증가

(4) 전기요금 감소

17

다음 동작설명에 대한 미완성 시퀀스 회로도를 완성하시오.

[동작설명]
① PB1을 누르면 MC가 여자되어 전동기가 운전하고 RL이 점등된다.
② PB2를 누르면 MC가 소자되어 전동기가 정지하고 GL이 소등된다.
③ 전원 투입 시 확인을 위해 파일럿램프(PL)를 추가하시오.

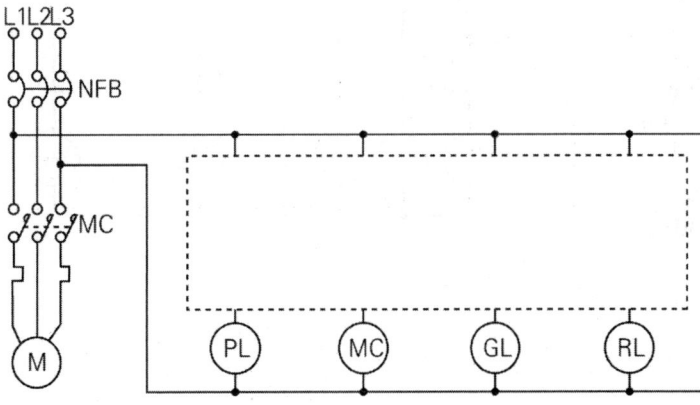

정답

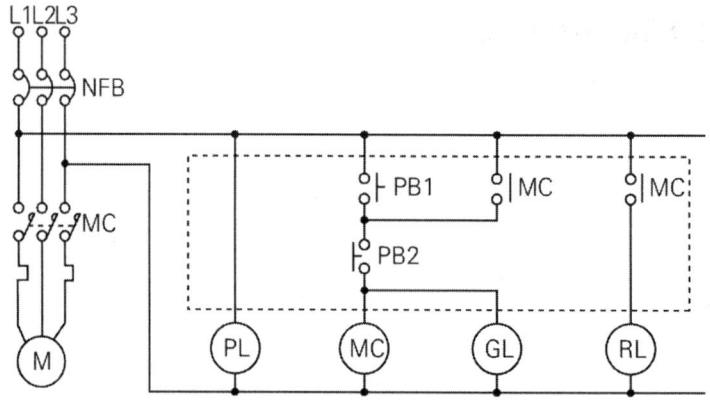

18
12점

다음 그림은 환기팬의 수동 운전 및 고장 표시등 회로의 일부이다. 이 회로를 이용하여 각 물음에 답하시오.

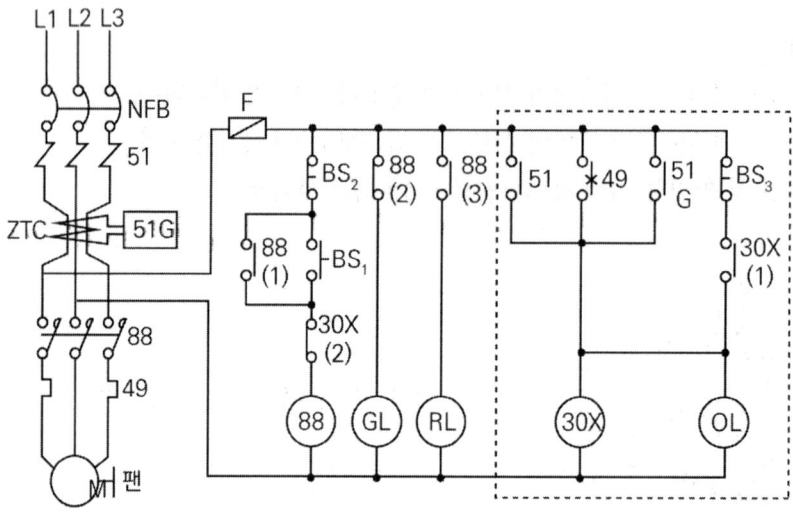

⑴ 88은 MC로서 도면에서는 출력기구이다. 도면에 표시된 기구에 대하여 다음에 해당되는 명칭을 약호로 쓰시오. (단, 중복은 없고 NFB, ZCT, IM, 팬은 제외하며 해당되는 기구가 여러 가지일 경우에는 모두 쓰도록 한다)

① 고장표시기구 :　　　　　　② 고장회복 확인기구 :

③ 기동기구쌍 :　　　　　　　④ 정지기구 :

⑤ 운전표시램프쌍 :　　　　　⑥ 정지표시램프 :

⑦ 고장표시램프 :　　　　　　⑧ 고장검출기구 :

⑵ 그림의 점선으로 표시된 회로를 AND, OR, NOT 게이트를 사용하여 로직회로를 그리시오. (단, 로직소자는 3입력 이하로 한다)

정답

⑴ 약호

　① 고장표시기구 : 30X　　　　② 고장회복 확인기구 : BS_3

　③ 기동기구 : BS_1　　　　　　④ 정지기구 : BS_2

　⑤ 운전표시램프 : RL　　　　　⑥ 정지표시램프 : GL

　⑦ 고장표시램프 : OL　　　　　⑧ 고장검출기구 : 51, 51G, 49

⑵ 로직회로

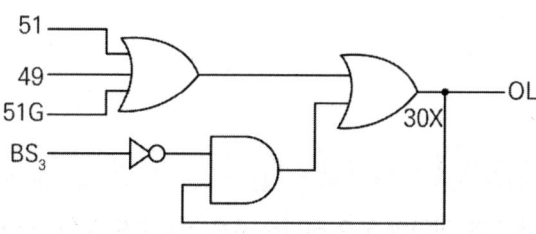

2023년 제2회

01 (6점)

가로 10 [m], 세로 20 [m]인 사무실에 광속이 2400 [lm]인 40 [W] 형광등을 이용하여 평균조도 250 [lx]를 얻고자 할 때 필요한 등 수를 구하시오. (단, 조명률은 50 [%], 감광보상률은 1.2이다)

정답

■ 계산과정

$FUN = EAD$

$$\therefore N = \frac{250 \times (20 \times 10) \times 1.2}{0.5 \times 2400} = 50$$

답 50개

핵심이론

□ 광속의 결정

$FUN = EAD$

- E : 평균조도
- A : 실내의 면적
- U : 조명률
- D : 감광보상률
- N : 소요 등수
- F : 1등당 광속
- M : 보수율(감광보상률의 역수)

02 (5점)

어느 공장에서 천장크레인의 권상용 전동기에 의하여 하중 60 [ton]을 권상속도 3 [m/min]으로 권상하려고 한다. 이때 권상용 전동기의 소요출력은 몇 [kW]인지 구하시오. (단, 권상기의 기계효율은 80 [%]이다)

정답

■ 계산과정

$$P = \frac{WV}{6.12\eta} = \frac{60 \times 3}{6.12 \times 0.8} = 36.76 \,[\text{kW}]$$

답 36.76 [kW]

> **핵심이론**
>
> □ 권상용 전동기의 출력
>
> $P = \dfrac{WV}{6.12\eta}$ [kW]
>
> W : 권상하중[ton], V : 분당 권상높이, η : 효율

03

그림과 같은 저압 배선 방식의 명칭과 특징을 4가지만 쓰시오.

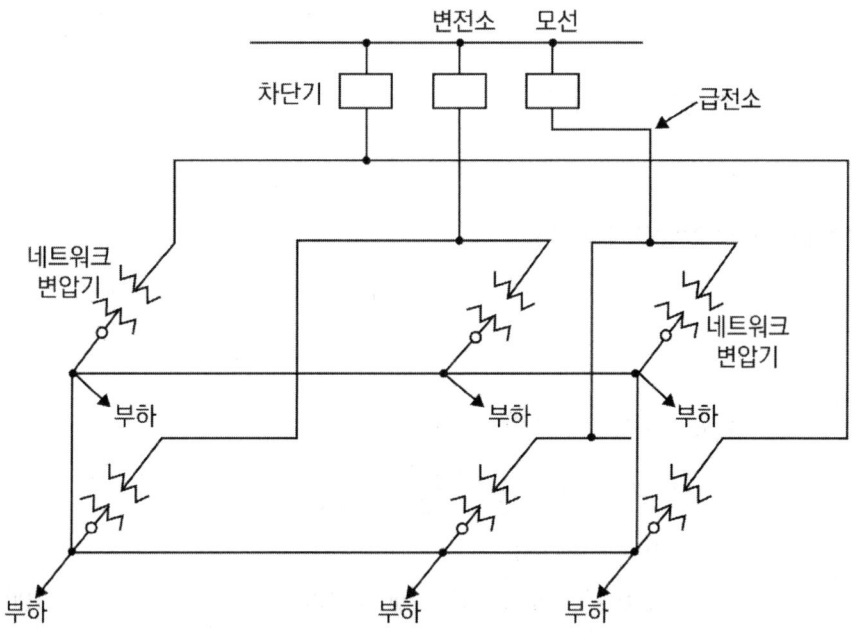

정답

(1) 배선 방식 : 저압 네트워크 방식

(2) 특징
- 무정전 전원 공급이 가능하다.
- 기기의 이용률이 향상된다.
- 부하 증가에 대한 설비에 유리하다.
- 전압변동이 작다.
- 전력손실이 최소화된다.

04

그림과 같이 V결선과 Y결선된 변압기 한 상의 중심 O에서 110 [V]를 인출하여 사용하고자 한다. 다음 각 항에 답하시오.

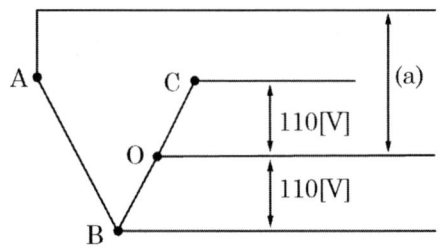
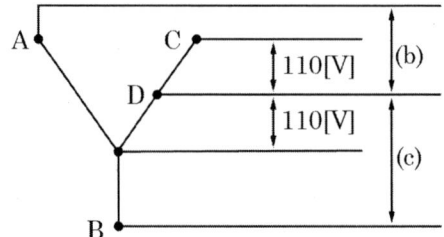

(1) 위 그림에서 (a)의 전압을 구하시오.

(2) 위 그림에서 (b)의 전압을 구하시오.

(3) 위 그림에서 (c)의 전압을 구하시오.

정답

(1) $V_{AO} = V_{AB} + V_{BO} = 220 \angle 0° + 110 \angle -120°$

$= 220 + 110\left(-\dfrac{1}{2} - j\dfrac{\sqrt{3}}{2}\right)$

$= 165 - j55\sqrt{3}$

$= \sqrt{165^2 + (55\sqrt{3})^2} = 190.53$ [V] 답 190.53 [V]

(2) $V_{AD} = V_{AO} + V_{OD} = -220 \angle 0° + 110 \angle 120°$

$= -220 + 110\left(-\dfrac{1}{2} + j\dfrac{\sqrt{3}}{2}\right)$

$= -275 + j55\sqrt{3}$

$= \sqrt{275^2 + (55\sqrt{3})^2} = 291.03$ [V] 답 291.03 [V]

(3) $V_{BD} = V_{BO} + V_{OD} = -220 \angle -120° + 110 \angle 120°$

$= -220\left(-\dfrac{1}{2} - j\dfrac{\sqrt{3}}{2}\right) + 110\left(-\dfrac{1}{2} + j\dfrac{\sqrt{3}}{2}\right)$

$= 55 + j165\sqrt{3}$

$= \sqrt{55^2 + (165\sqrt{3})^2} = 291.03$ [V] 답 291.03 [V]

05

변류비 60/5인 CT 2대를 그림과 같이 접속할 때 전류계에 2 [A]가 흐른다면 CT 1차 측에 흐르는 전류는 몇 [A]인가?

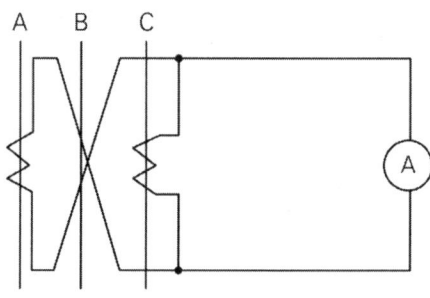

정답

■ 계산과정

차동결선이므로 $CT비 = \dfrac{I_1}{I_2} \times \sqrt{3}$

$I_1 = \dfrac{2}{\sqrt{3}} \times \dfrac{60}{5} = 13.86\,[\text{A}]$

답 13.86 [A]

핵심이론

▫ CT의 1차 전류
- 가동접속 : $I_1 = I_2 \times CT비$
- 차동접속 : $I_1 = I_2 \times CT비 \times \dfrac{1}{\sqrt{3}}$

06

비상용 조명 부하 110 [V]용 100 [W] 58등, 60 [W] 50등이 있다. 방전시간 30분, 축전지 HS형 54 [cell], 허용 최저전압 100 [V], 최저 축전지온도 5 [℃]일 때 축전지 용량은 몇 [Ah]인지 구하시오. (단, 경년 용량 저하율은 0.8, 용량환산시간계수는 1.2이다)

> 정답

■ 계산과정

축전지 용량 $C = \dfrac{1}{L}KI$ 에서 부하전류 $I = \dfrac{P}{V} = \dfrac{(100 \times 58) + (60 \times 50)}{110} = 80\,[\text{A}]$

따라서 $C = \dfrac{1}{0.8} \times 1.2 \times 80 = 120\,[\text{Ah}]$

답 120 [Ah]

> 핵심이론

□ 축전지 용량

$C = \dfrac{1}{L}KI\,[\text{Ah}]$

C : 축전지의 용량[Ah], L : 보수율(경년 용량 저하율)
K : 용량환산시간계수, I : 방전전류[A]

07 (4점)

1선당 저항이 10 [Ω]이고, 리액턴스가 20 [Ω]인 송전선로에서 송전단 전압이 6600 [V], 수전단 전압이 6200 [V], 수전단의 부하를 끊은 경우의 수전단 전압이 6300 [V]라고 할 때 다음 물음에 답하시오. (단, 수전단의 역률은 0.8이다)

(1) 전압강하율을 구하시오.

(2) 전압변동률을 구하시오.

> 정답

■ 계산과정

(1) $\delta = \dfrac{\text{송전단 전압} - \text{수전단 전압}}{\text{수전단 전압}} \times 100 = \dfrac{6600 - 6200}{6200} \times 100 = 6.45\,[\%]$

답 6.45 [%]

(2) $\epsilon = \dfrac{\text{무부하 수전단 전압} - \text{수전단 전압}}{\text{수전단 전압}} \times 100 = \dfrac{6300 - 6200}{6200} \times 100 = 1.61\,[\%]$

답 1.61 [%]

08

3상 380 [V], 60 [Hz], 10 [kVar]의 전력용 콘덴서를 설치하고자 할 때 다음 물음에 답하시오.

(1) Y결선에 대한 콘덴서 용량은 몇 [μF]인지 구하시오.

(2) Δ결선에 대한 콘덴서 용량은 몇 [μF]인지 구하시오.

(3) 두 결선 중 유리한 결선을 쓰시오.

정답

■ 계산과정

(1) $Q_Y = 3\omega C E^2 = 3\omega C \left(\dfrac{V}{\sqrt{3}}\right)^2 = \omega C V^2$

따라서 Y결선의 $C = \dfrac{Q_Y}{\omega V^2} = \dfrac{10 \times 10^3}{2\pi \times 60 \times 380^2} = 183.7\,[\mu\text{F}]$

답 183.7 [μF]

(2) $Q_\Delta = 3\omega C E^2 = 3\omega C V^2$

따라서 Δ결선의 $C = \dfrac{Q_Y}{3\omega V^2} = \dfrac{10 \times 10^3}{3 \times 2\pi \times 60 \times 380^2} = 61.23\,[\mu\text{F}]$

답 61.23 [μF]

(3) Δ결선이 유리하다.

핵심이론

□ 전력용 콘덴서의 용량

- Y결선 : $Q_Y = 3\omega C E^2 = 3\omega C \left(\dfrac{V}{\sqrt{3}}\right)^2 = \omega C V^2$
- Δ결선 : $Q_\Delta = 3\omega C E^2 = 3\omega C V^2$

E : 상전압, V : 선간전압

09

배전선에 접속된 부하분포가 아래 그림과 같은 경우 급전점을 A점으로 하고, 급전전압을 105 [V]로 하였을 때 B, C 및 D점의 전압을 각각 구하시오. (단, 배전선의 저항은 위치에 관계없이 1000 [m]당 0.25 [Ω]으로 계산한다)

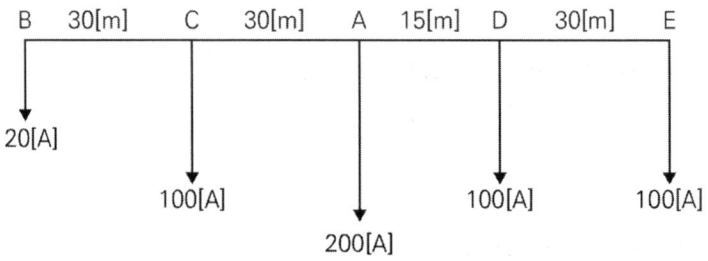

정답

■ 계산과정

$$V_B = V_A - IR = 105 - \left[\left(120 \times \frac{0.25}{1000} \times 30\right) + \left(20 \times \frac{0.25}{1000} \times 30\right)\right] = 103.95\,[\text{V}]$$

$$V_C = V_A - IR = 105 - \left(120 \times \frac{0.25}{1000} \times 30\right) = 104.1\,[\text{V}]$$

$$V_D = V_A - IR = 105 - \left(200 \times \frac{0.25}{1000} \times 15\right) = 104.25\,[\text{V}]$$

답 $V_B = 103.95\,[\text{V}]$, $V_C = 104.1\,[\text{V}]$, $V_D = 104.25\,[\text{V}]$

10

다음 특성 곡선에 해당되는 계전기 명칭을 쓰시오.

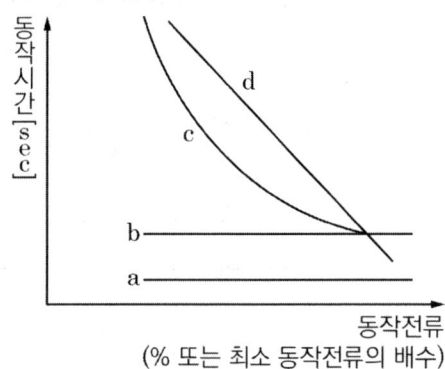

특성 곡선	계전기 명칭
a	
b	
c	
d	

정답

특성 곡선	계전기 명칭
a	순한시 계전기
b	정한시 계전기
c	반한시성 정한시 계전기
d	반한시 계전기

11

그림과 같이 높이가 같은 전신주가 같은 거리에 가설되어 있다. 지지물 B의 지지점에서 전선이 떨어진 경우 전선의 처짐정도 D_2는 전선이 떨어지기 전 D_1의 몇 배인지 구하시오.

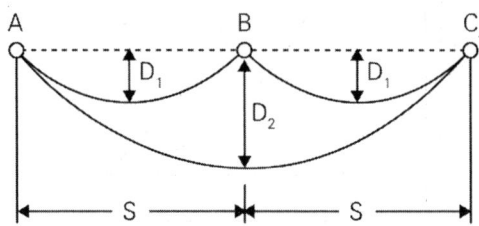

정답

■ 계산과정

전선의 길이 $L = S + \dfrac{8D^2}{3S}$ 에서 $2L_1 = L_2$ 이므로

$2\left(S + \dfrac{8D_1^2}{3S}\right) = 2S + \dfrac{8D_2^2}{3 \times 2S}$

$\Rightarrow 2S + \dfrac{16D_1^2}{3S} = 2S + \dfrac{8D_2^2}{3 \times 2S} \Rightarrow \dfrac{16D_1^2}{3S} = \dfrac{4D_2^2}{3S}$

$\therefore 4D_1^2 = D_2^2 \Rightarrow 2D_1 = D_2$

답 2배

12

100 [kVA]의 변압기가 운전 중일 때 하루 중 절반은 무부하로 운전하고, 나머지의 절반은 50 [%]의 부하로 운전하고 나머지 시간 동안은 전부하로 운전한다고 하면 전일효율은 몇 [%]인지 구하시오. (단, 철손은 400 [W], 동손은 1300 [W]이다)

정답

■ 계산과정

일 전력량 $P = \dfrac{1}{m} VI\cos\theta \times T = \left(\dfrac{1}{2} \times 100 \times 6\right) + (1 \times 100 \times 6) = 900\,[\text{kWh}]$

일 철손 $= P_i \times 24 = 0.4 \times 24 = 9.6\,[\text{kWh}]$

일 동손 $= \left(\dfrac{1}{m}\right)^2 P_c \times T = \left(\dfrac{1}{4} \times 1.3 \times 6\right) + (1 \times 1.3 \times 6) = 9.75\,[\text{kWh}]$

효율 $\eta = \dfrac{\dfrac{1}{m}VI\cos\theta}{\dfrac{1}{m}VI\cos\theta + P_i + \left(\dfrac{1}{m}\right)^2 P_c} \times 100 = \dfrac{900}{900 + 9.6 + 9.75} \times 100 = 97.90\,[\%]$

답 97.90 [%]

13 (4점)

변압기 2차 측 부하 용량과 수용률이 아래 표와 같을 때 변압기 용량은 몇 [kVA]인지 구하시오.
(단, 부하 간 부등률은 1.3으로 적용한다)

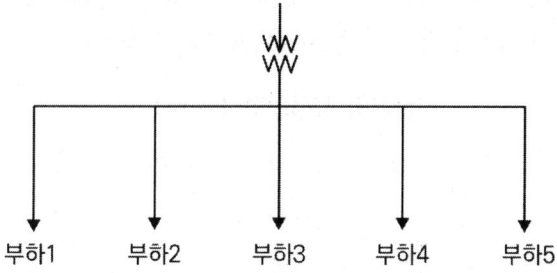

부하	1	2	3	4	5
부하 용량[kW]	3	4.5	5.5	12	17
수용률[%]	65	45	70	50	50

> 정답

■ 계산과정

$$합성최대\ 용량 = \frac{설비용량 \times 수용률}{부등률}$$

$$부등률 = \frac{(3\times 0.65)+(4.5\times 0.45)+(5.5\times 0.7)+(12\times 0.5)+17\times 0.5)}{1.3} = 17.17\,[\text{kVA}]$$

답 17.17 [kVA]

> 핵심이론

□ 부등률
① 동시간대 변압기에서 사용하는 합성 전력과 각 시간별 최대수용전력 합의 비
② 부등률 = $\dfrac{수용설비\ 각각의\ 최대수용전력의\ 합}{합성\ 최대수용전력} \geq 1$
③ 합성최대전력 = $\dfrac{설비\ 용량 \times 수용률}{부등률}$

14   4점

분전반에서 25 [m] 떨어진 곳에 4 [kW]의 단상 2선식 200 [V] 전열기용 아웃렛을 설치하여 그 전압강하를 1 [%] 이하가 되도록 하기 위한 전선의 굵기를 선정하시오.

전선의 공칭단면적[mm²]

1.5	2.5	4	6	10	16	25	35	50

> 정답

■ 계산과정

전선의 단면적 $A = \dfrac{35.6LI}{1000e}$에서 $I = \dfrac{P}{V} = \dfrac{4000}{200} = 20\,[\text{A}]$이므로

따라서 $A = \dfrac{35.6 \times 25 \times 20}{1000 \times 200 \times 0.01} = 8.9$

답 10 [mm²]

> **핵심이론**

□ 배전 방식별 전압강하

배전 방식	전압강하	측정 기준
단상 2선식	$e = \dfrac{35.6LI}{1000A}$	선간
3상 3선식	$e = \dfrac{30.8LI}{1000A}$	선간
단상 3선식 3상 4선식	$e = \dfrac{17.8LI}{1000A}$	대지간

15 5점

다음 회로에서 전원전압이 공급될 때 최대 전류계의 측정 범위가 500 [A]의 전류계로 전 전류값이 2000 [A]인 전류를 측정하려고 한다. 전류계와 병렬로 몇 [Ω]의 저항을 연결하면 측정이 가능한지 계산하시오. (단, 전류계의 내부저항은 90 [Ω]이다)

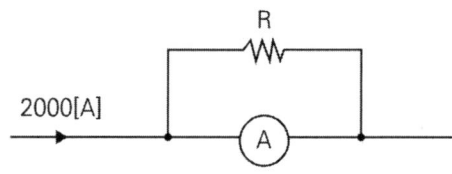

정답

■ 계산과정

$R_m \times (2000 - 500) = 90 \times 500$

$\therefore R_m = \dfrac{90 \times 500}{1500} = 30\,[\Omega]$

답 30 [Ω]

16

입력 A, B, C, D로 제어되는 다음 논리회로를 출력 Z에 대한 식으로 나타내시오. (단, 출력식은 입력 A, B, C, D의 기호를 포함해야 한다)

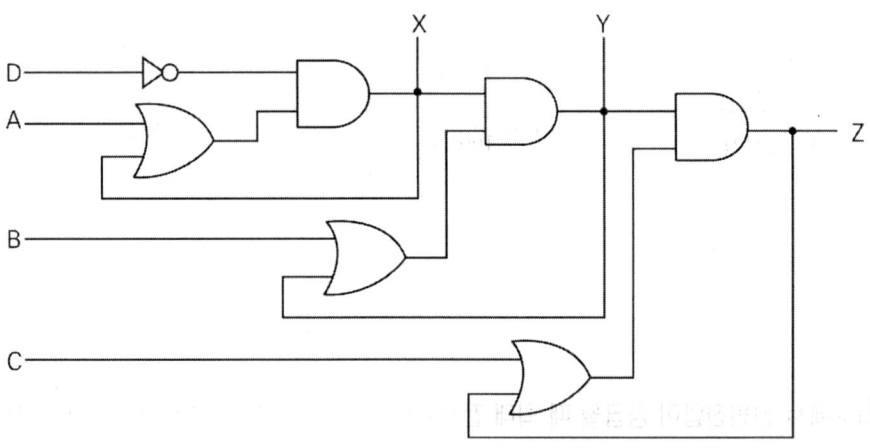

정답

■ 계산과정

$Z = \overline{D}(A+X)(B+Y)(C+Z)$

17

그림과 같은 PLC 시퀀스의 미완성 프로그램을 주어진 명령어를 이용하여 완성하시오.

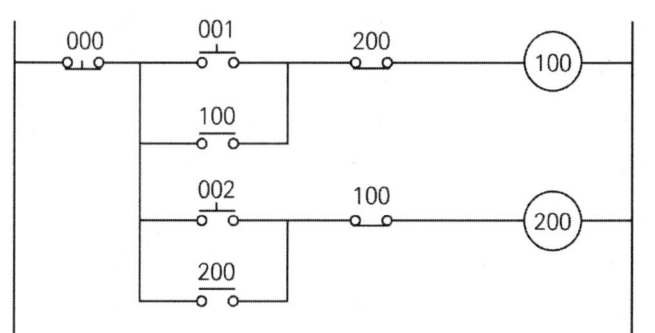

[명령어]

명령어	설명
STR	입력
STRN	입력 b접점
OUT	출력
AND	직렬
ANDN	직렬 b접점
OR	병렬
ORN	병렬 b접점
OB	병렬 그룹 접속

주소	명령어	번지	비고
00	STRN	000	W
01	AND	001	W
02	ANDN	200	W
03	STRN	000	W
04	AND	100	W
05	ANDN	200	W
06	OB		W
07	OUT	100	W
08	STRN	000	W
09	AND	002	W
10	ANDN	100	W
11	STRN	000	W
12	AND	200	W
13	ANDN	100	W
14	OB		W
15	OUT	200	W
16	END	-	W

정답

주소	명령어	번지	비고
00	STRN	000	W
01	AND	001	W
02	ANDN	200	W
03	STRN	000	W
04	AND	100	W
05	ANDN	200	W
06	OB		W
07	OUT	100	W
08	STRN	000	W
09	AND	002	W
10	ANDN	100	W
11	STRN	000	W
12	AND	200	W
13	ANDN	100	W
14	OB		W
15	OUT	200	W
16	END	-	W

18 14점

3층 사무실용 건물에 3상 3선식 6000 [V]를 수전하여 200 [V]로 강압하는 수전설비이다. 각 부하설비가 표와 같을 때 주어진 조건을 이용하여 다음 각 질문에 답하시오.

〈동력 부하설비〉

사용 목적	용량[kW]	대수	상용동력[kW]	하계동력[kW]	동계동력[kW]
난방 관계					
• 보일러 펌프	6.7	1			6.7
• 오일기어 펌프	0.4	1			0.4
• 온수순환 펌프	3.7	1			3.7
공기 조화 관계					
• 1,2,3층 패키지 콤프레셔	7.5	6		45.0	
• 콤프레셔 팬	5.5	3	16.5		
• 냉각수 펌프	5.5	1		5.5	
• 쿨링타워	1.5	1		1.5	
급수·배수 관계					
• 양수 펌프	3.7	1	3.7		
기타					
• 소화 펌프	5.5	1	5.5		
• 셔터	0.4	2	0.8		
합계			26.5	52.0	10.8

〈조명 및 콘센트 부하설비〉

사용 목적	와트 수 [W]	설치 수량	환산 용량 [VA]	총 용량 [VA]	비고
전등 관계					
• 수은등 A	200	2	260	520	200 [V] 고역률
• 수은등 B	100	8	140	1120	100 [V] 고역률
• 형광등	40	820	55	45100	200 [V] 고역률
• 백열전등	60	20	60	1200	
콘센트 관계					
• 일반 콘센트		70	150	10500	2P 15 [A]
• 환기팬용 콘센트		8	55	440	
• 히터용 콘센트	1500	2		3000	
• 복사기용 콘센트		4		3600	
• 텔레타이프용 콘센트		2		2400	
• 룸쿨러용 콘센트		6		7200	
기타					
• 전화교환용 정류기		1		800	
계				75880	

[조건]
1. 동력 부하의 역률은 모두 70 [%]이며, 기타는 100 [%]로 간주한다.
2. 조명 및 콘센트 부하설비의 수용률은 다음과 같다.
   • 전등설비 : 60 [%]
   • 콘센트설비 : 70 [%]
   • 전화교환용 정류기 : 100 [%]
3. 변압기 용량 산출 시 용량은 표준규격으로 답하도록 한다.
4. 변압기 용량 산정 시 필요한 동력 부하설비의 수용률은 전체 평균 65 [%]로 한다.

(1) 동계 난방 때 온수순환 펌프는 상시 운전하고, 보일러용 펌프와 오일기어 펌프의 수용률이 55 [%]일 때 난방 동력 수용 부하는 몇 [kW]인지 구하시오.

(2) 상용동력, 하계동력, 동계동력에 대한 피상전력은 몇 [kVA]인지 구하시오.
   ① 상용동력

   ② 하계동력

   ③ 동계동력

(3) 이 건물의 총 전기설비 용량은 몇 [kVA]를 기준으로 하여야 하는지 구하시오.

(4) 조명 및 콘센트 부하설비에 대한 단상 변압기의 용량은 최소 몇 [kVA]가 되어야 하는지 구하시오.

(5) 동력 부하용 3상 변압기의 용량은 몇 [kVA]인지 구하시오.

(6) 단상과 3상 변압기의 전류계용으로 사용되는 변류기의 1차 측 정격전류는 각각 몇 [A]인지 구하시오.
   ① 단상

   ② 3상

(7) 역률 개선을 위하여 각 부하마다 전력용 콘덴서를 설치하려고 할 때 보일러 펌프의 역률을 95 [%]로 개선하려면 몇 [kVA]의 전력용 콘덴서가 필요한지 구하시오.

정답

■ 계산과정

(1) 수용 부하 $= 3.7 + (6.7 + 0.4) \times 0.55 = 7.61$ [kW]

　　　　　　　　　　　　　　　　　　　　　　　　　답 7.61 [kW]

(2) ① 사용동력의 피상전력 $= \dfrac{26.5}{0.7} = 37.86$ [kVA]

　　　　　　　　　　　　　　　　　　　　　　　　　답 37.86 [kVA]

　② 하계동력의 피상전력 $= \dfrac{52.0}{0.7} = 74.29$ [kVA]

　　　　　　　　　　　　　　　　　　　　　　　　　답 74.29 [kVA]

　③ 동계동력의 피상전력 $= \dfrac{10.8}{0.7} = 15.43$ [kVA]

　　　　　　　　　　　　　　　　　　　　　　　　　답 15.43 [kVA]

(3) 상용동력 용량 + 하계나 동계 중 큰 동력 용량 + 조명 및 콘센트 부하 용량
　$37.86 + 74.29 + 75.88 = 188.03$

　　　　　　　　　　　　　　　　　　　　　　　　　답 188.03 [kVA]

(4) 전등 관계 : $(520 + 1120 + 45100 + 1200) \times 0.6 \times 10^{-3} = 28.76$ [kVA]
　콘센트 관계 : $(10500 + 440 + 3000 + 3600 + 2400 + 7200) \times 0.7 \times 10^{-3} = 19$ [kVA]
　기타 : $800 \times 1 \times 10^{-3} = 0.8$ [kVA]
　• $28.76 + 19 + 0.8 = 48.56$ [kVA]이므로 단상 변압기 용량은 50 [kVA]가 된다.

　　　　　　　　　　　　　　　　　　　　　　　　　답 50 [kVA]

(5) 동계동력과 하계동력 중 큰 부하와 상용동력과 합산하여 계산하면
　$\dfrac{(26.5 + 52.0)}{0.7} \times 0.65 = 72.89$ [kVA]이므로 3상 변압기 용량은 75 [kVA]가 된다.

　　　　　　　　　　　　　　　　　　　　　　　　　답 75 [kVA]

(6) ① 단상 변압기 1차 측 변류기 $I = \dfrac{50 \times 10^3}{6 \times 10^3} \times 1.25 = 10.42$

　　　　　　　　　　　　　　　　　　　　　　　　　답 15 [A] 선정

　② 3상 변압기 1차 측 변류기 $I = \dfrac{75 \times 10^3}{\sqrt{3} \times 6 \times 10^3} \times 1.25 = 9.02$

　　　　　　　　　　　　　　　　　　　　　　　　　답 10 [A] 선정

(7) $Q_c = P(\tan\theta_1 - \tan\theta_2) = 6.7 \times \left(\dfrac{\sqrt{1-0.7^2}}{0.7} - \dfrac{\sqrt{1-0.95^2}}{0.95} \right) = 4.63$ [kVA]

　　　　　　　　　　　　　　　　　　　　　　　　　답 4.63 [kVA]

01

피뢰기의 구비조건 3가지를 쓰시오.

정답

- 충격 방전개시 전압이 낮을 것
- 상용주파 방전개시 전압이 높을 것
- 방전내량이 크면서 제한전압이 낮을 것
- 속류 차단 능력이 충분할 것

02

역률 80 [%], 60 [kW]의 부하에 역률 60 [%], 40 [kW]인 부하를 새로 추가한 후 콘덴서로 합성할 때 유효전력과 무효전력을 구하시오.

정답

■ 계산과정

유효전력 $P = P_1 + P_2 = 60 + 40 = 100\,[\text{kW}]$

무효전력 $P_r = P_1 \tan\theta_1 + P_2 \tan\theta_2 = 60 \times \dfrac{0.6}{0.8} + 40 \times \dfrac{0.8}{0.6} = 98.33\,[\text{kVar}]$

답 유효전력 : 100 [kW], 무효전력 98.33 [kVar]

03

정격 출력 37 [kW], 역률 0.8, 효율 0.82인 3상 유도전동기가 있다. 이에 변압기를 V결선하여 전원을 공급하고자 할 때 변압기 1대의 용량[kVA]을 선정하시오.

〈변압기 표준 용량[kVA]〉

| 10 | 15 | 20 | 30 | 50 | 75 | 100 |

정답

■ 계산과정

$P_V = \sqrt{3}\,P_1$ 에서 $P_V = \dfrac{P}{\cos\theta \times \eta} = \dfrac{37}{0.8 \times 0.82} = 56.4$ 이므로

$P_1 = \dfrac{56.4}{\sqrt{3}} = 32.56\,[\text{kVA}]$

답 50 [kVA]

04

그림과 같은 단상 3선식 110/220 [V]인 부하에 전력 공급 시 설비불평형률을 구하시오.

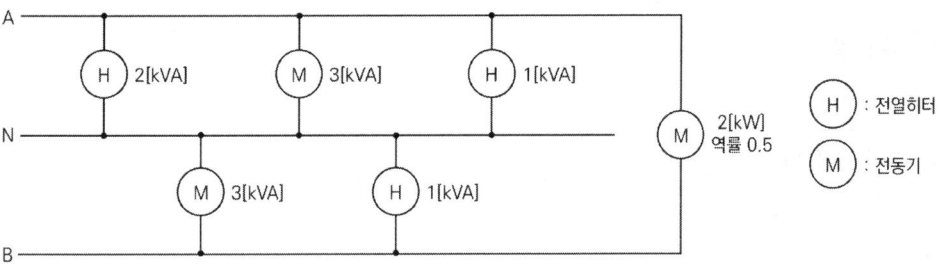

정답

■ 계산과정

설비불평형률 $= \dfrac{(2+3+1)-(3+1)}{\left(2+3+1+3+1+\dfrac{2}{0.5}\right) \times \dfrac{1}{2}} \times 100 = 28.57\,[\%]$

답 28.57 [%]

> **핵심이론**
>
> □ 설비불평형률
>
> (1) 단상 3선식
>
> $$\text{설비불평형률} = \frac{\text{중성선과 각 전압 측 선간에 접속되는 부하설비 용량의 차}}{\text{총 부하설비 용량} \times \frac{1}{2}} \times 100\,[\%]$$
>
> (2) 3상 3선식 또는 3상 4선식
>
> $$\text{설비불평형률} = \frac{\text{각 간선에 접속되는 단상 부하 총 설비 용량의 최대와 최소의 차}}{\text{총 부하설비 용량} \times \frac{1}{3}} \times 100\,[\%]$$

05 (5점)

다음은 유도장해의 종류 및 구분에 관한 내용이다. ( ) 안에 들어갈 알맞은 용어를 쓰시오.

(1) (　　　　)는 전력선과 통신선과의 상호 인덕턴스에 의해 발생하는 것이다.

(2) (　　　　)는 전력선과 통신선과의 상호 정전 용량의 의해 발생하는 것이다.

(3) (　　　　)는 양자에 의한 영향도 있지만 상용주파수보다 높은 고조파의 유도에 의한 잡음 장해이다.

> **정답**

(1) 전자유도장해

(2) 정전유도장해

(3) 고조파유도장해

06

그림과 같이 지선을 가설하여 전주에 가해진 수평장력 800 [kg]을 지지하고자 한다. 지선으로 4 [mm] 철선을 사용한다면 몇 가닥으로 해야 하는지 구하시오. (단, 철선 한 가닥의 인장하중은 440 [kg]로 하고, 안전율은 2.5이다)

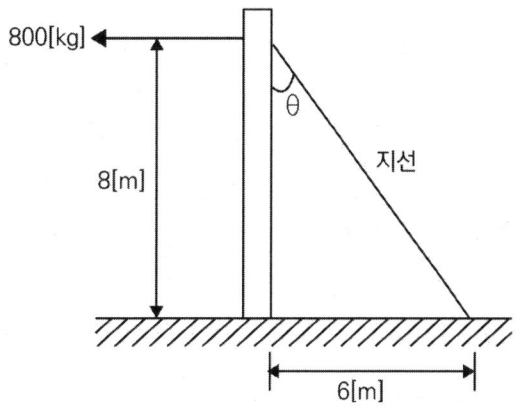

정답

■ 계산과정

수평장력 = 지선의 장력(T_0) × sinθ

$\sin\theta = \dfrac{6}{10} = 0.6$ 이므로

지선의 장력 $T_0 = 800 \div 0.6 = 1333.33$

소선의 가닥 수 × 소선 1가닥의 인장하중 = 지선의 장력 × 안전률이므로

$n \times 440 = T_0 \times 2.5$

∴ $n = \dfrac{1333.33 \times 2.5}{440} = 7.58$

답 8가닥

07

다음 그림과 같이 부하 사이의 거리가 같은 단상회로의 점 A, B, C, D 중에서 전원을 공급하려고 할 때 전력손실이 최소가 되는 지점을 구하시오. (단, 각 저항 R = 1 [Ω]으로 하고, 주어지지 않은 조건은 고려하지 않는다)

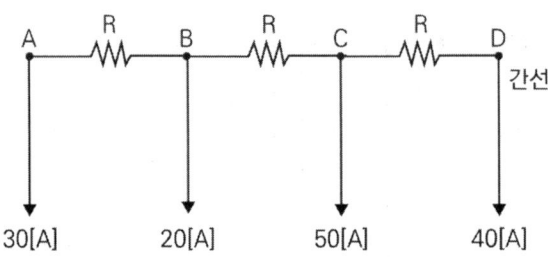

정답

■ 계산과정

전력손실 $P_L = I^2 R$에서 $R = 1$이므로

각 급전점 A, B, C, D에서의 손실은

$P_A = (20 + 50 + 40)^2 + (50 + 40)^2 + 40^2 = 21800$

$P_B = 30^2 + (50 + 40)^2 + 40^2 = 10600$

$P_C = 30^2 + (30 + 20)^2 + 40^2 = 5000$

$P_D = (30 + 20 + 50)^2 + (30 + 20)^2 + 30^2 = 13400$

답 점 C

08

다음 전압의 종류 및 구분에 대한 내용에 대하여 (   ) 안에 알맞은 용어를 쓰시오.

(1) (   )은 전선로를 대표하는 선간전압을 말하고 그 계통의 송전전압을 나타낸다.

(2) (   )은 전선로에 통상 발생하는 최고의 선간전압으로서 염해대책, 1선지락 고장 시 내부이상전압, 코로나현상, 정전유도 등을 고려할 때 표준이 되는 전압이다.

정답

(1) 공칭전압

(2) 계통최고전압

09 [5점]

조명에서 사용되는 용어 중 조명설비에서 복사에너지를 눈으로 보아 빛으로 느끼는 크기를 나타내는 것으로, 광원으로부터 발산되는 빛의 양을 나타내는 용어와 단위를 쓰시오.

정답

(1) 용어 : 광속

(2) 단위 : [lm]

핵심이론

□ 조명용어

용어	기호	단위	정의
광속	F	루멘[lm]	광원으로 나오는 복사속을 눈으로 보아 빛으로 느끼는 크기를 나타낸 것
광도	I	칸델라[cd]	광원이 가지고 있는 빛의 세기
조도	E	럭스[lx]	어떤 물체에 광속이 입사하여 그 면은 밝게 빛나는 정도로 밝음을 의미함
휘도	B	스틸브[sb], 니트[nt]	단위면적당의 광도로 눈부심의 정도(표면의 밝기)
광속 발산도	R	레드럭스[rlx]	물체의 어느 면에서 반사되어 발산하는 광속

10 [5점]

어느 고압 수용가의 전원 측이 10 [MVA]기준으로 %임피던스가 25 [%]일 때 수전점 단락 용량은 몇 [MVA]인지 구하시오.

정답

■ 계산과정

$\dfrac{P_s}{P_n} = \dfrac{100}{\%Z}$ 에서 $P_n = 100\,[\text{MVA}]$ 이므로

단락 용량 $P_s = \dfrac{100}{\%Z} P_n = \dfrac{100}{25} \times 10 = 40\,[\text{MVA}]$

답 40 [MVA]

11
4점

다음은 저압 가공인입선의 시설에 대한 내용이다. 각 물음에 답하시오.

(1) 도로를 횡단하는 경우 노면상 몇 [m] 이상으로 시설해야 하는지 쓰시오. (단, 기술상 부득이한 경우에 교통에 지장이 없을 때는 제외한다)

(2) 철도 또는 궤도를 횡단하는 경우 노면 또는 레인면 상 몇 [m] 이상으로 시설해야 하는지 쓰시오.

정답

(1) 5 [m]

(2) 6.5 [m]

핵심이론

□ 저압 가공인입선의 시설높이

구분	전선의 높이	
철도 또는 궤도를 횡단	6.5 [m] 이상	
도로 횡단	노면상 5 [m] 이상	
	교통에 지장이 없을 때	3 [m] 이상
이 외	지표상 4 [m]	
	교통에 지장이 없을 때	2.5 [m] 이상
횡단보도교의 위	노면상 3 [m] 이상	

12

그림과 같은 분기회로의 전선굵기를 표준 공칭단면적으로 선정하시오. (단, 전압강하는 2 [V] 이하, 배선 방식은 교류 220 [V] 단상 2선식이며 후강전선관공사로 한다)

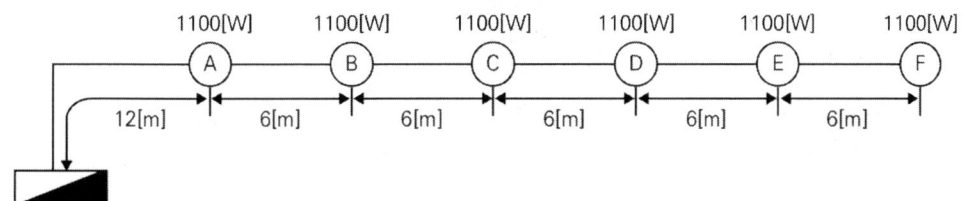

전선의 공칭단면적[mm²]

| 1.5 | 2.5 | 4 | 6 | 10 | 16 | 25 | 35 | 50 |

정답

■ 계산과정

전선의 굵기 $A = \dfrac{35.6LI}{1000e}$ 에서

부하중심까지의 거리 $L = \dfrac{L_1I_1 + L_2I_2 + L_3I_3 + \cdots + L_nI_n}{I_1 + I_2 + I_3 + \cdots + I_n}$

각 부하에서의 전류 $I_1 = I_2 = \cdots = I_n = \dfrac{P}{V} = \dfrac{1100}{220} = 5\,[\text{A}]$

$L = \dfrac{5 \times 12 + 5 \times 18 + 5 \times 24 + 5 \times 30 + 5 \times 36 + 5 \times 42}{5 + 5 + 5 + 5 + 5 + 5} = 27\,[\text{m}]$ 이고

전체 부하전류 $I = 5 \times 6 = 30\,[\text{A}]$ 이므로

∴ $A = \dfrac{35.6LI}{1000e} = \dfrac{35.6 \times 27 \times 30}{1000 \times 2} = 14.42\,[\text{mm}^2]$

답 16 [mm²]

[핵심이론]

□ 배전 방식별 전압강하

배전 방식	전압강하	측정 기준
단상 2선식	$e = \dfrac{35.6LI}{1000A}$	선간
3상 3선식	$e = \dfrac{30.8LI}{1000A}$	선간
단상 3선식 3상 4선식	$e = \dfrac{17.8LI}{1000A}$	대지간

13

다음은 농형 유도전동기의 직입기동에 관한 시퀀스도이다. 아래 조건을 보고 미완성된 부분의 시퀀스도를 완성하시오. (단, 보기에 주어진 접점만을 사용한다)

[조건]
(1) 전원 인가 시 GL램프가 점등된다.
(2) ON을 누르면 전동기가 동작하고 자기유지되며, RL램프가 점등되고 GL램프가 소등된다.
(3) THR이 동작하면 전동기가 정지되고, RL램프가 소등된다.
(4) OFF를 누르면 전동기가 정지되고 GL램프가 점등된다.

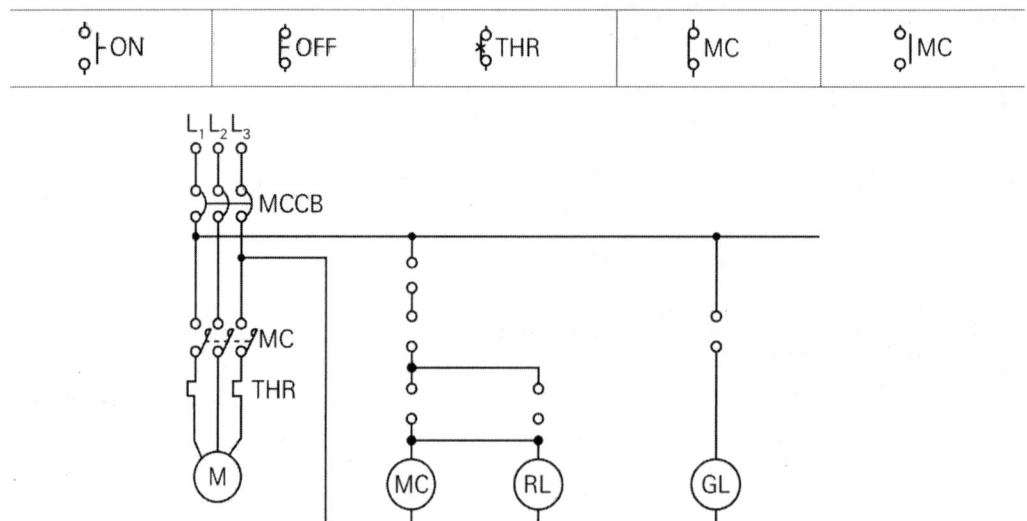

정답

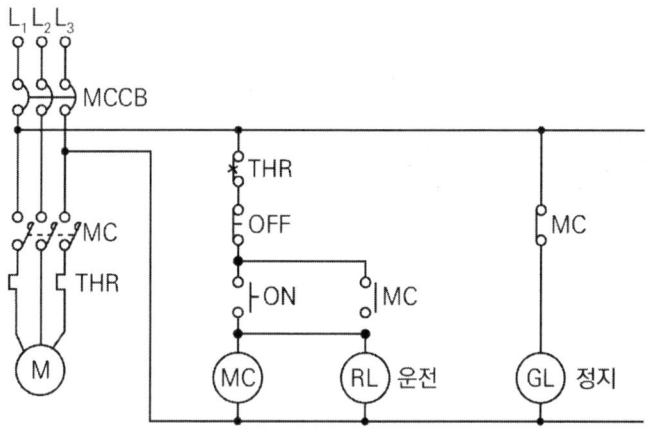

14
5점

모든 방향으로 발산하는 광도 400 [cd]인 광원이 지름 4 [m]인 책상의 중심에서 높이 2 [m]에 위치하고 있을 때 책상 끝에서의 수평면 조도는 몇 [lx]인지 구하시오.

정답

■ 계산과정

수평면조도 $E_h = \dfrac{I}{r^2}\cos\theta$에서

광원에서 책상 끝까지의 거리 $r = 2\sqrt{2}$,

광도 $I = 400$, $\cos\theta = \dfrac{2}{2\sqrt{2}}$

$\therefore E_h = \dfrac{I}{r^2}\cos\theta = \dfrac{400}{(2\sqrt{2})^2} \times \dfrac{2}{2\sqrt{2}} = 35.36$ [lx]

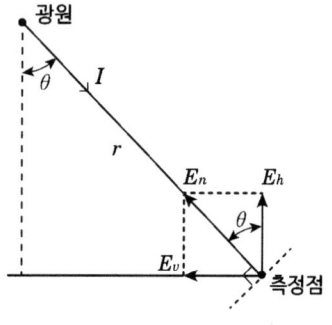

답 35.36 [lx]

> **핵심이론**
>
> □ 조도
>
> ① 법선 조도 $E_n = \dfrac{I}{r^2}$
>
> ② 수평면 조도 $E_h = E_n \cos\theta = \dfrac{I}{r^2}\cos\theta$
>
> ③ 수직면 조도 $E_v = E_n \sin\theta = \dfrac{I}{r^2}\sin\theta$

15 | 14점

다음은 22.9 [kV - Y], 1000 [kVA] 이하인 시설에 적용하는 특고압 간이수전설비 결선도이다. 각 물음에 답하시오.

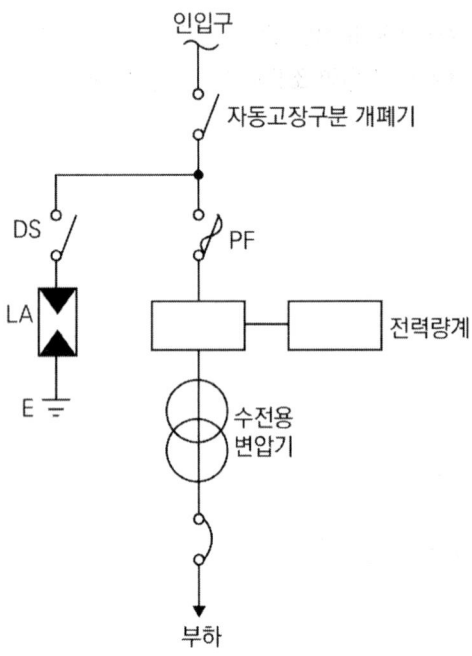

(1) 자동고장구분 개폐기의 약호를 쓰시오.
(2) 위의 결선도에서 생략 가능한 것을 쓰시오.
(3) 22.9 [kV - Y]용의 LA는 어떠한 것을 사용하여야 하는지 쓰시오.
(4) 인입선을 지중선으로 시설할 때 공동주택 등 고장 시 정전피해가 큰 경우에 예비지중선을 포함하여 몇 회선으로 시설하는 것이 바람직한지 쓰시오.

(5) 지중인입선의 경우 22.9 [kV - Y] 계통은 어떤 케이블을 사용하는지 쓰시오.

(6) 화재의 우려가 있는 장소에는 어떤 케이블을 사용하는지 쓰시오.

(7) 300 [kVA] 이하인 경우 PF 대신 COS로 바꾸었을 때 비대칭 차단전류는 몇 [kA] 이상의 것을 사용해야 하는지 쓰시오.

정답

(1) ASS

(2) LA용 DS

(3) 디스커넥터(Disconnector) 붙임형 or 아이솔레이터(Isolator) 붙임형

(4) 2회선

(5) CNCV - W(수밀형) 또는 TR CNCV - W(트리억제형)

(6) FR CNCO - W(난연)케이블

(7) 10 [kA] 이상

16

단상 콘덴서 2개를 선간전압 3300 [V], 60 [Hz]의 선로에 Δ로 접속하여 용량이 60 [kVA]가 되도록 하려면 콘덴서 1개의 정전 용량을 몇 [μF]으로 하여야 하는지 구하시오.

정답

■ 계산과정

$Q_\Delta = 3\omega CE^2 = 3\omega CV^2$

따라서 Δ결선의 $C = \dfrac{Q_Y}{3\omega V^2} = \dfrac{60 \times 10^3}{3 \times 2\pi \times 60 \times 3300^2} = 4.87\ [\mu F]$

답 4.87 [μF]

핵심이론

□ 전력용 콘덴서의 용량

- Y결선 : $Q_Y = 3\omega CE^2 = 3\omega C\left(\dfrac{V}{\sqrt{3}}\right)^2 = \omega CV^2$
- Δ결선 : $Q_\Delta = 3\omega CE^2 = 3\omega CV^2$

E : 상전압, V : 선간전압

17   5점

2000 [lm]을 복사하는 전등 30개를 100 [m²]의 사무실에 설치하려고 할 때 사무실의 평균조도는 몇 [lx]인지 구하시오. (단, 조명률은 0.5, 감광보상률은 1.5이다)

정답

■ 계산과정

$FUN = EAD$

$\therefore E = \dfrac{2000 \times 0.5 \times 30}{1.5 \times 100} = 200 \ [\text{lx}]$

답 200 [lx]

> **핵심이론**
>
> □ 광속의 결정
>
> $FUN = EAD$
>
>   - E : 평균조도   · A : 실내의 면적   · U : 조명률   · D : 감광보상률
>   - N : 소요 등수   · F : 1등당 광속   · M : 보수율(감광보상률의 역수)

18   5점

부하설비 용량이 100 [kW]인 수용가에서 부하율이 60 [%], 수용률이 80 [%]일 때 이 수용가의 1개월간 사용전력량은 몇 [kWh]인지 구하시오. (단, 1개월은 30일로 계산한다)

정답

■ 계산과정

1개월간 사용전력량 = 1일 평균전력 × 24시간 × 30일

평균전력 = 설비 용량 × 수용률 × 부하율
         = 100 × 0.8 × 0.6 = 48 [kWh]

∴ 1개월간 사용전력량 = 48 × 24 × 30 = 34560 [kWh]

답 34560 [kWh]

01

연축전지의 용량이 100 [Ah]이고, 부하의 직류 상시 최대 정격전류가 80 [A]인 경우 부동 충전 방식에 의한 충전기 2차 전류는 몇 [A]인지 계산하시오.

정답

■ 계산과정

$$I_2 = \frac{축전지의 정격용량[Ah]}{축전지 방전율[h]} + \frac{상시부하용량[VA]}{표준전압[V]}$$

$$I_2 = \frac{100}{10} + 80 = 90 \,[A]$$

답 90 [A]

핵심이론

□ 축전지의 2차 전류

$$I_2 = \frac{축전지의 정격용량[Ah]}{축전지 방전율[h]} + \frac{상시부하용량[VA]}{표준전압[V]}$$

연축전지의 방전율은 10 [h], 알칼리축전지의 방전율은 5 [h]이다.

02

보조접지극 A, B와 접지극 E 상호 간의 접지저항을 측정하였더니 그림과 같은 저항값을 얻었다. E의 접지저항은 몇 [Ω]인지 구하시오.

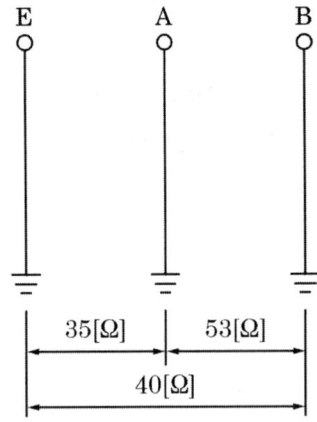

정답

■ 계산과정

콜라우시 브리지 공식을 이용

$R_E = \dfrac{1}{2}(R_{EA} + R_{EB} - R_{AB}) = \dfrac{1}{2}(35 + 40 - 53) = 11\,[\Omega]$

답 11 [Ω]

03

150 [kVA], 22.9 [kV]/380 − 220 [V], %저항 3 [%], %리액턴스 4 [%]일 때 변압기의 정격전압에서 2차 측 단락전류는 정격전류의 몇 배인지 구하시오. (단, 전원 측의 임피던스는 무시한다)

정답

■ 계산과정

$I_s = \dfrac{100}{\%Z} I_n = \dfrac{100}{\sqrt{3^2 + 4^2}} I_n = 20 I_n\,[\text{A}]$

답 20배

04

프로그램의 차례와 같은 PLC 시퀀스(래더 다이어그램)를 그리시오. (시작 입력 LOAD, 출력 OUT, 타이머 TMR, 설정시간 DATA, 직렬 AND, 병렬 OR, 부정 NOT의 명령을 사용하며, P010 ~ P012는 전자접촉기 MC를 나타내고, P001과 P002는 버튼 스위치를 표시한 것이다. 접속점 표기 방식은 ┼ ┼으로 구분한다)

(1)

명령	번지
LOAD	P001
OR	M001
LOAD NOT	P002
OR	M000
AND LOAD	-
OUT	P017

생략

(2)

명령	번지
LOAD	P001
AND	M001
LOAD NOT	P002
AND	M000
OR LOAD	-
OUT	P017

생략

정답

(1)
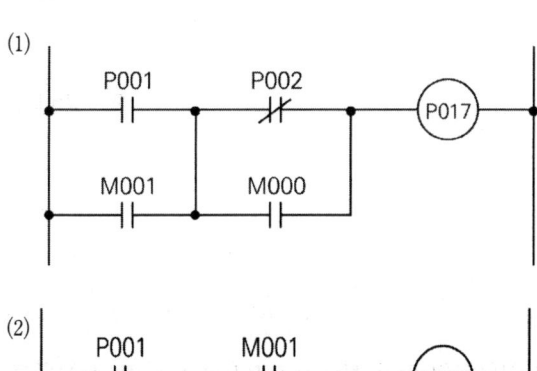

(2)
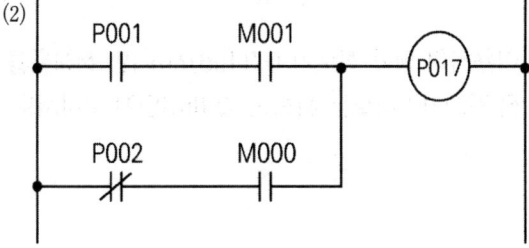

05

고압 수전설비의 부하전류가 40 [A]이다. 60/5 [A]의 변류기 2차 측에 과전류 계전기를 시설하여 120 [%]의 과부하에서 차단시켰을 때 과전류 계전기의 탭 설정값은 몇 [A]인지 구하시오.

정답

■ 계산과정

$$I_{tab} = I_1 \times \frac{1}{CT비} \times 1.2 = 40 \times \frac{5}{60} \times 1.2 = 4\,[A]$$

답 4 [A]

06

공칭 변류비가 150 / 5 [A]인 변류기의 1차 측에 400 [A]를 흘렸을 때 2차전류가 10 [A]였다. 비오차[%]를 구하시오.

정답

■ 계산과정

$$비오차 = \frac{공칭변류비 - 측정변류비}{측정변류비} \times 100\,[\%]$$

$$= \frac{\frac{150}{5} - \frac{400}{10}}{\frac{400}{10}} \times 100 = -25\,[\%]$$

답 -25 [%]

07

지름이 30 [cm]인 완전 확산성 반구형 전구를 이용하여 평균 휘도가 0.3 [cd/cm^2]인 천장등을 가설하려고 한다. 기구효율을 0.75라 하면, 이 전구로부터 나오는 광속은 몇 [lm]인지 구하시오. (단, 광속발산도는 0.95 [lm/cm^2]이라 한다)

정답

■ 계산과정

광속 $F = RS = R \times \dfrac{4\pi r^2}{2} = 0.95 \times \dfrac{\pi \times 30^2}{2} = 1343.031\,[\text{lm}]$

기구효율이 0.75이므로 $\dfrac{F}{\eta} = \dfrac{1343.031}{0.75} = 1790.71\,[\text{lm}]$

답 1790.71 [lm]

08   5점

설계감리업무 수행지침에 따라 책임 설계감리원이 설계감리의 기성 및 준공을 처리한 때에는 어떠한 준공서류를 구비하여 발주자에게 제출하여야 하는지 쓰시오.

정답

(1) 설계감리일지

(2) 설계감리지시부

(3) 설계감리기록부

(4) 설계감리요청서

(5) 설계자와 협의사항 기록부

09   5점

다음 저항을 측정하는 데 가장 적당한 계측기 또는 방법은 무엇인지 쓰시오.

(1) 변압기의 절연저항

(2) 검류계의 내부저항

(3) 전해액의 저항

(4) 배전선의 전류

(5) 접지극의 접지저항

> 정답

(1) 변압기의 절연저항 : 절연저항계(Megger)
(2) 검류계의 내부저항 : 휘스톤 브리지
(3) 전해액의 저항 : 콜라우시 브리지
(4) 배전선의 전류 : 후크온 메터
(5) 접지극 접지저항 : 콜라우시 브리지, 접지저항계

10

교류 차단기에서 52T, 52C의 명칭을 쓰시오.

> 정답

- 52T : 교류 차단기 트립코일
- 52C : 교류 차단기 투입코일

11

500 [kVA] 단상 변압기 3대를 3상 △-△결선으로 사용하는 변전소가 있다. 부하 증가로 인해 500 [kVA] 예비 변압기 1대를 추가 공급한다면 몇 [kVA]로 공급할 수 있는지 구하시오.

> 정답

■ 계산과정

$P_V = \sqrt{3}\,P$

V - V 2뱅크 운전이 된다.

$P_V = 2\sqrt{3}\,P = 2\sqrt{3} \times 500 = 1732.05\,[\text{kVA}]$

답 1732.05 [kVA]

12

점광원으로부터 원추 밑면까지의 거리가 8 [m], 밑면의 지름이 12 [m]인 원형 면을 통과하는 광속이 1570 [lm]일 때 이 점광원의 평균 광도[cd]를 구하시오.

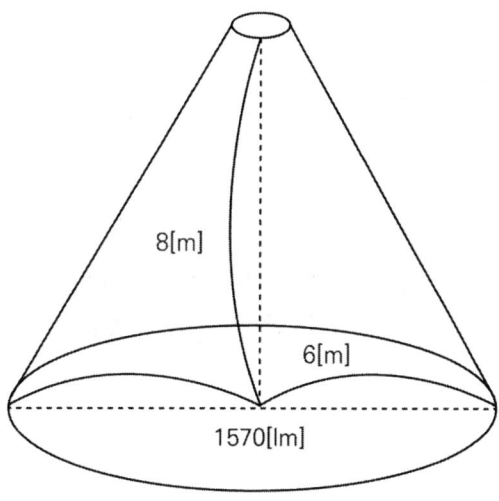

정답

$\cos\theta = \dfrac{8}{\sqrt{8^2+6^2}} = \dfrac{8}{10} = 0.8$

$I = \dfrac{F}{\omega}$, $F = \omega I = 2\pi(1-\cos\theta)I$

$I = \dfrac{1570}{2 \times 3.14(1-0.8)} = 1250\ [\text{cd}]$

답 1250 [cd]

13

3상 송전선에서 각각의 선에 흐르는 전류가 $I_a = 220 + j50$ [A], $I_b = -150 - j300$ [A], $I_c = -50 + j150$ [A]이다. 이와 병행으로 가설되어 있는 통신선에 유기되는 전자유도전압의 크기는 약 몇 [V]인지 구하시오. (단, 송전선과 통신선 사이 상호 임피던스는 15 [Ω]이다)

정답

■ 계산과정

$$E_m = -j\omega Ml(I_a + I_b + I_c) = j15(220 + j50 - 150 - j300 - 50 + j150)$$
$$= j15(20 - j100) = j15\sqrt{20^2 + 100^2} = 1529.71 \text{ [V]}$$

답 1529.71 [V]

14

그림과 같은 부하가 있다. 이 회로에 전력계와 전압계, 전류계를 접속하였더니 지시값이 W_1 = 6.24 [kW], W_2 = 3.77 [kW], V = 200 [V], I = 34 [A]이었다. 다음 각 물음에 답하시오.

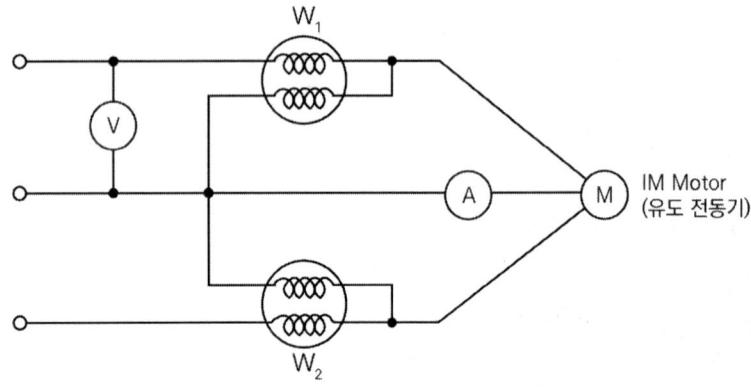

(1) 부하에서 소비되는 전력을 구하시오.

(2) 부하의 피상전력을 구하시오.

(3) 이 부하의 역률은 몇 [%]인지 구하시오.

정답

(1) $P = W_1 + W_2 = 6.24 + 3.77 = 10.01\,[\text{kW}]$

답 10.01 [kW]

(2) $P_a = \sqrt{3}\,VI = \sqrt{3} \times 200 \times 34 \times 10^{-3} = 11.78\,[\text{kVA}]$

답 11.78 [kVA]

(3) $\cos\theta = \dfrac{P}{P_a} \times 100 = \dfrac{10.01}{11.78} \times 100 = 84.97\,[\%]$

답 84.97 [%]

15

다음 전선의 명칭을 쓰시오.

(1) 450/750 [V] HFIO
(2) 0.6/1 [kV] PNCT

정답

(1) 450/750 [V] 저독성 난연 폴리올레핀 절연전선
(2) 0.6/1 [kV] 고무절연 캡타이어케이블

16

다음 표의 빈칸을 채우시오.

전선관공사	합성수지관공사, 금속관공사, 가요전선관공사
케이블트렁킹	(①), (②), 금속트렁킹공사
케이블덕트	플로어덕트공사, 셀룰러덕트공사, 금속덕트공사

정답

① 합성수지몰드공사
② 금속몰드공사

17

다음 논리식에 대한 각 물음에 답하시오. (단, 여기서 A, B, C는 입력이고 X는 출력이다)

$$X = (A+B)\overline{C}$$

(1) 이 논리식을 로직 시퀀스도로 나타내시오.

(2) (1)에서 표현한 로직 시퀀스도를 2입력 NOR Gate를 최소로 사용하여 등가 변환하시오.

정답

(1)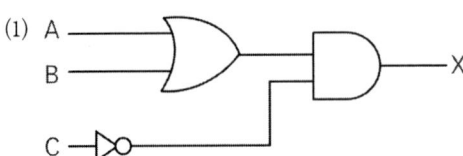

(2)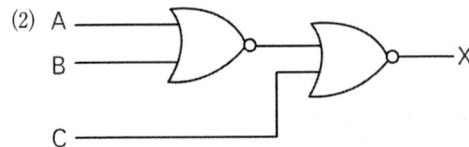

18

자가용 수변전설비의 단선결선도의 일부를 나타낸 모습이다. 물음에 답하시오.

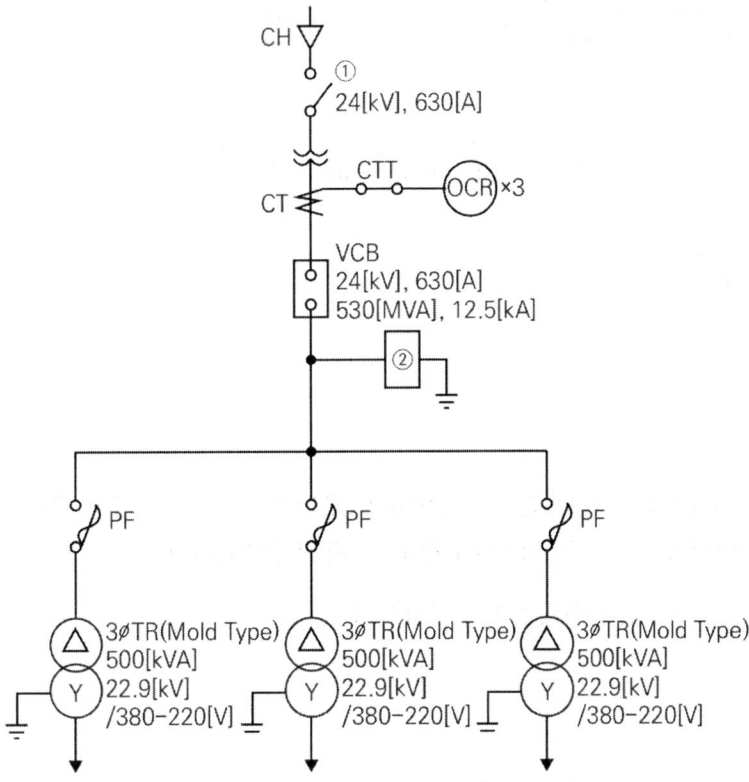

(1) 수변전설비에서 주로 개폐기로 사용되며, 부하전류 개폐, 단락전류 제한, 한류형 전력퓨즈와 결합해 단락전류를 차단할 수 있는 개폐기의 종류는 무엇인지 쓰시오.
(2) CT비를 구하시오. (단, 변압기 최대 부하전류의 125 [%]로 한다)
(3) OCR의 한시탭을 선정하시오. (단, 변압기 정격전류의 150 [%]를 적용한다)
(4) 개폐서지 혹은 순간과도전압과 같은 이상전압으로부터 2차 측 기기를 보호하는 장치는 무엇인지 쓰시오.

〈과전류 계전기 규격표〉

항목	탭전류
한시탭[A]	3, 4, 5, 6, 7, 8, 9

〈변류기 규격표〉

항목	변류기
정격 1차 전류[A]	5, 10, 15, 20, 30, 40, 50, 75, 100, 150, 200
정격 2차 전류[A]	5

> 정답

(1) 부하개폐기(LBS)

(2) $I_n = \dfrac{P}{\sqrt{3}\,V} \times 1.25 = \dfrac{500 \times 3}{\sqrt{3} \times 22.9} \times 1.25 = 47.27\,[\text{A}]$

답 50/5

(3) $I_t = \dfrac{P}{\sqrt{3}\,V} \times \dfrac{1}{CT비} \times 1.5 = \dfrac{500 \times 3}{\sqrt{3} \times 22.9} \times \dfrac{5}{50} \times 1.5 = 5.672\,[\text{A}]$

답 6 [A]

(4) 서지흡수기(SA)

19

3상 200 [V], 60 [Hz], 20 [kW]의 부하의 역률은 60 [%](지상)이다. 전력용 콘덴서를 △결선 후 병렬로 설치하여 역률 80 [%]로 개선하고자 한다. 각 물음에 답하시오.

(1) 3상 전력용 콘덴서의 용량[kVA]을 구하시오.

(2) 전력용 콘덴서의 정전 용량[μF]을 구하시오.

> 정답

(1) 콘덴서 용량 $Q_c = P(\tan\theta_1 - \tan\theta_2) = P\left(\dfrac{\sqrt{1-\cos^2\theta_1}}{\cos\theta_1} - \dfrac{\sqrt{1-\cos^2\theta_2}}{\cos\theta_2}\right)$

$= 20\left(\dfrac{0.8}{0.6} - \dfrac{0.6}{0.8}\right) = 11.67\,[\text{kVA}]$

답 11.67 [kVA]

(2) $Q_c = 3\omega C V^2$

$C = \dfrac{Q_c}{3\omega V^2} = \dfrac{11.67 \times 10^3}{6\pi \times 60 \times 200^2} \times 10^6 = 257.96\,[\mu\text{F}]$

답 257.96 [μF]

01

어느 건물의 부하는 하루에 240 [kW]로 5시간, 100 [kW]로 8시간, 그 외 나머지 시간은 75 [kW]로 사용한다. 이에 따른 수전설비를 450 [kVA]로 하였을 때 이 건물의 일부하율[%]을 구하시오.

■ 계산과정

$$일부하율 = \frac{240 \times 5 + 100 \times 8 + 75 \times 11}{240} \times \frac{1}{24} \times 100 = 49.05 \, [\%]$$

답 49.05 [%]

핵심이론

□ 변압기와 부하

(1) 수용률
  ① 수용설비가 동시에 사용되는 정도
  ② 수용률 = $\dfrac{\text{최대수용전력[kW]}}{\text{총 부하설비 용량[kW]}} \times 100 \, [\%]$

(2) 부등률
  ① 전력소비기기를 동시에 사용하는 정도
  ② 부등률 = $\dfrac{\text{수용설비 각각의 최대수용전력의 합[kW]}}{\text{합성 최대수용전력[kW]}} \geq 1$
  ③ 합성최대전력 = $\dfrac{\text{설비 용량} \times \text{수용률}}{\text{부등률}}$

(3) 부하율
  ① 공급설비가 어느 정도 유효하게 사용되는가를 나타냄
  ② 부하율이 클수록 공급설비가 유효하게 사용
  ③ 부하율 = $\dfrac{\text{평균수용전력[kW]}}{\text{합성 최대수용전력[kW]}} \times 100 \, [\%]$

02

주어진 조건에 따라 1년 중 최대 계약전력 3000 [kW], 월 기본요금 6490 [원/kW], 월평균역률이 95 [%]일 때 1개월의 기본요금을 구하시오. 또한 1개월의 사용 전력량이 54만 [kWh], 전력요금이 89 [원/kWh]라 할 때 1개월의 총 전력요금은 얼마인지 계산하시오.

[조건]
역률의 값에 따라 전력요금은 할인 또는 할증되며, 역률 90 [%]를 기준으로 하여 역률이 1 [%] 늘 때마다 기본요금 또는 수요전력요금이 1 [%] 할인되며, 1 [%] 나빠질 때마다 1 [%]의 할인요금을 지불해야 한다.

(1) 기본요금을 구하시오.

(2) 1개월의 총 전력요금을 구하시오.

정답

(1) 기본요금 = 3000 × 6490 × 0.95 = 18496500 [원]

답 18496500 [원]

(2) 18496500 + 540000 × 89 = 66556500 [원]

답 66556500 [원]

03

다음 빈칸에 알맞은 콘센트의 그림 기호를 그리시오.

(1) 벽붙이용	(2) 천장에 부착하는 경우	(3) 바닥에 부착하는 경우

(4) 방수형	(5) 2구용

정답

(1) 벽붙이용	(2) 천장에 부착하는 경우	(3) 바닥에 부착하는 경우
◐	⊙	⊙
(4) 방수형	(5) 2구용	
◐WP	◐₂	

04

전기사업자는 그가 공급하는 전기의 품질을 허용오차 범위 안에서 유지하도록 전기사업법에 규정되어 있다. 다음 표의 빈칸을 채우시오.

표준전압 또는 표준주파수	허용 오차
110 [V]	110볼트의 상하로 ( ) [V] 이내
220 [V]	220볼트의 상하로 ( ) [V] 이내
380 [V]	380볼트의 상하로 ( ) [V] 이내
60 [Hz]	60헤르츠 상하로 ( ) [Hz] 이내

정답

표준전압 또는 표준주파수	허용 오차
110 [V]	110볼트의 상하로 (6) [V] 이내
220 [V]	220볼트의 상하로 (13) [V] 이내
380 [V]	380볼트의 상하로 (38) [V] 이내
60 [Hz]	60헤르츠 상하로 (0.2) [Hz] 이내

05

그림과 같이 2군 수용가가 각각 1대씩의 변압기를 통해서 전력을 공급받고 있다. 각 수용가의 총 설비 용량은 각각 50 [kW], 40 [kW]라고 한다. 이때 다음 질문에 답하시오. (단, 변압기 상호 간의 부등률은 1.2이다)

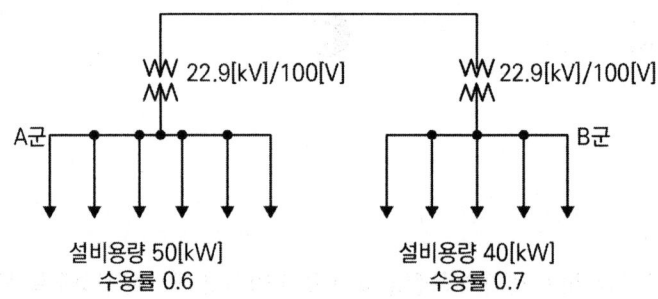

(1) A군의 최대 부하

(2) B군의 최대 부하

(3) 간선에 걸리는 최대 부하

정답

(1) A군의 최대 부하 = $50 \times 0.6 = 30$ [kW]

답 30 [kW]

(2) B군의 최대 부하 = $40 \times 0.7 = 28$ [kW]

답 28 [kW]

(3) 간선에 걸리는 최대 부하 = $\dfrac{30 + 28}{1.2} = 48.33$ [kW]

답 48.33 [kW]

06

폭 5 [m], 길이 7.5 [m], 천장높이 3.5 [m]인 방에 형광등 40 [W] 4등을 설치했더니 평균조도가 100 [lx]이 되었다. 40 [W] 형광등 1등의 광속이 3000 [lm], 조명률이 0.5일 때 감광보상률을 계산하시오.

정답

■ 계산과정

$$D = \frac{FUN}{EA} = \frac{3000 \times 0.5 \times 4}{100 \times 5 \times 7.5} = 1.6$$

답 1.6

> **핵심이론**
>
> □ 광속의 결정
> $FUN = EAD$
>
> • E : 평균조도   • A : 실내의 면적   • U : 조명률   • D : 감광보상률
> • N : 소요 등수   • F : 1등당 광속   • M : 보수율(감광보상률의 역수)

07

다음 표는 조명설비에 관한 용어이다. 빈 칸을 알맞게 채우시오.

휘도		광도		조도		광속발산도	
기호	단위	기호	단위	기호	단위	기호	단위

정답

휘도		광도		조도		광속발산도	
기호	단위	기호	단위	기호	단위	기호	단위
B	[nt] [cd/m²]	I	[cd]	E	[lx]	R	[rlx]

08

다음 표는 전동기 기동 방식이다. 이를 이용하여 각각의 물음에 답하시오.

기동방법			
직입기동	Y - △기동	리액터기동	콘돌파기동

(1) 기동전류가 가장 큰 기동법을 고르시오.

(2) 기동토크가 가장 큰 기동법을 고르시오.

정답

(1) 직입기동

(2) 직입기동

09

어떤 공장에 설치되어 있는 700 [kVA]의 변압기에 역률 65 [%]의 부하 700 [kVA]가 접속되어 있다. 이때 이 부하와 전력용 콘덴서를 병렬접속하여 합성 역률을 90 [%]로 유지하려고 한다. 다음 각 물음에 답하시오.

(1) 전력용 콘덴서의 용량은 몇 [kVA]가 필요한지 구하시오.

(2) 이 변압기에 부하를 몇 [kW]만큼 증가시킬 수 있는지 구하시오.

정답

(1) $Q_c = 700 \times 0.65 \left(\dfrac{\sqrt{1-0.65^2}}{0.65} - \dfrac{\sqrt{1-0.9^2}}{0.9} \right) = 311.59 \,[\text{kVA}]$ 　답 311.59 [kVA]

(2) $P_1 = 700 \times 0.65 = 455 \,[\text{kW}]$

$P_2 = 700 \times 0.9 = 630 \,[\text{kW}]$

$\Delta P = 630 - 455 = 175 \,[\text{kW}]$ 　답 175 [kW]

10

그림과 같이 클램프미터로 전류를 측정하려고 한다. 주어진 조건을 참고하여 물음에 답하시오.

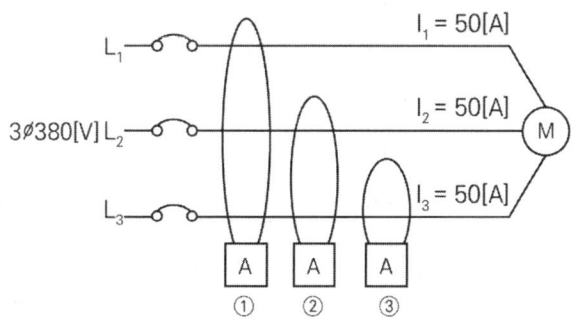

[조건]

3상, 정격전류 50 [A], 공사방법 B2, XLPE 절연전선, 허용전압강하 2 [%], 주위온도 40 [℃], 분전반으로부터 전동기까지의 길이 70 [m]

[표]

〈허용전류를 구하기 위하여 사용하는 표준 공사방법의 허용전류[A]〉

XLPE 또는 EPR 절연, 3부하 도체, 구리 또는 알루미늄, 도체온도 90 [℃], 주위온도 - 기중 [℃], 지중 20 [℃]

도체의 공칭 단면적 [mm²]	공사방법									
	A1		A2		B1		B2		C	
	2		3		4		5		6	
1	단상	3상	단상	3상	단상	3상	단상	3상	단상	3상
동										
1.5	19	17	18.5	16.5	23	20	22	19.5	24	22
2.5	26	23	25	22	31	28	30	26	33	30
4	35	31	33	30	42	37	40	35	45	40
6	45	40	42	38	54	48	51	44	58	52
10	61	54	57	51	75	66	69	60	80	71
16	81	73	76	68	100	88	91	80	107	96
25	106	95	99	89	133	117	119	105	138	119
35	131	117	121	109	164	144	146	128	171	147

⟨기중케이블의 허용전류에 적용되는 기중주위온도가 30 [℃] 이외인 경우의 보정계수⟩

주위온도[℃]	절연체	
	PVC	XLPE or EPR
10	1.22	1.15
15	1.17	1.12
20	1.12	1.08
25	1.06	1.04
30	1.00	1.00
35	0.94	0.96
40	0.87	0.91
45	0.79	0.87
50	0.71	0.82
55	0.61	0.76
60	0.50	0.71

(1) 주위온도와 공사방법을 고려하여 도체의 굵기를 선정하시오. (단, 허용전압강하는 무시한다)

(2) 허용전압강하를 고려한 도체의 굵기를 계산하고, 위 조건을 만족하는 규격 굵기를 선정하시오.

(3) 3상 평형이고, 전동기가 정상 운전 중일 때 ①, ②, ③의 클램프미터에 표시되는 값을 다음 표에 적으시오.

①	②	③

정답

(1) 허용전류 $= \dfrac{\text{정격전류}}{\text{보정계수}} = \dfrac{50}{0.91} = 54.95$ [A]

  공사방법 B2, 3상 XLPE의 54.95 [A] 이상의 60 [A]란의 공칭단면적 10 [mm²]

(2) $A = \dfrac{30.8 \times 70 \times 50}{1000 \times 380 \times 0.02} = 14.18$ [mm²]

  공칭단면적 16 [mm²]

(3) ① $|I_1 + I_2 + I_3| = 50\angle 0° + 50\angle -120° + 50\angle 120° = 0$ [A]

  ② $|I_2 + I_3| = 50\angle -120° + 50\angle 120° = 50$ [A]

  ③ $|I_3| = 50\angle 120° = 50$ [A]

11

다음 빈칸에 알맞은 값을 적으시오.

> 옥내에 시설하는 전동기(정격 출력이 0.2 [kW] 이하인 것을 제외한다. 이하 여기에서 같다)에는 전동기가 손상될 우려가 있는 과전류가 생겼을 때에 자동적으로 이를 저지하거나 이를 경보하는 장치를 하여야 한다. 다만 다음의 어느 하나에 해당하는 경우에는 그러하지 아니하다.
> 가. 전동기를 운전 중 상시 취급자가 감시할 수 있는 위치에 시설하는 경우
> 나. 전동기의 구조나 부하의 성질로 보아 전동기가 손상될 수 있는 과전류가 생길 우려가 없는 경우
> 다. 단상전동기로서 그 전원 측 전로에 시설하는 과전류 차단기의 정격전류가 (①) [A] (배선 차단기는 (②) [A] 이하인 경우)

정답

① 16
② 20

12

피뢰기의 종류를 4가지 쓰시오.

정답

- 갭레스형 피뢰기
- 밸브형 피뢰기
- 저항형 피뢰기
- 밸브 저항형 피뢰기

13

그림과 같은 시퀀스회로에서 접점 A를 닫아서 폐회로가 될 때 표시등 L의 동작사항을 설명하시오. (단, X는 보조릴레이, $T_1 \sim T_2$는 타이머(On Delay)이며, 설정 시간은 1초이다)

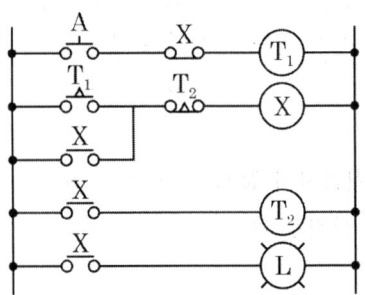

정답

접점 A가 닫히면 T_1이 여자되고 T_1의 설정시간 1초 후 접점 T_1이 닫히면 X가 여자, X - a에 의해서 T_2가 여자되고, X - b에 의해서 T_1이 소자되고 L은 점등되며 X는 자기유지된다. 다시 설정시간 1초 후 $T_2 - b$가 열려 X는 소자되며, 표시등 L은 소등되며, X는 여자된다. 이 과정을 반복하여 표시등 L은 1초 간격으로 깜빡이게 된다.

14

그림과 같이 평형 3상 회로에서 운전되는 유도전동기가 있다. 이 회로에 전력계와 전압계, 전류계를 접속하였더니 그 지시값은 W_1 = 6.24 [kW], W_2 = 3.77 [kW], 전압계의 지시는 200 [V], 전류계의 지시는 34 [A]이었다. 다음 물음에 답하시오.

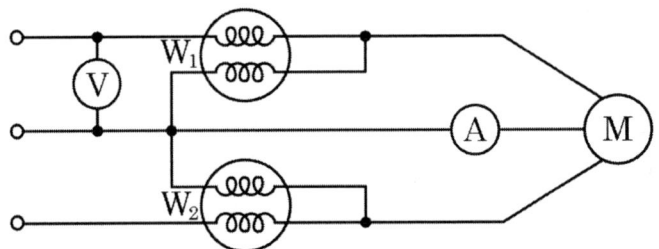

(1) 부하에서 소비되는 전력을 구하시오.
(2) 부하의 피상전력을 구하시오.
(3) 이 유도전동기의 역률은 몇 [%]인지 구하시오.

> 정답

(1) $P = W_1 + W_2 = 6.24 + 3.77 = 10.01\,[\text{kW}]$

답 10.01 [kW]

(2) $P_a = \sqrt{3} \times 200 \times 34 \times 10^{-3} = 11.78\,[\text{kVA}]$

답 11.78 [kVA]

(3) $\cos\theta = \dfrac{P}{P_a} \times 100 = \dfrac{10.01}{11.78} \times 100 = 84.97\,[\%]$

답 84.97 [%]

15 4점

접지저항을 측정했을 때 접지판 상호 간 저항이 그림과 같다. G_3의 접지저항값은 몇 [Ω]인지 구하시오.

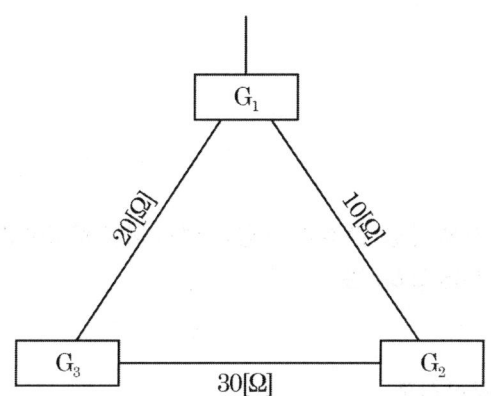

> 정답

$G_3 = \dfrac{20 + 30 - 10}{2} = 20\,[\Omega]$

답 20 [Ω]

16   5점

송전거리 40 [km], 송전전력 10000 [kW]일 때의 Still식에 의한 송전전압은 몇 [kV]인지 구하시오.

정답

$$V_s = 5.5 \times \sqrt{0.6 \times 40 + \frac{10000}{100}} = 61.25 \,[\text{kV}]$$

답 61.25 [kV]

핵심이론

▫ Still의 식(경제적인 송전전압)

$$V = 5.5\sqrt{0.6l + \frac{P}{100}} \,[\text{kV}]$$

l : 송전거리[km]   P : 1회선당 가능한 송전전력[kW]

17   6점

△-△결선으로 운전하던 변압기 중 한 상에 고장이 생겨 이를 분리하고 나머지 2대로 3상 전력을 공급하려 한다. 다음 질문에 답하시오.

(1) 결선의 명칭을 쓰시오.

(2) 이용률은 몇 [%]인지 구하시오.

(3) 변압기 2대의 3상 출력은 △-△결선 시의 변압기 3대의 출력과 비교할 때 몇 [%]인지 구하시오.

정답

(1) V - V결선

(2) 이용률 $= \dfrac{\sqrt{3}\,P}{2P} \times 100 = \dfrac{\sqrt{3}}{2} \times 100 = 86.6 \,[\%]$

(3) 출력비 $= \dfrac{V결선 출력}{3상출력} \times 100 = \dfrac{\sqrt{3}\,P}{3P} \times 100 = \dfrac{1}{\sqrt{3}} \times 100 = 57.74 \,[\%]$

18

변압기에 30 [kW], 역률 0.8인 전동기와 25 [kW] 전열설비가 연결되어 있다. 변압기 용량은 몇 [kVA]인지 구하시오. (단, 변압기 표준 용량은 5, 15, 20, 40, 50, 75, 100이다)

정답

$P = 30 + 35 = 55\,[\text{kW}]$

$Q = 30 \times \dfrac{\sqrt{1-0.8^2}}{0.8} + 25 \times 0 = 22.5\,[\text{kVar}]$

$P_a = \sqrt{55^2 + 22.5^2} = 59.42\,[\text{kVA}]$

답 75 [kVA]

19

그림과 같은 회로에서 중성선이 X점에서 단선되었다면 부하 A, B의 단자전압은 몇 [V]인지 구하시오.

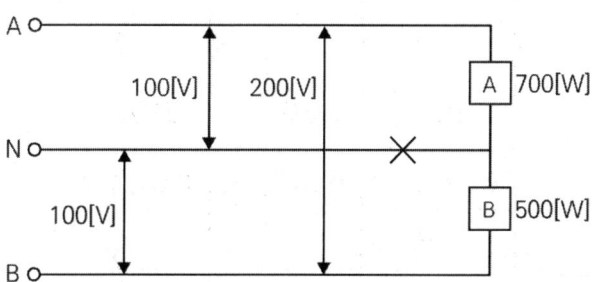

정답

$R_A = \dfrac{V_1^2}{P_A} = \dfrac{100^2}{700} = 14.29\,[\Omega],\ R_B = \dfrac{V_1^2}{P_B} = \dfrac{100^2}{500} = 20\,[\Omega]$

$V_A = \dfrac{R_A}{R_A + R_B} \times V = \dfrac{14.29}{14.29 + 20} \times 200 = 83.35\,[\text{V}]$

$V_B = \dfrac{R_B}{R_A + R_B} \times V = \dfrac{20}{14.29 + 20} \times 200 = 116.65\,[\text{V}]$

답 $V_A = 83.35\,[\text{V}],\ V_B = 116.65\,[\text{V}]$

01

단상 변압기 3대를 △-Y결선하려고 한다. 미완성된 부분을 그리시오.

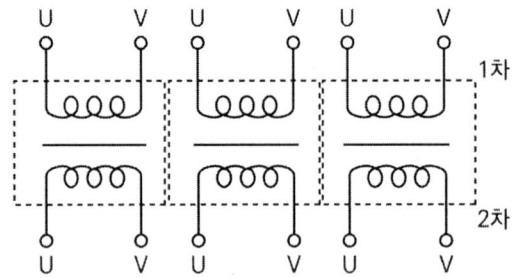

정답

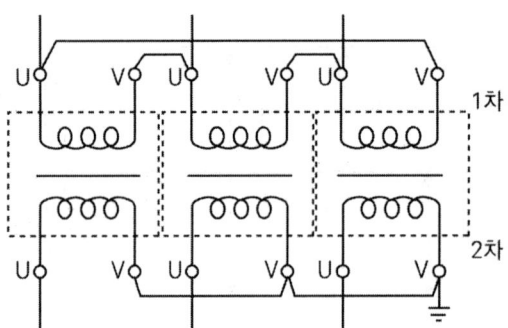

02

폭 12 [m], 길이 18 [m], 천장 높이 3.1 [m], 작업면(책상면) 높이 0.85 [m]인 사무실의 천장을 백색 텍스로 마감하였으며, 벽면은 엷은 크림색으로 마감하였고, 실내 조도는 500 [lx], 조명기구는 40 [W] 2등용(H형) 팬던트를 설치하려고 한다. 이때 다음 조건을 이용하여 각 질문에 답하시오.

[조건]
- 천장의 반사율은 50 [%], 벽의 반사율은 30 [%]로서 H형 팬던트 기구를 사용할 때 조명률은 0.61로 한다.
- H형 팬던트 기구의 보수율은 0.75로 하도록 한다.
- H형 팬던트의 길이는 0.5 [m]이다.
- 램프의 광속은 40 [W] 1등당 3300 [lm]으로 한다.
- 조명기구의 배치는 5열로 배치하도록 하고, 1열당 등수는 동일하게 한다.

(1) 광원의 높이가 몇 [m]인지 구하시오.

(2) 사무실의 실지수는 얼마인지 구하시오.

(3) 사무실에 40 [W] 2등용(H형) 팬던트의 조명기구를 몇 조 설치하여야 하는지 구하시오.

정답

(1) $H = 3.1 - 0.85 - 0.5 = 1.75$ [m]

(2) 실지수 $= \dfrac{XY}{H(X+Y)} = \dfrac{12 \times 18}{1.75\,(12+18)} = 4.11$

답 4.0

(3) $N = \dfrac{EAD}{FU} = \dfrac{500 \times (12 \times 18) \times \dfrac{1}{0.75}}{3300 \times 2 \times 0.61} = 35.77$ (5열로 배치하므로 40)

답 40 [조]

핵심이론

□ 실지수의 결정
  ① 실지수는 실의 크기 및 형태를 나타내는 척도
  ② 실지수 $= \dfrac{XY}{H(X+Y)}$

X : 방의 가로 길이, Y : 방의 세로 길이, H : 작업 면으로부터 광원의 높이

□ 실지수 표

기호	A	B	C	D	E	F	G	H	I	J
실지수	5.0	4.0	3.0	2.5	2.0	1.5	1.25	1.0	0.8	0.6
범위	4.5 이상	4.5 ~ 3.5	3.5 ~ 2.75	2.75 ~ 2.25	2.25 ~ 1.75	1.75 ~ 1.38	1.38 ~ 1.12	1.12 ~ 0.9	0.9 ~ 0.7	0.7 이하

03

다음 표의 심벌의 명칭을 적으시오.

(1)	(2)	(3)	(4)	(5)
●WP	●T	⦿₂	⦿WP	⦿E

정답

(1) 방수형 점멸기

(2) 타이머붙이 점멸기

(3) 2구 콘센트

(4) 방수형 콘센트

(5) 접지극붙이 콘센트

04

다음 도면에서 선간전압은 142 [kV], 기준 용량은 10 [MVA]일 때, 3상 단락전류를 구하시오.

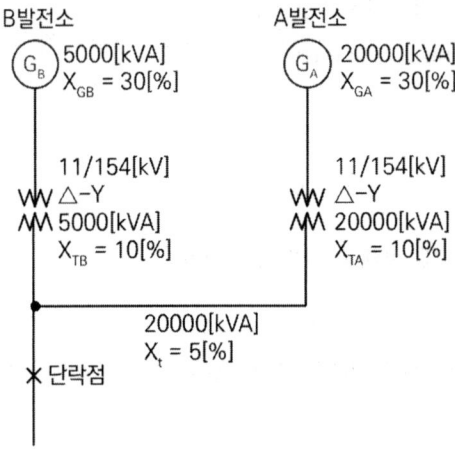

정답

기준 용량이 10 [MVA] 이므로,

$X_{GA} = 30 \times \dfrac{10}{20} = 15\,[\%]$, $X_{TA} = 10 \times \dfrac{10}{20} = 5\,[\%]$, $X_t = 5 \times \dfrac{10}{20} = 2.5\,[\%]$

$15 + 5 + 2.5 = 22.5\,[\%]$

$X_{GB} = 30 \times \dfrac{10}{5} = 60\,[\%]$, $X_{TB} = 10 \times \dfrac{10}{5} = 20\,[\%]$

$60 + 20 = 80\,[\%]$

합성 $\%X = \dfrac{80 \times 22.5}{80 + 22.5} = 17.56\,[\%]$

$I_s = \dfrac{100}{\%Z} I_n = \dfrac{100}{17.56} \times \dfrac{10 \times 10^3}{\sqrt{3} \times 154} = 213.50\,[A]$

답 213.50 [A]

05　　　　　　　　　　　　　　　　　　　　　　　　　　　　　　　　　6점

다음 그림은 절연내력 시험의 예이다. 질문에 답하시오.

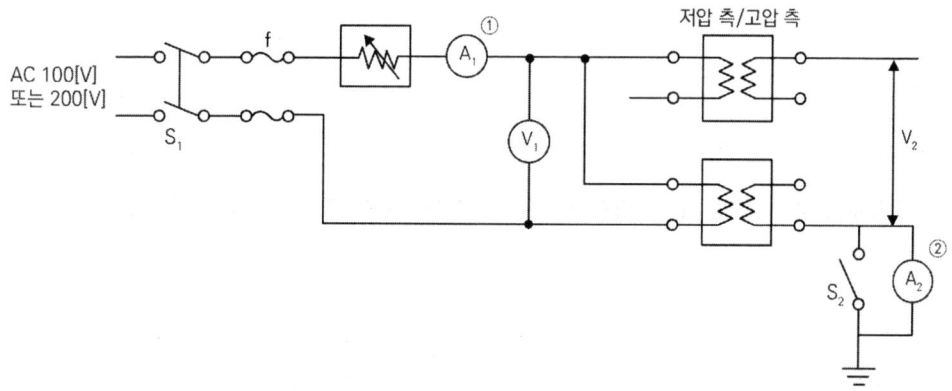

(1) 전류계 ①은 어떤 전류를 측정하는지 적으시오.
(2) 전류계 ②는 어떤 전류를 측정하는지 적으시오.
(3) 최대사용전압이 6 [kV]일 때 절연내력시험 전압의 시험전압[V]을 구하시오.

정답

(1) 절연내력시험 전류　　(2) 누설전류

(3) $6000 \times 1.5 = 9000\,[V]$　　　　　　　　　　　　　　　　**답** 9000 [V]

> 핵심이론

□ 전로의 절연저항 및 절연내력(KEC 132)

구분	최대사용전압	시험전압	최소전압
비접지	7 [kV] 이하	1.5배	500 [V]
	7 [kV] 초과	1.25배	10.5 [kV]
중성선 다중접지	7 [kV] ~ 25 [kV]	0.92배	-
중성점 접지식	60 [kV] 초과	1.1배	75 [kV]
중성점 직접접지식	60 [kV] ~ 170 [kV]	0.72배	-
	170 [kV] 초과	0.64배	-

06 5점

계기용 변류기(CT)의 목적과 정격부담에 대하여 설명하시오.

(1) 목적
(2) 정격부담

> 정답

(1) 대전류를 소전류로 변류하여 계기, 계전기에 공급
(2) 변류기에 정격 2차 전류를 흘렸을 때 부하 임피던스에서 소비하는 피상전력[VA]

07 5점

다음그림과 같이 두 개의 조명탑을 10 [m] 간격을 두고 시설할 때 P점의 수평면 조도를 구하시오. (단, P점에서 광원으로 향하는 광도는 각각 1000 [cd]이다)

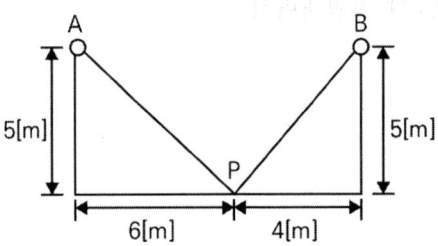

08

어느 회사에서 한 부지에 A, B, C의 세 공장을 세워 3대의 급수 펌프 P_1(소형), P_2(중형), P_3(대형)로 다음 조건에 따라 급수계획을 세웠다. 다음 각 물음에 답하시오.

[조건]
- 공장 A, B, C가 모두 휴무이면, 그중 한 공장만 가동할 때에는 펌프 P_1만 가동시킨다.
- 공장 A, B, C 중 어느 것이나 두 개의 공장만 가동할 때에는 P_2만 가동시킨다.
- 공장 A, B, C 모두를 가동할 때에는 P_3만 가동시킨다.

(1) 위의 조건에 대한 진리표를 작성하시오.

A	B	C	P_1	P_2	P_3
0	0	0	0	0	0
1	0	0	1	0	0
0	1	0	1	0	0
0	0	1	1	0	0
1	1	0	0	1	0
1	0	1	0	1	0
0	1	1	0	1	0
1	1	1	0	0	1

(2) P_1, P_2, P_3의 출력식을 가장 간단한 식으로 표현하시오.

- P_1 : $A\overline{B}\,\overline{C} + \overline{A}B\overline{C} + \overline{A}\,\overline{B}C$

- P_2 : $AB\overline{C} + A\overline{B}C + \overline{A}BC$

- P_3 : ABC

(3) 주어진 미완성 시퀀스 도면에 접점과 그 기호를 삽입하여 도면을 완성하시오.

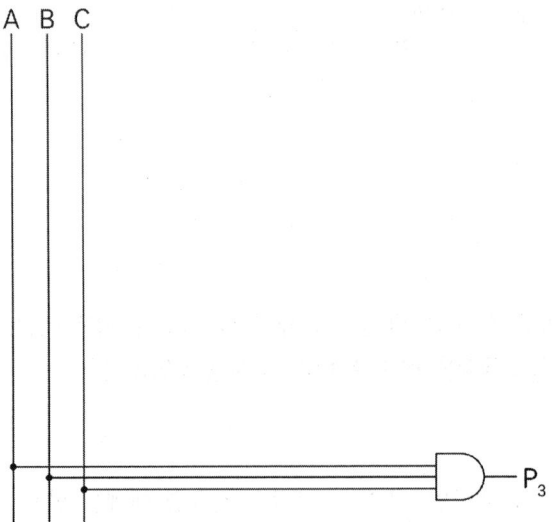

정답

(1)

A	B	C	P₁	P₂	P₃
0	0	0	1	0	0
1	0	0	1	0	0
0	1	0	1	0	0
0	0	1	1	0	0
1	1	0	0	1	0
1	0	1	0	1	0
0	1	1	0	1	0
1	1	1	0	0	1

(2)
- $P_1 = \overline{A}\,\overline{B}\,\overline{C} + \overline{A}\,\overline{B}C + \overline{A}B\overline{C} + A\overline{B}\,\overline{C}$
  $= \overline{A}\,\overline{B}\,\overline{C} + \overline{A}\,\overline{B}C + \overline{A}B\overline{C} + A\overline{B}\,\overline{C} + \overline{A}\,\overline{B}\,\overline{C} + \overline{A}\,\overline{B}\,\overline{C}$
  $= \overline{A}\,\overline{B}(C+\overline{C}) + \overline{A}\,\overline{C}(B+\overline{B}) + \overline{B}\,\overline{C}(A+\overline{A})$
  $= \overline{A}\,\overline{B} + (\overline{A}+\overline{B})\overline{C}$

- $P_2 = \overline{A}BC + A\overline{B}C + AB\overline{C} = AB\overline{C} + C(\overline{A}B + A\overline{B})$

- $P_3 = ABC$

(3)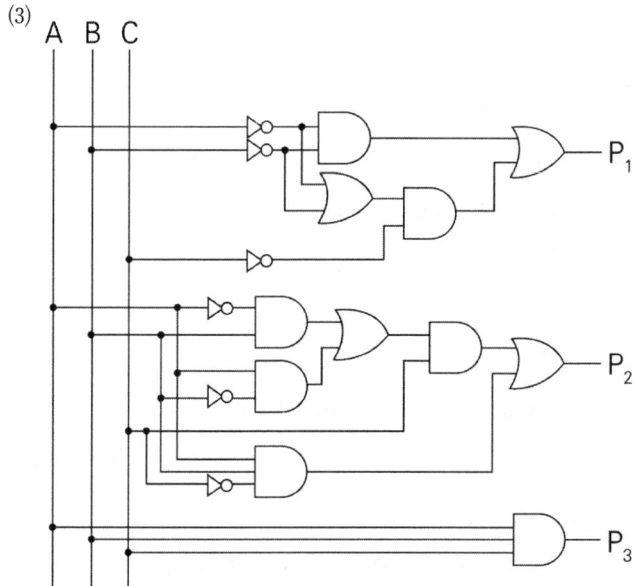

09

다음 그림과 같은 3상 배전선에서 변전소(A점)의 전압은 3300 [V], 중간 지점(B점)의 부하는 60 [A], 역률 0.8(지상), 밑단(C점)의 부하는 40 [A], 역률 0.8이다. A와 B 사이의 길이는 3 [km], B 와 C 사이의 길이는 2 [km]이고, 선로의 km당 임피던스 저항이 0.9 [Ω], 리액턴스가 0.4 [Ω]이다. 다음 각 질문에 답하시오.

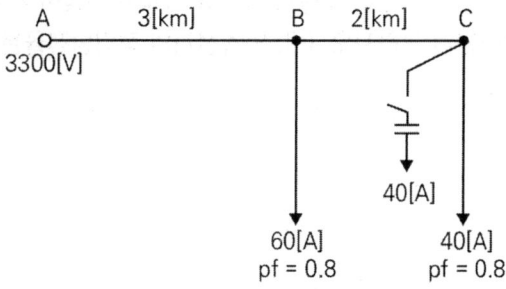

(1) C점에 전력용 콘덴서가 없는 경우 B점, C점의 전압을 구하시오.

① B점 전압

② C점 전압

(2) C점에 전력용 콘덴서를 설치하고 진상전류 40 [A]를 흘릴 때 B점, C점의 전압을 구하시오.

① B점 전압

② C점 전압

정답

(1) ① $V_B = V_A - e_{AB}$

$V_B = V_A - \sqrt{3}\,I_1(R_1\cos\theta + X_1\sin\theta)$

$= 3300 - \sqrt{3} \times 100(0.9 \times 3 \times 0.8 + 0.4 \times 3 \times 0.6) = 2801.17\,[\text{V}]$

답 2801.17 [V]

② $V_C = V_B - e_{BC}$

$V_C = V_B - \sqrt{3}\,I_2(R_2\cos\theta + X_2\sin\theta)$

$= 2801.17 - \sqrt{3} \times 40(0.9 \times 2 \times 0.8 + 0.4 \times 2 \times 0.6) = 2668.15\,[\text{V}]$

답 2668.15 [V]

(2) ① $V_B = V_A - \sqrt{3}\,(I_1\cos\theta R_1 + (I_1\sin\theta - I_C)X_1)$

$= 3300 - \sqrt{3}\,(100 \times 0.8 \times 0.9 \times 3 + (100 \times 0.6 - 40)0.4 \times 3) = 2884.31\,[\text{V}]$

답 2884.31 [V]

② $V_C = V_B - \sqrt{3}\,(I_2\cos\theta R_2 + (I_2\sin\theta - I_C)X_2)$

$= 2884.31 - \sqrt{3}\,(40 \times 0.8 \times 0.9 \times 2 + (40 \times 0.6 - 40)0.4 \times 2) = 2806.71\,[\text{V}]$

답 2806.71 [V]

10

연축전지의 정격 용량이 200 [Ah], 상시 부하가 22 [kW], 표준전압이 220 [V]인 부동 충전 방식 충전기의 2차 전류는 몇 [A]인지 구하시오. (단, 연축전지의 정격방전율은 10 [h]이고, 상시 부하의 역률은 1로 가정한다)

정답

2차 충전 전류 $I_2 = \dfrac{200}{10} + \dfrac{22 \times 10^3}{220} = 120\,[\text{A}]$

답 120 [A]

11

그림과 같이 교류 3상 3선식에 연결된 3상 평형 저항 부하가 있다. 그림의 ×표시에서 단선이 될 경우 이 부하의 소비전력은 단선 전의 소비전력과 비교하여 어떻게 되는지 설명하시오.

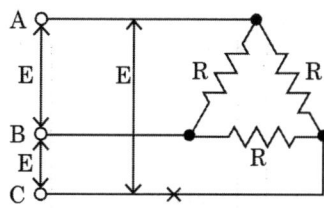

정답

■ 계산과정

- 단선 전 소비전력

$$P = 3 \times \left(\frac{E}{R}\right)^2 \times R = \frac{3E^2}{R}$$

- 단선 후 소비전력

$$P' = \frac{E^2}{R} + \frac{E^2}{2R} = \frac{3E^2}{2R}$$

$$\therefore \frac{P'}{P} = \frac{\frac{3}{2}\frac{E^2}{R}}{3\frac{E^2}{R}} = \frac{1}{2}$$

답 $\frac{1}{2}$ 배로 감소

12

그림과 같은 평면도의 2층 건물에 대한 배선설계를 하기 위해 주어진 조건을 이용하여 1층과 2층을 분리하여 분기회로수를 결정하려 한다. 다음 물음에 답하시오. (단, 룸에어컨은 별도로 한다)

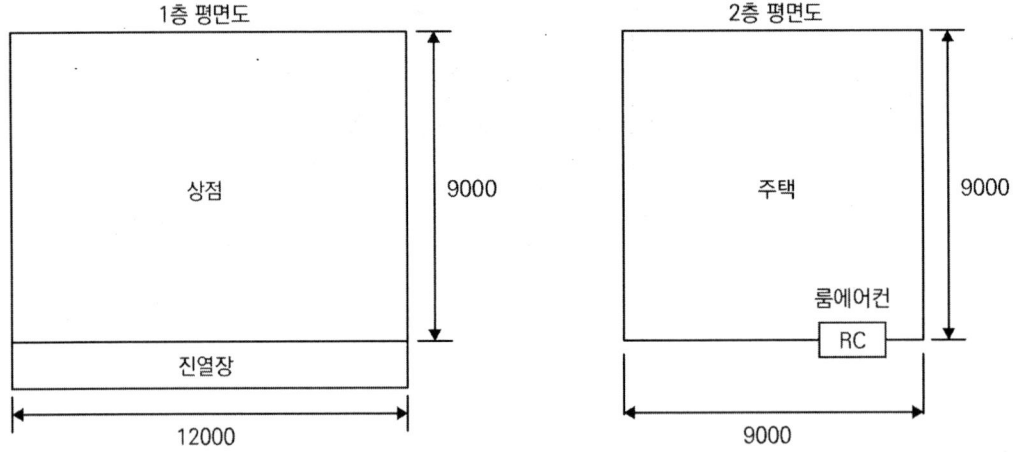

[조건]
- 분기회로는 15 [A] 분기회로로 하고, 80 [%]의 정격이 되도록 한다.
- 배전 전압은 220 [V]를 기준으로 적용 가능한 최대 부하를 상정한다.
- 주택의 표준 부하는 40 [VA/m^2], 상점의 표준 부하는 30 [VA/m^2]로 하되, 1층과 2층을 분리하여 분기회로수를 결정하고 상점과 주거용에 각각 1000 [VA]를 가산하여 적용한다.
- 상점의 진열장은 길이 1 [m]당 300 [VA]를 적용한다.
- 옥외광고등 500 [VA]짜리 1등이 상점에 있는 것으로 가정한다.
- 예상이 곤란한 콘센트, 접속기, 소켓 등이 있을 경우 이를 상정하지 않는다.

(1) 상점의 분기회로수를 구하시오.
(2) 주택의 분기회로수를 구하시오.

정답

(1) • 부하 용량 $P = (9 \times 12 \times 30) + 12 \times 300 + 500 + 1000 = 8340\,[VA]$
  • 분기회로수 $= \dfrac{8340}{220 \times 15 \times 0.8} = 3.16$ **답** 15 [A] 분기 4회로

(2) • 부하 용량 $P = 3 \times 9 \times 40 + 1000 = 2080\,[VA]$
  • 분기회로수 $= \dfrac{2080}{220 \times 15 \times 0.8} = 0.79$ **답** 15 [A] 분기 2회로(에어컨 전용 1회로 포함)

13

주어진 논리회로의 출력식을 적고, 간략화하시오.

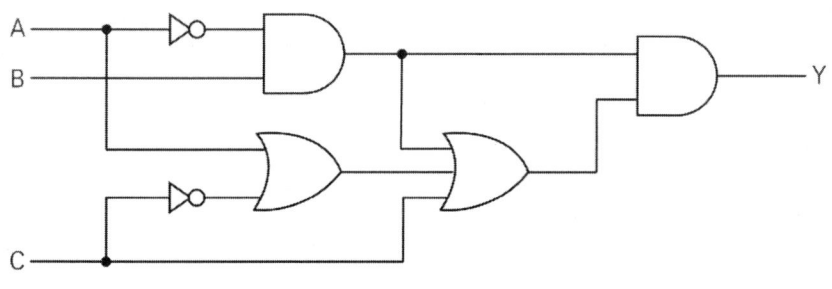

정답

$$Y = (\overline{A}B + A + \overline{C} + C) \cdot \overline{A}B$$
$$= \overline{A}\overline{A}BB + A\overline{A}B + \overline{A}B\overline{C} + \overline{A}BC$$
$$= \overline{A}B + \overline{A}B(\overline{C} + C)$$
$$= \overline{A}B + \overline{A}B = \overline{A}B$$

14

공급전압을 220 [V]에서 380 [V]로 승압했을 때 저압간선에 나타나는 효과에 대해 다음 각 질문에 답하시오.

(1) 공급 능력 증대는 몇 배인지 구하시오.

(2) 전력손실의 감소는 몇 [%]인지 구하시오.

(3) 전압강하율의 감소는 몇 [%]인지 구하시오.

> 정답

(1) 공급 능력 $P \propto V = \dfrac{380}{220} = 1.73$ 답 1.73배

(2) 전력손실 $P_l \propto \dfrac{1}{V^2}$

$P_l' = \left(\dfrac{220}{380}\right)^2 P_l = 0.3352\, P_l$

전력손실 감소는 1 - 0.3352 = 0.6648 답 66.48 [%]

(3) 전압강하율 $\delta \propto \dfrac{1}{V^2}$

$\delta' = \left(\dfrac{220}{380}\right)^2 \delta = 0.3352\, \delta$

전압강하율 감소는 1 - 0.3352 = 0.6648 답 66.48 [%]

> 핵심이론

□ 전압과의 관계 요약

전압에 비례 ($\propto V$)	공급능력
전압의 제곱에 비례 ($\propto V^2$)	공급전력, 공급 거리
전압에 반비례 ($\propto \dfrac{1}{V}$)	전압강하
전압의 제곱에 반비례 ($\propto \dfrac{1}{V^2}$)	전력손실, 전력손실률, 전압강하율, 전선 단면적

15 5점

부하설비 용량이 30 [kW], 20 [kW], 25 [kW]일 때 수용률은 각각 60 [%], 50 [%], 65 [%]이다. 부등률이 1.1, 종합역률이 0.85일 때 변압기 용량을 선정하시오. (단, 변압기 표준 용량은 30, 50, 75, 100, 150, 500 [kVA]이다)

> 정답

변압기 용량[kVA] = $\dfrac{\text{설비 용량} \times \text{수용률}}{\text{부등률} \times \text{역률}}$

$= \dfrac{30 \times 0.6 + 20 \times 0.5 + 25 \times 0.65}{1.1 \times 0.85} = 47.33\ [\text{kVA}]$ 답 50 [kVA] 선정

16

권상 하중이 90 [ton]이고, 매분 3 [m]의 속도로 끌어올리는 권상용 전동기의 용량[kW]을 구하시오. (단, 전동기를 포함한 기중기의 효율은 70 [%]이다)

정답

$$P = \frac{WV}{6.12\eta} = \frac{90 \times 3}{6.12 \times 0.7} = 63.03 \text{ [kW]}$$

답 63.03 [kW]

17

부하율에 대하여 설명하고, 부하율이 높다는 것은 무엇을 의미하는지 설명하시오.

정답

(1) 부하율 : 어떤 기간 중의 평균수용전력과 최대수용전력과의 비를 나타낸다.

$$\text{부하율} = \frac{\text{평균전력}}{\text{최대전력}} \times 100 \text{ [%]}$$

(2) 부하율이 크다는 의미 : 전기설비를 유효하게 사용하고 있다는 의미이다.

18

300 [kVA], 22.9 [kV]/380 - 220 [V], %저항은 1.05 [%], %리액턴스는 4.92 [%]이다. 이때 정격전압에서 단락전류는 정격전류의 몇 배인지 구하시오. (단, 전원 측의 임피던스는 무시한다)

정답

$$I_s = \frac{100}{\%Z} I_n = \frac{100}{\sqrt{1.05^2 + 4.92^2}} I_n = 19.88 I_n \text{ [A]}$$

답 19.88배

2021년 제1회

01
5점

15 [L]의 물을 5 [℃]에서 60 [℃]로 가열하는 데 1시간이 소요되었다. 이때 사용한 전열기의 용량은 몇 [kW]인지 구하시오. (단, 전열기의 효율은 76 [%]이다)

정답

■ 계산과정

$$\eta = \frac{Cm(\theta - \theta_0)}{860Pt} \times 100\ [\%]$$

$$P = \frac{Cm(\theta - \theta_0)}{860\eta t} \times 100 = \frac{1 \times 15 \times (60-5)}{860 \times 76 \times 1} \times 100 = 1.262\ [kW]$$

답 1.262 [kW]

핵심이론

□ 전열기의 효율

$$\eta = \frac{cm(t - t_0)}{860Pt} \times 100\ [\%]$$

c : 비열(물은 1), m : 물 부피[L], t : 나중온도[℃]
t_o : 초기온도[℃], P : 출력[kW], t : 시간[h]

02
14점

3층 사무실용 건물에 3상 3선식 6000 [V]를 수전하여 200 [V]로 강압하는 수전설비이다. 각 부하설비가 표와 같을 때 주어진 조건을 이용하여 다음 각 질문에 답하시오.

〈동력 부하설비〉

사용 목적	용량 [kW]	대수	상용동력 [kW]	하계동력 [kW]	동계동력 [kW]
난방 관계					
• 보일러 펌프	6.7	1			6.7
• 오일기어 펌프	0.4	1			0.4
• 온순 순환 펌프	3.7	1			3.7
공기 조화 관계					
• 1,2,3층 패키지 콤프레셔	7.5	6		45.0	
• 콤프레셔 팬	5.5	3	16.5		
• 냉각수 펌프	5.5	1		5.5	
• 쿨링타워	1.5	1		1.5	
급수·배수 관계					
• 양수 펌프	3.7	1	3.7		
기타					
• 소화 펌프	5.5	1	5.5		
• 셔터	0.4	2	0.8		
합계			26.5	52.0	10.8

〈조명 및 콘센트 부하설비〉

사용 목적	와트 수 [W]	설치 수량	환산 용량 [VA]	총 용량 [VA]	비고
전등 관계					
• 수은등 A	200	2	260	520	200 [V] 고역률
• 수은등 B	100	8	140	1120	100 [V] 고역률
• 형광등	40	820	55	45100	200 [V] 고역률
• 백열전등	60	20	60	1200	
콘센트 관계					
• 일반 콘센트		70	150	10500	2P 15 [A]
• 환기팬용 콘센트		8	55	440	
• 히터용 콘센트	1500	2		3000	
• 복사기용 콘센트		4		3600	
• 텔레타이프용 콘센트		2		2400	
• 룸쿨러용 콘센트		6		7200	
기타					
• 전화교환용 정류기		1		800	
계				75880	

[조건]
1. 동력 부하의 역률은 모두 70 [%]이며, 기타는 100 [%]로 간주한다.
2. 조명 및 콘센트 부하설비의 수용률은 다음과 같다.
   - 전등설비 : 60 [%]
   - 콘센트설비 : 70 [%]
   - 전화교환용 정류기 : 100 [%]
3. 변압기 용량 산출 시 용량은 표준규격으로 답하도록 한다.
4. 변압기 용량 산정 시 필요한 동력 부하설비의 수용률은 전체 평균 65 [%]로 한다.

(1) 동계 난방 때 온수순환 펌프는 상시 운전하고, 보일러용 펌프와 오일기어 펌프의 수용률이 55 [%]일 때 난방 동력 수용 부하는 몇 [kW]인지 구하시오.

(2) 상용동력, 하계동력, 동계동력에 대한 피상전력은 몇 [kVA]인지 구하시오.
  ① 상용동력

  ② 하계동력

  ③ 동계동력

(3) 이 건물의 총 전기설비 용량은 몇 [kVA]를 기준으로 하여야 하는지 구하시오.

(4) 조명 및 콘센트 부하설비에 대한 단상 변압기의 용량은 최소 몇 [kVA]가 되어야 하는지 구하시오.

(5) 동력 부하용 3상 변압기의 용량은 몇 [kVA]인지 구하시오.

(6) 단상과 3상 변압기의 전류계용으로 사용되는 변류기의 1차 측 정격전류는 각각 몇 [A]인지 구하시오.
  ① 단상

  ② 3상

(7) 역률 개선을 위하여 각 부하마다 전력용 콘덴서를 설치하려고 할 때 보일러 펌프의 역률을 95 [%]로 개선하려면 몇 [kVA]의 전력용 콘덴서가 필요한지 구하시오.

정답

■ 계산과정

(1) 수용 부하 $= 3.7 + (6.7 + 0.4) \times 0.55 = 7.61$ [kW]

답 7.61 [kW]

(2) ① 사용동력의 피상전력 $= \dfrac{26.5}{0.7} = 37.86$ [kVA]

답 37.86 [kVA]

② 하계동력의 피상전력 $= \dfrac{52.0}{0.7} = 74.29$ [kVA]

답 74.29 [kVA]

③ 동계동력의 피상전력 $= \dfrac{10.8}{0.7} = 15.43$ [kVA]

답 15.43 [kVA]

(3) $37.86 + 74.29 + 75.88 = 188.03$

답 188.03 [kVA]

(4) 전등 관계 : $(520 + 1120 + 45100 + 1200) \times 0.6 \times 10^{-3} = 28.76$ [kVA]

콘센트 관계 : $(10500 + 440 + 3000 + 3600 + 2400 + 7200) \times 0.7 \times 10^{-3} = 19$ [kVA]

기타 : $800 \times 1 \times 10^{-3} = 0.8$ [kVA]

- $28.76 + 19 + 0.8 = 48.56$ [kVA]이므로 단상 변압기 용량은 50 [kVA]가 된다.

답 50 [kVA]

(5) 동계동력과 하계동력 중 큰 부하를 기준하고 상용동력과 합산하여 계산하면

$\dfrac{(26.5 + 52.0)}{0.7} \times 0.65 = 72.89$ [kVA]이므로 3상 변압기 용량은 75 [kVA]가 된다.

답 75 [kVA]

(6) ① 단상 변압기 1차 측 변류기 $I = \dfrac{50 \times 10^3}{6 \times 10^3} \times 1.25 = 10.42$

답 15 [A] 선정

② 3상 변압기 1차 측 변류기 $I = \dfrac{75 \times 10^3}{\sqrt{3} \times 6 \times 10^3} \times 1.25 = 9.02$

답 10 [A] 선정

(7) $Q_c = P(\tan\theta_1 - \tan\theta_2) = 6.7 \times \left(\dfrac{\sqrt{1-0.7^2}}{0.7} - \dfrac{\sqrt{1-0.95^2}}{0.95} \right) = 4.63$ [kVA]

답 4.63 [kVA]

03

다음은 감리원이 공사업자에게 제출하도록 하는 요구사항이다. 내용을 잘 읽고 알맞은 답안을 적으시오.

> 감리원은 공사진도율이 계획공정 대비 월간 공정실적이 (①) [%] 이상 지연되거나 누계 공정실적이 (②) [%] 이상 지연될 때에는 공사업자에게 부진사유 분석, 만회대책 및 만회공정표를 수립하여 제출하도록 지시하여야 한다.

정답

① 10

② 5

핵심이론

□ 부진공정 만회대책(전력시설물공사 감리업무 제45조)
① 감리원은 공사 진도율이 계획공정 대비 월간 공정실적이 10 [%] 이상 지연되거나 누계공정 실적이 5 [%] 이상 지연될 때에는 공사업자에게 부진사유 분석, 만회대책 및 만회공정표를 수립하여 제출하도록 지시하여야 한다.
② 감리원은 공사업자가 제출한 부진공정 만회대책을 검토·확인하고, 그 이행 상태를 주간 단위로 점검·평가하여야 하며, 공사추진회의 등을 통하여 미조치 내용에 대한 필요대책 등을 수립하여 정상 공정으로 회복할 수 있도록 조치하여야 한다.
③ 감리원은 검토·확인한 부진공정 만회대책과 그 이행상태의 점검·평가결과를 감리보고서에 수록하여 발주자에게 보고하여야 한다.

04

예비전원설비에 이용되는 연축전지와 알칼리축전지에 대하여 다음 각 물음에 답하시오.

(1) 연축전지와 비교할 때 알칼리축전지의 장점과 단점을 1가지씩만 쓰시오.

(2) 연축전지와 알칼리축전지의 공칭전압은 각각 몇 [V]인지 쓰시오.

(3) 축전지의 일반적인 충전 방식 중 부동 충전 방식에 대하여 설명하시오.

(4) 연축전지의 정격 용량이 200 [Ah]이고, 상시 부하가 15 [kW]이며, 표준전압이 100 [V]인 부동 충전 방식 충전기의 2차 전류는 몇 [A]인지 구하시오. (단, 상시 부하의 역률은 1로 간주한다)

> **정답**

(1) 장점 : 수명이 길다.
　　　　 과충전·과전압에 강하다.
　　　　 진동 및 충격에 강하다.
　　단점 : 셀당 공칭전압이 납축전지에 비해 낮다.
　　　　 가격이 비싸다.

(2) 연축전지 : 2.0 [V/cell], 알칼리축전지 : 1.2 [V/cell]

(3) 부동 충전 방식 : 축전지의 자기 방전을 보충함과 동시에 상용 부하에 대한 부하전류는 충전기가 부담하도록 하되, 충전기가 부담하기 어려운 일시적인 대전류 부하는 축전지가 공급하는 충전 방식

(4) 2차 충전 전류 = $\dfrac{축전지 정격}{방전율} + \dfrac{상시전력}{표준전압}$

$\therefore I_2 = \dfrac{200}{10} + \dfrac{15 \times 10^3}{100} = 170 \text{ [A]}$

답 170 [A]

> **핵심이론**

□ 축전지의 2차 전류

$$I_2 = \dfrac{축전지의 정격용량[Ah]}{축전지 방전율[h]} + \dfrac{상시부하용량[VA]}{표준전압[V]}$$

연축전지의 방전율은 10 [h], 알칼리축전지의 방전율은 5 [h]이다.

05

저압 옥내배선공사 중 아래와 같은 시설 장소의 조건에 따라 합성수지관공사를 배선하고자 할 때 빈칸에 ○ 또는 × 표시로 답하시오. (단, 시설 가능한 곳은 ○, 시설할 수 없는 곳은 × 표시를 하시오)

배선 방법	옥내						옥측/옥외	
	노출 장소		은폐된 장소					
			점검 가능		점검 불가능			
	건조한 장소	습기가 많은 장소 또는 수분이 있는 장소	건조한 장소	습기가 많은 장소 또는 수분이 있는 장소	건조한 장소	습기가 많은 장소 또는 수분이 있는 장소	우선 내	우선 외
합성 수지관 공사	○		○				○	

정답

배선 방법	옥내						옥측/옥외	
	노출 장소		은폐된 장소					
			점검 가능		점검 불가능			
	건조한 장소	습기가 많은 장소 또는 수분이 있는 장소	건조한 장소	습기가 많은 장소 또는 수분이 있는 장소	건조한 장소	습기가 많은 장소 또는 수분이 있는 장소	우선 내	우선 외
합성 수지관 공사	○	○	○	○	○	○	○	○

핵심이론

▫ 시설장소와 배선방법(내선규정 2210-1)

배선 방법	옥내						옥측/옥외	
	노출 장소		은폐된 장소				우선 내	우선 외
			점검 가능		점검 불가능			
	건조한 장소	습기가 많은 장소 또는 수분이 있는 장소	건조한 장소	습기가 많은 장소 또는 수분이 있는 장소	건조한 장소	습기가 많은 장소 또는 수분이 있는 장소		
애자 사용 공사	○	○	○	○	×	×	①	①
금속관 배선	○	○	○	○	○	○	○	○
합성 수지관 공사	○	○	○	○	○	○	○	○

① : 노출 장소 및 점검할 수 있는 은폐장소에 한하여 시설할 수 있다.

06

지중전선로를 시설할 때 다음 각 항의 매설 깊이에 대하여 쓰시오.

(1) 관로식에 의하여 시설하는 경우 최소 매설 깊이

(2) 직접 매설식에 의하여 시설하는 경우 최소 매설 깊이(중량물의 압력을 받을 우려가 있는 장소)

정답

(1) 1 [m] 이상
(2) 1 [m] 이상

07

그림과 같이 V결선과 Y결선된 변압기 한 상의 중심 O에서 110 [V]를 인출하여 사용하고자 한다. 다음 각 항에 답하시오.

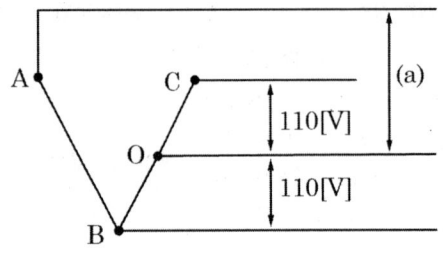
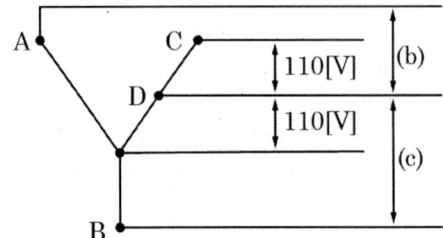

(1) 위 그림에서 (a)의 전압을 구하시오.

(2) 위 그림에서 (b)의 전압을 구하시오.

(3) 위 그림에서 (c)의 전압을 구하시오.

정답

(1) $V_{AO} = V_{AB} + V_{BO} = 220\angle 0° + 110 \angle -120°$
$= 220 + 110\left(-\dfrac{1}{2} - j\dfrac{\sqrt{3}}{2}\right)$
$= 165 - j55\sqrt{3}$
$= \sqrt{165^2 + (55\sqrt{3})^2} = 190.53$ [V]

답 190.53 [V]

(2) $V_{AD} = V_{AO} + V_{OD} = -220\angle 0° + 110\angle 120°$
$= -220 + 110\left(-\dfrac{1}{2} + j\dfrac{\sqrt{3}}{2}\right)$
$= -275 + j55\sqrt{3}$
$= \sqrt{275^2 + (55\sqrt{3})^2} = 291.03$ [V]

답 291.03 [V]

(3) $V_{BD} = V_{BO} + V_{OD} = -220\angle -120° + 110\angle 120°$
$= -220\left(-\dfrac{1}{2} - j\dfrac{\sqrt{3}}{2}\right) + 110\left(-\dfrac{1}{2} + j\dfrac{\sqrt{3}}{2}\right)$
$= 55 + j165\sqrt{3}$
$= \sqrt{55^2 + (165\sqrt{3})^2} = 291.03$ [V]

답 291.03 [V]

08

그림과 같은 무접점 릴레이 회로의 출력식 Z를 구하고, 이것을 전자 릴레이 회로로 변경하여 그리시오.

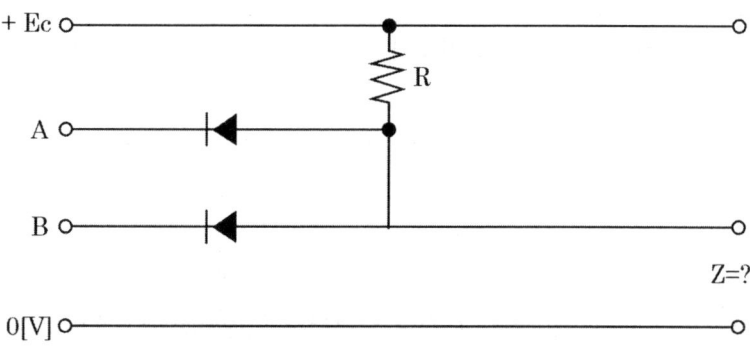

정답

- 출력식 : $Z = A \cdot B$

- 전자 릴레이 회로(유접점 회로)

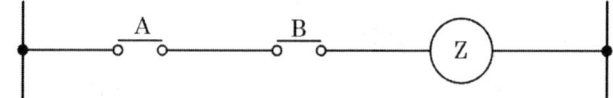

09

A상에 23 [kVA], B상에 33 [kVA], C상에 19 [kVA]인 단상 부하와 20 [kVA]인 3상 부하가 아래 그림과 같이 접속되어 있을 때 최소 3상 변압기 용량을 구하시오.

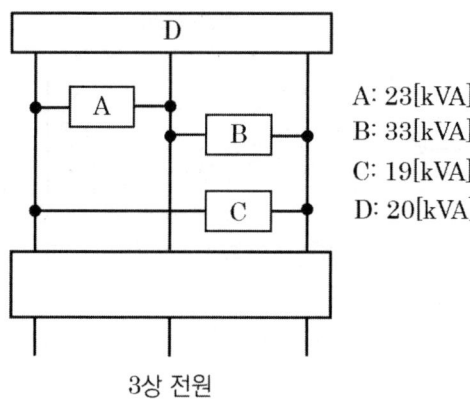

A: 23[kVA]
B: 33[kVA]
C: 19[kVA]
D: 20[kVA]

3상 전원

> 정답

■ 계산과정

- 1상 최대 부하 $= 33 + \dfrac{20}{3} = 39.67\ [\text{kVA}]$

- 3상 변압기 용량 $= 39.67 \times 3 = 119.01\ [\text{kVA}]$

답 119.01 [kVA]

10

건축화 조명 방식 중 천장에 매입하는 조명 방식 3가지와 벽면에 이용하는 조명 방식 3가지를 쓰시오.

> 정답

- 천장매입 방식 : 코퍼조명, 다운라이트, 광량조명, 핀홀라이트

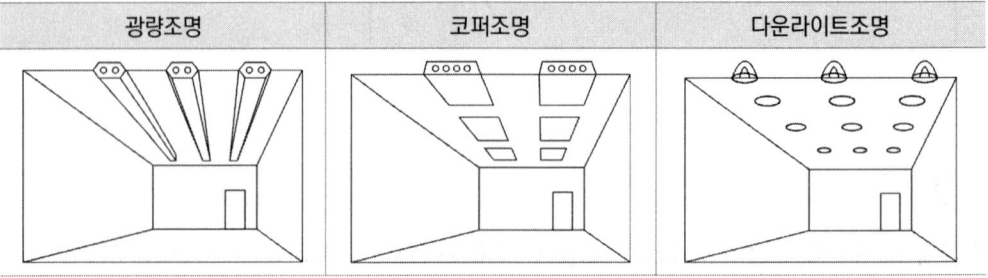

- 벽면이용 방식 : 코니즈조명, 밸런스조명, 광벽조명, 코너조명

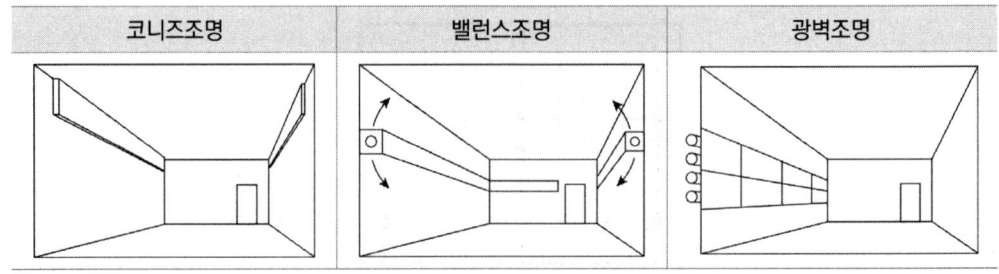

> **핵심이론**
>
> □ 조명 방식 분류
> (1) 조명기구의 배광에 의한 분류
>   직접조명, 반직접조명, 전반확산조명, 반간접조명, 간접조명
> (2) 조명기구 배치에 의한 분류
>   전반조명, 국부조명, 전반·국부 병용 조명
> (3) 건축화 조명
>   코퍼조명, 다운라이트조명, 핀홀라이트, 광량조명, 광천장조명, 코니스조명, 루버조명, 밸런스조명, 코브조명, 코너조명
>   ① 천장에 매입하는 것
>   • 광량조명(반매입 라인라이트), 코퍼조명, 다운라이트, 핀홀라이트
>   ② 천장면을 관원으로 하는 것
>   • 광천장조명, 루버조명, 코브조명
>   ③ 벽면을 광원으로 하는 것
>   • 코니스조명, 밸런스조명, 광벽조명

11

단상 2선식 220 [V] 배전선로에 소비전력 40 [W], 역률 85 [%]의 형광등 85개를 설치할 때 16 [A] 분기회로의 최소 회선 수를 구하시오. (단, 한 회로의 부하전류는 분기회로의 80 [%]로 한다)

정답

■ 계산과정

• 부하전류 $I = \dfrac{P}{V\cos\theta} = \dfrac{40 \times 85}{220 \times 0.85} = 18.18\,[A]$

• 분기회로 수 $= \dfrac{18.18}{16 \times 0.8} = 1.42$ 회로

답 16 [A] 분기 2회로

12

다음 그림은 TN계통의 TN-C 접지 방식이다. 중성도체(N), 보호도체(PE) 등의 기호를 이용하여 노출도전성 부분의 접지 결선도를 완성하시오.

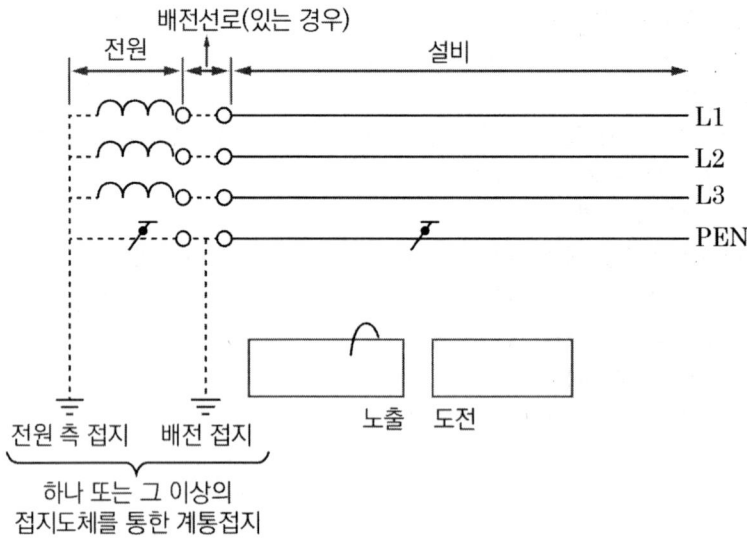

정답

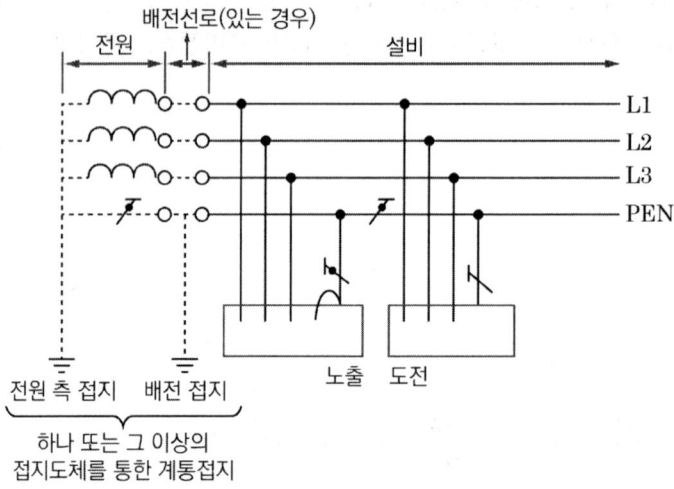

〈TN-C 계통〉

13

주어진 진리표는 3개의 리미트 스위치 LS_1, LS_2, LS_3에 입력을 주었을 때 출력 X와의 관계표이다. 이 표를 이용하여 다음 각 질문에 답하시오.

진리표

LS_1	LS_2	LS_3	X
0	0	0	0
0	0	1	0
0	1	0	0
0	1	1	1
1	0	0	0
1	0	1	1
1	1	0	1
1	1	1	1

(1) 진리표를 이용하여 다음과 같은 Karnaugh도를 완성하시오.

LS_3 / LS_1, LS_2	0 0	0 1	1 1	1 0
0				
1				

(2) 물음 "(1)"에서의 Karnaugh도에 대한 논리식을 쓰시오.

(3) 진리값과 물음 "(2)"의 논리식을 이용하여 이것을 무접점 회로도로 표시하시오.

정답

(1)

LS_3 / LS_1, LS_2	0 0	0 1	1 1	1 0
0	0	0	1	0
1	0	1	1	1

(2) $X = LS_2 LS_3 + LS_1 LS_2 + LS_1 LS_3$

(3)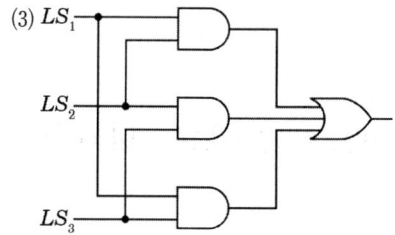

14

공동주택에 전력량계 1φ2W용 35개를 신설, 3φ4W용 7개를 사용 종료되어 신품으로 교체하였다. 소요되는 공구손료 등을 제외한 직접 노무비를 계산하여 구하시오. (단, 인공 계산은 소수 셋째자리까지 구하며, 내선전공의 노임은 95000원이다)

〈전력량계 및 부속장치 설치〉

(단위 : 대)

종별	내선전공
전력량계 $1\phi 2W$용	0.14
전력량계 $I\phi 3W$용 및 $3\phi 3W$용	0.21
전력량계 $3\phi 4W$용	0.32
CT(저고압)	0.40
PT(저고압)	0.40
ZCT(영상변류기)	0.40
현수용 MOF(고압·특고압)	3.00
거치용 MOF(고압·특고압)	2.00
계기함	0.30
특수계기함	0.45
변성기함(저압·고압)	0.60

[해설]
① 방폭 200 [%]
② 아파트 등 공동주택 및 기타 이와 유사한 동일 장소 내에서 10대를 초과하는 전력량계 설치 시 추가 1대당 해당품의 70 [%]
③ 특수 계기함은 3종 계기함, 농사용 계기함, 집합 계기함 및 저압 변류기용 계기함 등임
④ 고압변성기함, 현수용 MOF 및 거치용 MOF(설치대 조립품 포함)를 주상설치 시 배전전공 적용
⑤ 철거 30 [%], 재사용 철거 50 [%]

정답

- 내선전공 = [10 × 0.14 + (35 - 10) × 0.14 × 0.7] + [7 × (0.32 × 0.3 + 0.32 × 1)] = 6.762
- 직접 노무비 6.762 × 95000 = 642390 [원]

15

그림과 같은 수전설비에서 변압기나 부하설비에서 사고가 발생하였을 때 가장 먼저 개로하여야 하는 기기의 명칭을 쓰시오.

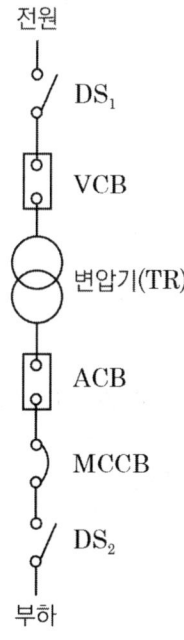

정답

진공 차단기(VCB)

16

38 [mm²]의 경동연선을 사용해서 경간이 100 [m]인 철탑에 가선하는 경우 이도는 얼마인가? (단, 경동연선의 인장하중은 1480 [kg], 안전율은 2.2, 전선의 자체 무게는 0.334 [kg/m], 수평하중은 0.608 [kg/m]라 한다)

정답

■ 계산과정

• 전선의 합성하중 = $\sqrt{0.334^2 + 0.608^2} = 0.6937$ [kg/m]

• $D = \dfrac{WS^2}{8T} = \dfrac{0.6937 \times 100^2}{8 \times \dfrac{1480}{2.2}} = 1.288$ [m]

답 1.29 [m]

핵심이론

□ 전선의 이도

$D = \dfrac{WS^2}{8T}$ [m]

T : 수평장력 $\left(= \dfrac{인장하중}{안전율}\right)$ [kg], W : 전선 합성하중[kg/m], S : 경간[m]

17

변압기 1차 측 탭 전압이 22900 [V]이고, 2차 측이 380/220 [V]일 때 2차 측 전압이 370 [V]로 측정되었다. 2차 측 전압을 상승시키기 위해서 1차 측 탭 전압을 21900 [V]로 할 때 2차 측 전압을 구하시오.

정답

■ 계산과정

- 2차 공급전압 $V_2 = V_1 \times \dfrac{1}{a} = 370$ [V]

- 1차 공급전압 $V_1 = 370\,a = 370 \times \dfrac{22900}{380} = 22297.37$ [V]

- 탭 전압 변경 시 2차 측 전압 $V_2' = 22297.37 \times \dfrac{380}{21900} = 386.9$ [V]

답 386.9 [V]

18

수용가의 인입구 전압이 22.9 [kV], 주 차단기의 용량이 200 [MVA]이다. 10 [MVA], 22.9/3.3 [kV] 변압기의 임피던스가 4.5 [%]일 때 변압기 2차 측에 필요한 차단기 용량을 다음 표에서 선정하시오.

⟨차단기의 정격 용량[MVA]⟩

10	20	30	50	75	100	150	250	300	400	500	750	1000

정답

■ 계산과정

$\dfrac{P_s}{P_n} = \dfrac{100}{\%Z}$ 에서

- 주 차단기 $\%Z = \dfrac{100 P_n}{P_s} = \dfrac{100 \times 10}{200} = 5\,[\%]$,   변압기 $\%Z = 4.5\,[\%]$

- 합성 $\%Z_T = 5 + 4.5 = 9.5\,[\%]$

- 2차 측 $P_s = \dfrac{100}{\%Z_T} \times P_n = \dfrac{100}{9.5} \times 10 = 105.26\,[\text{MVA}]$

답 150 [MVA] 선정

01

FL-40D 형광등의 전압이 100 [V], 전류가 0.35 [A], 안정기의 손실이 5 [W]일 때 역률은 몇 [%]인지 구하시오.

정답

■ 계산과정

FL-40D : 40 [W] 형광등

- 형광 램프의 소비전력 $P = 40 + 5 = 45\ [W]$

- 역률 $\cos\theta = \dfrac{P}{VI} \times 100 = \dfrac{45}{100 \times 0.35} \times 100 = 81.82\ [\%]$

답 81.82 [%]

02

다음은 컨베이어 시스템 제어회로 도면이다. A, B, C 3대의 컨베이어가 기동 시 A → B → C 순서로 동작하며, 정지 시 C → B → A 순서로 정지한다. 그림을 보고 입력 프로그램 ① ~ ⑤까지의 내용을 답란에 쓰시오.

〈시스템도〉

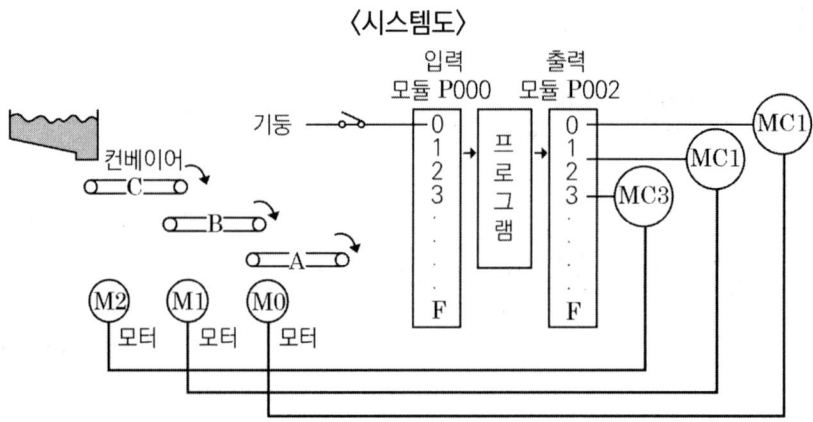

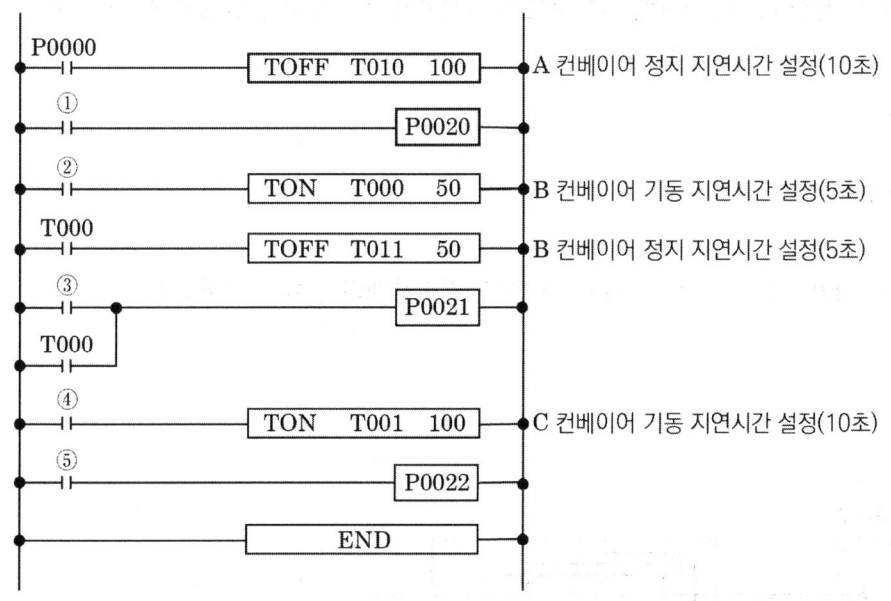

①	②	③	④	⑤

정답

①	②	③	④	⑤
T010	P0000	T011	P0000	T001

03

3상 4선식에 WHM를 접속하여 전력량을 적산시키기 위한 결선도이다. 다음 물음에 보고 주어진 답안지에 계산식과 답을 쓰시오.

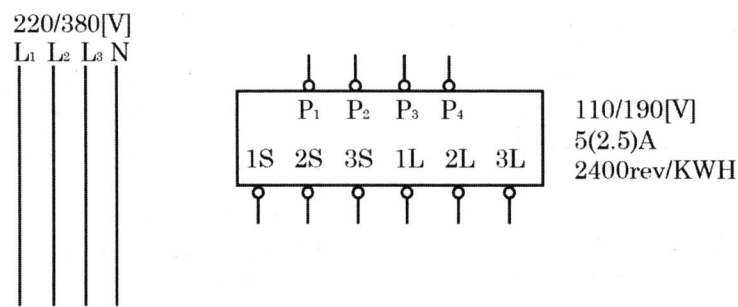

(1) WHM가 정상적으로 적산이 가능하도록 변성기를 추가하여 결선도를 완성하시오.
(2) 다음 의미하는 것을 쓰시오.
   - 5A :

   - 2.5A :

(3) PT비는 220/110, CT비는 300/5라 한다. 전력량계의 승률은 얼마인가?

정답

(1)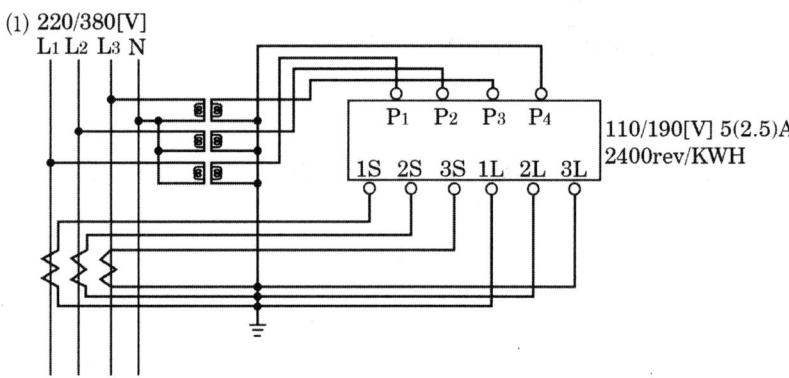

(2) • 5A : 정격전류
   • 2.5A : 주어진 오차를 만족하는 기준전류

(3) 승률 $m = CT비 \times PT비 = \dfrac{300}{5} \times \dfrac{220}{110} = 120$배   답 120배

04

어떤 발전소의 발전기가 13.2 [kV], 용량 93000 [kVA], %임피던스 95 [%]일 때 임피던스는 몇 [Ω]인지 구하시오.

정답

■ 계산과정

$\%Z = \dfrac{PZ}{10\,V^2}$ 이므로 $Z = \dfrac{\%Z \cdot 10\,V^2}{P} = \dfrac{95 \times 10 \times 13.2^2}{93000} = 1.78\,[\Omega]$

답 1.78 [Ω]

05

표와 같이 어느 수용가 A, B, C에 공급하는 배전선로의 최대전력은 600 [kW]이다. 이때 수용가의 부등률은 얼마인지 구하시오.

수용가	설비 용량[kW]	수용률[%]
A	400	70
B	400	60
C	500	60

정답

■ 계산과정

부등률 $= \dfrac{(400 \times 0.7) + (400 \times 0.6) + (500 \times 0.6)}{600} = 1.37$

답 1.37

06

CT 2대를 V결선하여 OCR 3대를 그림과 같이 연결하여 사용할 경우 다음 각 질문에 답하시오.

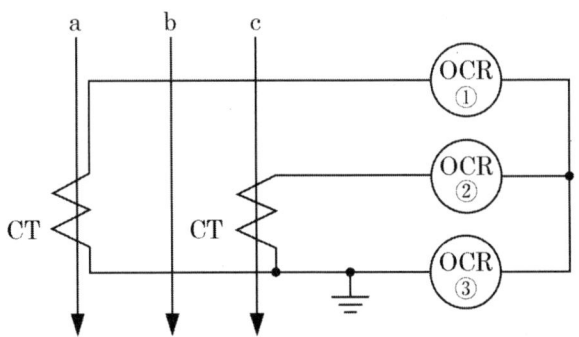

(1) 우리나라에서 사용하는 CT의 극성은 일반적으로 어떤 극성을 사용하는지 쓰시오.

(2) CT의 변류비가 40/5이고, 2차 측 전류가 3 [A]로 측정되었다면 수전전력은 약 몇 [kW]인지 구하시오. (단, 수전단의 전압은 22.9 [kV]이고, 역률은 90 [%]이다)

(3) ③번 OCR에 흐르는 전류는 어떤 상의 전류인지 쓰시오.

(4) OCR은 주로 어떤 사고가 발생하였을 때 동작하는지 쓰시오.

(5) 통전 중 변류기 2차 측 기기를 교체하고자 할 때 가장 먼저 취해야 할 조치는 무엇인지 쓰시오.

정답

(1) 감극성

(2) $P = \sqrt{3} \, V_1 I_1 \cos\theta$에서 $I_1 = I_2 \times$변류비이므로
∴ $P = \sqrt{3} \times 22900 \times 24 \times 0.9 \times 10^{-3} = 856.74 \, [\text{kW}]$

(3) b상 전류

(4) 단락 사고

(5) 변류기의 2차 측을 단락시킨다.

> **핵심이론**
>
> ▫ CT의 1차전류
> - 가동접속 : $I_1 = I_2 \times CT비$
> - 차동접속 : $I_1 = I_2 \times CT비 \times \dfrac{1}{\sqrt{3}}$

07 8점

3상 3선식 380 [V]로 수전하는 전력이 10 [kW]인 전열기를 부하로 사용하고 있을 때 수용가설비의 인입구로부터 분전반까지의 전압강하가 3 [%]이고, 분전반에서 전열기까지의 거리가 10 [m]인 경우 분전반에서 전열기까지 전선의 굵기를 선정하시오.

전선의 공칭단면적[mm²]

2.5	4	6	10	16	25	35	50	70

> **정답**

■ 계산과정

저압으로 수전하는 경우 인입구로부터 기기까지의 전압강하는 5 [%]

인입구에서 분전반까지의 전압강하가 3 [%]이므로 분전반에서 전열기까지의 전압강하는 2 [%]

$A = \dfrac{30.8 LI}{1000 e} = \dfrac{30.8 \times 10 \times \dfrac{10 \times 10^3}{\sqrt{3} \times 380}}{1000 \times 380 \times 0.02} = 0.62 \, [\text{mm}^2]$

답 2.5 [mm²]

> **핵심이론**
>
> ▫ 배전 방식별 전압강하
>
> | 배전 방식 | 전압강하 | 측정 기준 |
> |----------|---------|----------|
> | 단상 2선식 | $e = \dfrac{35.6 LI}{1000 A}$ | 선간 |
> | 3상 3선식 | $e = \dfrac{30.8 LI}{1000 A}$ | 선간 |
> | 단상 3선식
3상 4선식 | $e = \dfrac{17.8 LI}{1000 A}$ | 대지간 |

08

다음 논리회로를 보고 물음에 답하시오.

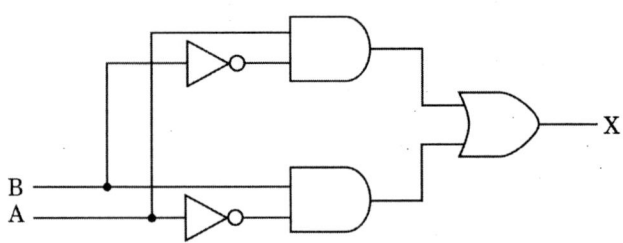

(1) 유접점 회로의 미완성된 부분을 완성하여 그리시오.

(2) 타임차트를 완성하시오.

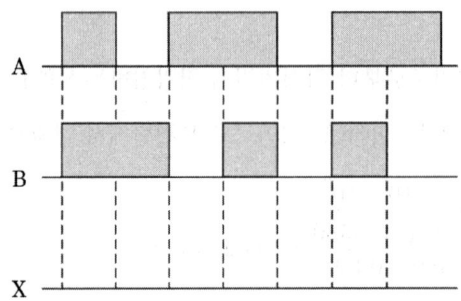

정답

(1)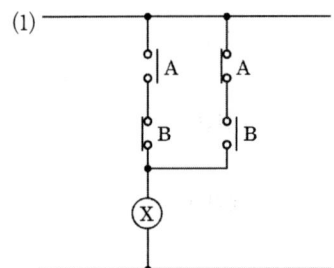

(2)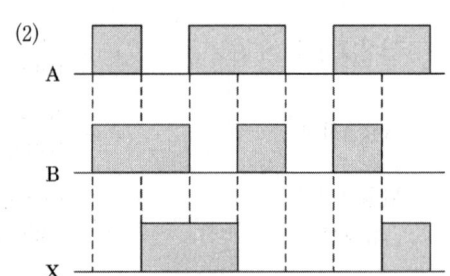

09

40 [kVA], 3상 380 [V], 60 [Hz]용 전력용 콘덴서의 결선 방식에 따른 용량을 [μF]으로 구하시오.

(1) △결선인 경우 C_1 [μF]

(2) Y결선인 경우 C_2 [μF]

정답

■ 계산과정

(1) $Q = 3\omega C_1 E^2 = 3\omega C_1 V^2$

$C_1 = \dfrac{Q}{3\omega V^2} = \dfrac{Q}{3 \times 2\pi f \times V^2} = \dfrac{40 \times 10^3}{3 \times 2\pi \times 60 \times 380^2} \times 10^6 = 244.93$ [μF]

답 244.93 [μF]

(2) $Q = 3EI_c = 3 \times E \times \dfrac{E}{\dfrac{1}{\omega C_2}} = 3\omega C_2 E^2 = 3\omega C_2 \left(\dfrac{V}{\sqrt{3}}\right)^2 = \omega C_2 V^2$

$C_2 = \dfrac{Q}{\omega V^2} = \dfrac{Q}{2\pi f \times V^2} = \dfrac{40 \times 10^3}{2\pi \times 60 \times 380^2} \times 10^6 = 734.79$ [μF]

답 734.79 [μF]

10

다음과 같은 회로에서 단자 전압이 V_0일 때 전압계의 눈금 V로 측정하기 위해서는 배율기의 저항 R_m은 얼마로 하여야 하는가? (단, 전압계의 내부저항은 R_v로 한다)

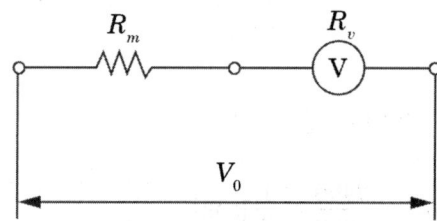

정답

■ 계산과정

- 회로의 전류 $I = \dfrac{V_0 - V}{R_m} = \dfrac{V}{R_v}$ [A]

- 배율기의 저항 $R_m = R_v\left(\dfrac{V_0 - V}{V}\right) = R_v\left(\dfrac{V_0}{V} - 1\right)$ 답 $R_m = R_v\left(\dfrac{V_0}{V} - 1\right)$

핵심이론

□ 배율기 : 전압계의 측정 범위를 확대하기 위해 사용하며, 전압계에 직렬로 연결함

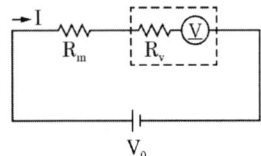

- $R_m = (m-1)R_v$ [Ω]
  R_m : 배율기 저항 R_v : 전압계 내부저항
- $\dfrac{V_0 (측정해야\ 할\ 값)}{V (전압계\ 지시값)} = m(배율)$

□ 분류기 : 전류계의 측정 범위를 확대하기 위해 사용하며, 전류계에 병렬로 연결함

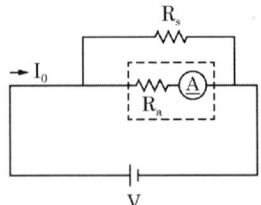

- $R_s = \dfrac{R_a}{m-1}$ [Ω]
  R_s : 분류기 저항 R_a : 전류계 내부저항
- $\dfrac{I_0 (측정해야\ 할\ 값)}{I (전압계\ 지시값)} = m(배율)$

11   5점

WHM의 계기 정수가 2400 [Rev/kWh], 부하의 평균 전력이 0.5 [kW]일 때 전력량계 원판의 1분간 회전수는? (단, 승률은 1이다)

정답

■ 계산과정

$P = \dfrac{n}{k \cdot t[\sec]} \times CT비 \times PT비$

초당 회전수 $n = P \times k \cdot t = 0.5 \times \dfrac{2400}{3600} = \dfrac{1}{3}$ [rps]

∴ 분당 회전수 = $\dfrac{1}{3} \times 60 = 20$ [rpm]

답 20 [rpm]

12 　　　　　　　　　　　　　　　　　　　　　　　　　　　　　　　　　5점

폭 8 [m]의 2차선 도로에 가로등을 도로 한쪽 배열로 50 [m] 간격으로 설치하고자 한다. 도면의 평균조도를 5 [lx]로 설계할 경우 가로등 1등당 필요한 광속을 구하시오. (단, 감광보상률은 1.5, 조명률은 0.43으로 한다)

정답

■ 계산과정

$$F = \dfrac{EAD}{UN} = \dfrac{5 \times 8 \times 50 \times 1.5}{0.43 \times 1} = 6976.74 \text{ [lm]}$$

답 6976.74 [lm]

> **핵심이론**
>
> □ 광속의 결정
>
> $FUN = EAD$
>
> - E : 평균조도　　・A : 실내의 면적　　・U : 조명률　　・D : 감광보상률
> - N : 소요 등수　　・F : 1등당 광속　　・M : 보수율(감광보상률의 역수)

13 　　　　　　　　　　　　　　　　　　　　　　　　　　　　　　　　　5점

대지 고유저항률 500 [Ω·m], 직경 0.02 [m], 길이 2 [m]인 접지봉을 전부 매립했다고 한다. 접지저항(대지저항)값은 얼마인가?

정답

■ 계산과정

$$R = \dfrac{\rho}{2\pi l} \ln \dfrac{2l}{r} = \dfrac{500}{2\pi \times 2} \times \ln \dfrac{2 \times 2}{0.01} = 238.39 \text{ [Ω]}$$

답 238.39 [Ω]

14

부하에 병렬로 콘덴서를 설치하고자 한다. 다음 조건을 참고하여 각 물음에 답하시오.

> 부하 1은 역률이 60 [%]이고, 유효전력 180 [kW], 부하 2는 유효전력 120 [kW]이고, 무효전력이 160 [kVar]이며, 배전 전력손실은 40 [kW]이다.

(1) 부하 1과 부하 2의 합성 용량은 몇 [kVA]인지 구하시오.

(2) 부하 1과 부하 2의 합성 역률은 얼마인지 구하시오.

(3) 합성 역률을 90 [%]로 개선하는 데 필요한 콘덴서 용량은 몇 [kVA]인지 구하시오.

(4) 역률 개선 시 배전의 전력손실은 몇 [kW]인지 구하시오.

정답

■ 계산과정

(1) • 유효전력 $P = 180 + 120 = 300$ [kW]

• 무효전력 $Q = 180 \times \dfrac{0.8}{0.6} + 160 = 400$ [kVar]

• 피상전력 $P_a = \sqrt{300^2 + 400^2} = 500$ [kVA]

답 500 [kVA]

(2) 합성 역률 $\cos\theta = \dfrac{P}{P_a} = \dfrac{300}{500} = 0.6 = 60$ [%]

답 60 [%]

(3) 콘덴서 용량 $Q_c = P(\tan\theta_1 - \tan\theta_2) = 300\left(\dfrac{0.8}{0.6} - \dfrac{\sqrt{1-0.9^2}}{0.9}\right) = 254.7$ [kVA]

답 254.7 [kVA]

(4) 개선 후 전력손실 $P_L' = \left(\dfrac{0.6}{0.9}\right)^2 \times 40 = 17.78$ [kW]

답 17.78 [kW]

15

통신선과 병행된 주파수 60 [Hz]의 3상 3선식 송전선에서 1선 지락사고로 영상전류 50 [A]가 흐를 때 통신선에 유기되는 전자유도전압[V]을 구하시오. (단, 상호인덕턴스 0.06 [mH/km], 병행거리 30 [km]이다)

정답

■ 계산과정

$$E_m = -j\omega Ml(3I_0) = -j2\pi \times 60 \times 0.06 \times 10^{-3} \times 30 \times 3 \times 50 = 101.79\,[A]$$

답 101.79 [A]

16

다음의 계측장비를 주기적으로 교정하고, 또한 안전장구의 성능을 적정하게 유지할 수 있도록 시험하여야 한다. 다음 표의 권장 교정 및 시험주기는 몇 년인지 쓰시오.

구분	년
절연저항 측정기	
계전기 시험기	
접지저항 측정기	
절연저항계	
클램프미터	

정답

구분	년
절연저항 측정기	1
계전기 시험기	1
접지저항 측정기	1
절연저항계	1
클램프미터	1

> 핵심이론

□ 계측장비 교정 등

구분		년
계측 장비 교정	계전기 시험기	1
	절연내력 시험기	1
	절연유 내압 시험기	1
	적외선 열화상 카메라	1
	전원 품질 분석기	1
	절연저항 측정기	1
	회로 시험기	1
	접지저항 측정기	1
	클램프미터	1
안전 장구 시험	특고압 COS 조작봉	1
	저압 검전기	1
	고압·특고압 검전기	1
	고압 절연 장갑	1
	절연 장화	1
	절연 안전모	1

17

22.9 [kV]인 3상 4선식의 수전설비 단선결선도이다. 다음 각 물음에 답하시오.

[보기]
TR-1, TR-2, 효율 : 90 [%], TR-2 여유율 : 15 [%]
TR-1(수용률과 역률을 적용한) 부하설비 용량(전등전열 부하) : 390.42 [kVA]
TR-2(수용률과 역률을 적용한) 부하설비 용량(일반전열 부하) : 110.3 [kVA]
TR-2(수용률과 역률을 적용한) 부하설비 용량(비상전열 부하) : 75.5 [kVA]
표준 용량[kVA] : 200, 300, 400, 500, 600

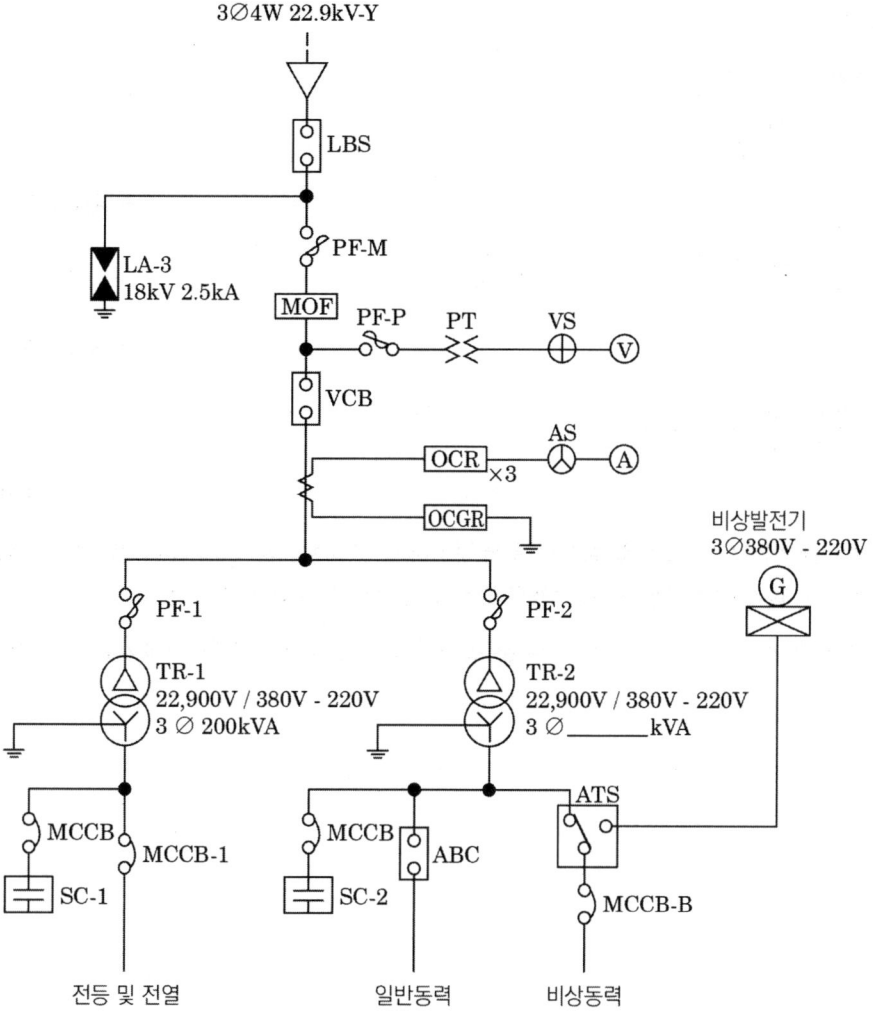

(1) TR - 1 변압기 용량을 선정하시오.

(2) TR - 2 변압기 용량을 선정하시오.

(3) TR - 1 변압기 2차 정격전류를 구하시오.

(4) ATS의 무엇을 위한 목적으로 사용되는지 쓰시오.

(5) TR - 1 변압기 ①의 2차 측 중성점을 접지하는 목적이 무엇인지 쓰시오.

> 정답

■ 계산과정

(1) $TR-1 = \dfrac{390.42}{0.9} = 433.80$ [kVA]

🔖 500 [kVA] 선정

(2) $TR-2 = \dfrac{110.3+75.5}{0.9} \times 1.15 = 237.41$ [kVA]

🔖 300 [kVA] 선정

(3) $I_2 = \dfrac{500 \times 10^3}{\sqrt{3} \times 380} = 759.67$ [A]

🔖 759.67 [A]

(4) 상용전원과 비상전원 사이에 설치하여 평상시에는 상용전원을 부하 측과 연결하여 사용하다 상용전원의 이상이나 정전 시 비상전원 측으로 전환하여 연결해 주는 장치

(5) 고전압 혼촉에 의한 저압 측 전위상승을 억제하여 저압 측에 연결된 기계기구의 절연을 보호한다.

01

그림은 22.9 [kV] 특고압 수전설비의 단선도이다. 이 도면을 보고 다음 각 물음에 답하시오.

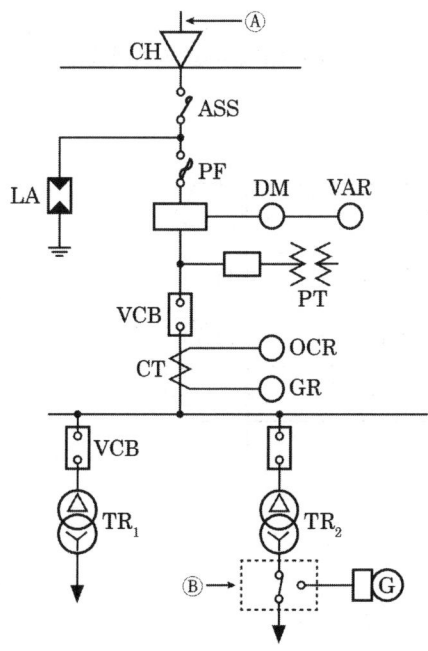

(1) 도면에 표시되어 있는 다음 약호의 명칭을 우리말로 쓰시오.
- ASS :
- VCB :
- LA :
- DM :

(2) TR_1쪽의 부하 용량의 합이 300 [kW]이고, 역률 및 효율이 각각 0.8, 수용률이 0.6이라면 TR_1 변압기의 용량은 몇 [kVA]인지 계산하고 규격 용량을 선정하시오. (단, 변압기의 규격 용량 [kVA]은 100, 150, 225, 300, 500이다)

(3) Ⓐ에는 어떤 종류의 케이블이 사용되는지 쓰시오.

(4) Ⓑ의 명칭은 무엇인지 우리말로 쓰시오.

(5) 도면상의 변압기 결선도를 복선도로 그리시오.

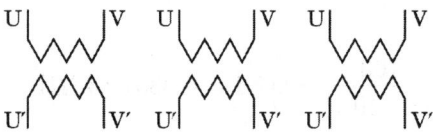

> 정답

(1) 도면에 표시되어 있는 다음 약호의 명칭을 우리말로 쓰시오
- ASS : 자동 고장 구분 개폐기
- VCB : 진공 차단기
- LA : 피뢰기
- DM : 최대 수요 전력량계

(2) $TR_1 = \dfrac{300 \times 0.6}{0.8 \times 0.8} = 281.25$ [kVA]   답 300 [kVA] 선정

(3) CNCV - W 케이블(수밀형) 또는 TR CNCV - W(트리억제형)

(4) 자동 절체 개폐기(ATS)

(5)
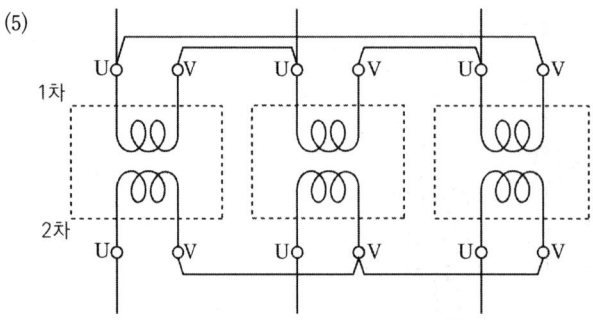

02

전압이 45 [mV], 전류가 30 [mA]인 가동 코일형 전압계의 내부저항을 구하고, 전압계를 100 [V]의 전압계로 만들 경우 배율기 저항을 구하시오.

(1) 내부저항

(2) 100 [V] 전압계로 만들 경우 배율기 저항

> 정답

(1) $R_v = \dfrac{V}{I} = \dfrac{45 \times 10^{-3}}{30 \times 10^{-3}} = 1.5$ [Ω]

(2) $I = \dfrac{V_0 - V}{R_m} = \dfrac{V}{R_v}$

$R_m = \left(\dfrac{V_0}{V} - 1\right)R_v = \left(\dfrac{100}{45 \times 10^{-3}} - 1\right) \times 1.5 = 3331.83$ [Ω]

핵심이론

□ 배율기
전압계의 측정 범위를 확대하기 위해 사용하며, 전압계에 직렬로 연결함

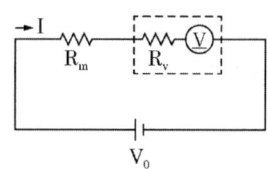

- $R_m = (m-1)R_v \; [\Omega]$
  R_m : 배율기 저항 R_v : 전압계 내부저항
- $\dfrac{V_0 (측정해야\ 할\ 값)}{V(전압계\ 지시값)} = m(배율)$

□ 분류기
전류계의 측정 범위를 확대하기 위해 사용하며, 전류계에 병렬로 연결함

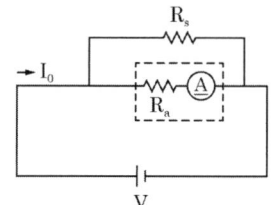

- $R_s = \dfrac{R_a}{m-1} \; [\Omega]$
  R_s : 분류기 저항 R_a : 전류계 내부저항
- $\dfrac{I_0 (측정해야\ 할\ 값)}{I(전압계\ 지시값)} = m(배율)$

03　　　　　　　　　　　　　　　　　　　　　　　　　　　　6점

제5고조파 전류의 확대 방지 및 스위치 투입 시 돌입전류 억제를 목적으로 역률 개선용 콘덴서에 직렬 리액터를 설치하고자 한다. 콘덴서의 용량이 500 [kVA]라고 할 때 다음 각 물음에 답하시오.

(1) 이론상 필요한 직렬 리액터의 용량[kVA]을 구하시오.

(2) 실제적으로 설치하는 직렬 리액터의 용량[kVA]을 구하시오.

정답

(1) 5고조파 제거를 위한 공진조건

$5\omega L = \dfrac{1}{5\omega C}, \quad \omega L = \dfrac{1}{25\omega C}$

$\therefore X_L = \dfrac{1}{25} \times X_C = \dfrac{1}{25} \times 500 = 20\,[\text{kVA}]$　　　　답 20 [kVA]

(2) 리액터의 용량 : 500 × 0.06 = 30 [kVA]
(주파수의 변동이나 경제성을 고려해서 6 [%]로 여유를 둔다)

04

그림과 같은 논리회로의 출력을 가장 간단한 식으로 표현하시오.

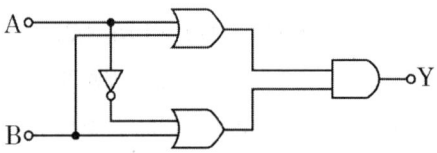

정답

$$Y = (A+B) \cdot (\overline{A}+B) = A \cdot \overline{A} + A \cdot B + B \cdot \overline{A} + B \cdot B$$
$$= 0 + A \cdot B + B \cdot \overline{A} + B = (A + \overline{A} + 1) \cdot B = B$$

05

그림과 같은 교류 100 [V] 단상 2선식 분기 회로의 부하 중심점 거리를 구하시오.

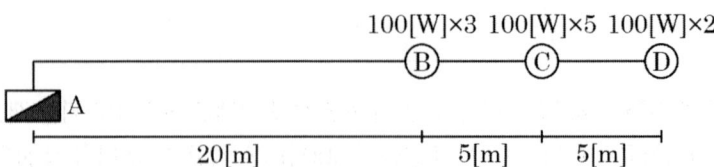

정답

- 계산과정

- B의 부하전류 $I_B = \dfrac{P}{V} = \dfrac{100 \times 3}{100} = 3$ [A]

- C의 부하전류 $I_C = \dfrac{P}{V} = \dfrac{100 \times 5}{100} = 5$ [A]

- D의 부하전류 $I_D = \dfrac{P}{V} = \dfrac{100 \times 2}{100} = 2$ [A]

- 부하 중심점까지의 거리 부하중심거리 $L = \dfrac{L_B I_B + L_C I_C + L_D I_D}{I_B + I_C + I_D}$ [m]

$$L = \dfrac{20 \times 3 + 25 \times 5 + 30 \times 2}{3 + 5 + 2} = 24.5 \text{ [m]}$$

답 24.5 [m]

06

선간전압 22.9 [kV], 주파수 60 [Hz], 정전 용량 0.03 [μF/km], 유전체 역률 0.003의 경우 유전체 손실은 몇 [W/km]인지 구하시오.

정답

■ 계산과정

$$W = VI_R = VI_c\tan\delta = V\frac{V}{X_c}\tan\delta = \omega CV^2\tan\delta$$

$$= 2\pi \times 60 \times 0.03 \times 10^{-6} \times 22900^2 \times 0.003 = 17.79 \text{ [W/km]}$$

답 17.79 [W/km]

핵심이론

□ 유전체 손실

유전체에 교류전압을 가할 때 유전체 내의 전자의 이동으로 생기는 손실로, 누설전류, 유전분극, 부분방전 등의 원인으로 90°에 가까운 진상전류가 흐르게 된다.

(1) 유전체 손실각 $\tan\delta = \dfrac{I_R}{I_c}$

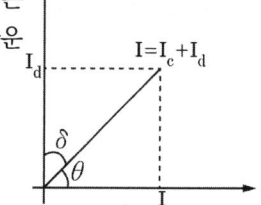

(2) 유전체 손실 $W = 3\omega CE^2 \tan\delta$

- $\cos\theta$의 값을 역률이라고 부른다. 이때 θ는 거의 90°에 가깝기 때문에 $\cos\theta = \tan(90° - \theta)$와 같아서 유전체 역률을 $\tan\delta$로 사용 가능하다.

07

외부 피뢰시스템에 대하여 다음 물음에 답하시오.

(1) 수뢰부시스템의 구성 요소 3가지

(2) 수뢰부시스템의 배치 방법 3가지

정답

(1) 돌침, 수평도체, 메시도체

(2) 보호각법, 회전구체법, 메시법

> **핵심이론**
>
> □ 수뢰부시스템(KEC 152.1)
>   1. 수뢰부시스템의 선정은 다음에 의한다.
>   돌침, 수평도체, 메시도체의 요소 중에 한 가지 또는 이를 조합한 형식으로 시설하여야 한다.
>   2. 수뢰부시스템의 배치는 다음에 의한다.
>   보호각법, 회전구체법, 메시법 중 하나 또는 조합된 방법으로 배치하여야 한다.

08

단상 2선식 220 [V]의 옥내배선에서 소비전력 40 [W], 역률 80 [%]의 LED 형광등 180등을 설치할 때 16 [A]의 분기회로 수는 최소 몇 회로인지 구하시오. (단, 한 회선의 부하전류는 분기회로 용량의 80 [%]로 하고, 수용률은 100 [%]로 한다)

정답

■ 계산과정

분기회로 수 $= \dfrac{\text{전체전류}}{\text{회로당 분기전류}}$ 에서 전체전류는 $\dfrac{P}{V\cos\theta}$ 이므로

분기회로 수 $= \dfrac{\frac{40 \times 180}{220 \times 0.8}}{16 \times 0.8} = 3.2$

답 16 [A] 분기 4회로

09

천정 직부 형광등을 가로 6 [m], 세로 9 [m], 높이 4.1 [m]에 시설하려고 한다. 작업면의 높이가 0.8 [m]인 경우 등과 벽 사이 간격을 구하시오.

(1) 벽면을 이용하지 않는 경우 등과 벽 사이 간격

(2) 벽면을 이용하는 경우 등과 벽 사이 간격

> 정답

■ 계산과정

$H = 4.1 - 0.8 = 3.3$ [m]

(1) $S = \dfrac{1}{2} \times 3.3 = 1.65$ [m]

(2) $S = \dfrac{1}{3} \times 3.3 = 1.1$ [m]

> 핵심이론

□ 실내조명의 배치
  (1) 등기구와 등기구의 간격 $S \leq 1.5H$ H : 작업면에서 광원까지의 높이
  (2) 벽과 광원 사이의 간격 (S)
   • $S \leq \dfrac{H}{2}$ (벽면을 사용하지 않을 경우)   • $S \leq \dfrac{H}{3}$ (벽면을 사용할 경우)

10

송전계통의 변압기 중성점 접지 방식에 대하여 다음 사항에 답하시오.

(1) 중성점 접지 방식의 종류를 4가지만 쓰시오.

(2) 우리나라의 154 [kV], 345 [kV] 송전계통에 적용하는 중성점 접지 방식을 쓰시오.

(3) 유효접지란 1선 지락 고장 시 건전상 전압이 상규 대지전압의 몇 배를 넘지 않도록 중성점 임피던스를 조절해서 접지하는 것을 의미하는지 쓰시오.

> 정답

(1) 비접지 방식, 직접접지 방식, 소호 리액터접지 방식, 저항접지
(2) 직접접지(유효접지)
(3) 1.3배

11

특고압 대용량 유입변압기의 내부고장이 생겼을 경우 보호하는 장치를 설치하여야 한다. 특고압 유입변압기의 기계적인 보호장치 3가지를 쓰시오.

정답

충격압력 계전기, 부흐홀츠 계전기, 비율차동 계전기, 온도 계전기

12

거리 계전기의 설치점에서 고장점까지의 임피던스를 70 [Ω]이라고 하면 계전기 측에서 본 임피던스는 몇 [Ω]인지 구하시오. (단, PT의 비는 154000/110 [V], CT의 변류비는 500/5 [A]이다)

정답

■ 계산과정

$$Z_2 = \frac{V_2}{I_2} = \frac{V_1 \times \frac{1}{PT비}}{I_1 \times \frac{1}{CT비}} = \frac{V_1}{I_1} \times \frac{CT비}{PT비} = Z_1 \times \frac{CT비}{PT비}$$

$$= 70 \times \frac{\frac{500}{5}}{\frac{154000}{110}} = 5\ [\Omega]$$

답 5 [Ω]

13

누름버튼 스위치 BS₁, BS₂, BS₃에 의하여 직접 제어되는 계전기 X₁, X₂, X₃가 있다. 이 계전기 3개가 모두 소자(복귀)되어 있을 때만 출력램프 L₁이 점등되고, 그 이외에는 출력 램프 L₂가 점등되도록 계전기를 사용한 시퀀스 제어회로를 설계하려고 한다. 이때 다음 각 물음에 답하시오.

(1) 위 조건으로 진리표를 작성하시오.

(2) 최소 접점수를 갖는 논리식을 쓰시오.

(3) 논리식에 대응되는 계전기 시퀀스 제어회로(유접점 회로)를 그리시오.

입력			출력	
X_1	X_2	X_3	L_1	L_2
0	0	0		
0	0	1		
0	1	0		
0	1	1		
1	0	1		
1	1	1		
1	1	0		
1	1	1		

정답

(1)

입력			출력	
X_1	X_2	X_3	L_1	L_2
0	0	0	1	0
0	0	1	0	1
0	1	0	0	1
0	1	1	0	1
1	0	0	0	1
1	0	1	0	1
1	1	0	0	1
1	1	1	0	1

(2) $L_1 = \overline{X_1} \cdot \overline{X_2} \cdot \overline{X_3}$

$L_2 = \overline{L_1} = X_1 + X_2 + X_3$

(3)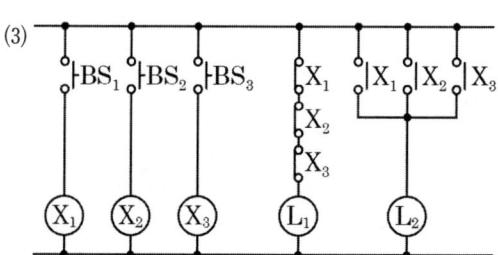

14

도로의 너비가 25 [m]인 곳에 양쪽으로 30 [m] 간격으로 지그재그 식으로 등주를 배치하여 도로 위의 평균조도를 5 [lx]가 되도록 하려면 각 등주에 사용되는 수은등은 몇 [W]의 것을 사용하면 되는지를 주어진 표를 참조하여 답하시오. (단, 노면의 광속이용률은 30 [%], 유지율은 75 [%]로 한다)

〈수은등의 광속〉

용량[W]	전광속[lm]
100	3200 ~ 3500
200	7700 ~ 8500
300	10000 ~ 11000
400	13000 ~ 14000
500	18000 ~ 20000

정답

■ 계산과정

지그재그 식은 면적을 1/2로 계산하고 감광보상률은 유지율(보수율)의 역수이므로

$$F = \frac{EAD}{UN} = \frac{35 \times \frac{25 \times 30}{2} \times \frac{1}{0.75}}{0.3 \times 1} = 8333.33 \text{ [lm]}$$

답 200 [W]

15

아래 조건은 전동기와 차단기에 대한 설명이다. 다음 물음에 답하시오.

[조건]
- 전압 : 380/220 [V]
- 전동기출력 : 30 [kW]
- 효율과 역률은 고려하지 않는다.
- 과전류 차단기 동작시간 10초의 차단배율 : 5배
- 전동기 기동전류 : 전부하전류의 8배
- 전동기 기동 방식 : 전전압 기동 방식

과전류 차단기의 정격전류[A]													
32	40	50	63	80	100	125	150	175	200	225	250	300	400

(1) 전동기의 정격전류를 계산하시오.

(2) 과전류 차단기의 정격전류를 선정하시오.

정답

(1) $I = \dfrac{P}{\sqrt{3}\,V} = \dfrac{30 \times 10^3}{\sqrt{3} \times 380} = 45.58$ [A]

답 45.58 [A]

(2) 전동기 기동전류 $I_m = 45.58 \times 8 = 364.64$ [A]

과전류 차단기의 정격전류 $I_n = \dfrac{364.64}{5} = 72.928$ [A]

답 과전류 차단기의 정격전류 80 [A] 선정

핵심이론

□ 전동기 부하의 과전류 차단기의 정격전류 선정
 (1) 전동기의 최대기동전류를 고려한 과전류 차단기의 선정

$$I_N \geq \dfrac{I_m \beta}{\delta}$$

 • I_N : 과전류 차단기의 정격전류[A]   • I_m : 전동기 회로의 설계전류[A]
 • β : 전동기의 전전압 기동배율
 • δ : 과전류 차단기의 동작시간 10 [sec]에서의 차단배율 (100 [A] 이하 3, 125 [A] 이상 5)

 (2) 전동기의 기동돌입전류를 고려한 과전류 차단기의 선정

$$I_N \geq \dfrac{I_i}{\delta}$$

 • I_N : 과전류 차단기의 정격전류[A]
 • $I_i = I_m \times \beta \times 1.5$: 전동기 기동 돌입전류[A]
 • δ : 과전류 차단기의 순시차단배율(표준형 225 [AF] 이하는 8, 400 [AF] 이상은 9를 적용)
 (1), (2) 중 큰 값으로부터 정격전류를 선정해야 한다.

16

지표면상 10 [m] 높이의 수조가 있다. 이 수조에 초당 1 [m³] 물을 양수하는 데 필요한 펌프용 전동기에 3상 전력을 공급하기 위해서 단상 변압기 2대를 V결선하였다. 펌프의 효율은 70 [%], 펌프 축동력에 25 [%]의 여유를 두는 경우 다음 각 물음에 답하시오. (단, 펌프용 3상 농형 유도전동기의 역률을 100 [%]로 가정한다) 이때 펌프용 전동기의 소요 동력은 몇 [kW]인가?

정답

■ 계산과정

$$P = \frac{9.8\,qHK}{\eta} = \frac{9.8 \times 1 \times 10 \times 1.25}{0.7} = 175\ [\text{kW}]$$

답 175 [kW]

17

다음은 한국전기설비규정에서 정하는 수용가설비에서의 전압강하에 관한 내용이다. 다른 조건을 고려하지 않는다면 수용가설비의 인입구로부터 기기까지의 전압강하는 표의 값 이하로 하여야 한다. 다음 전압강하표를 완성하시오.

설비의 유형	조명 [%]	기타 [%]
A - 저압으로 수전하는 경우	①	②
B - 고압 이상으로 수전하는 경우 - a	③	④

a - 가능한 한 최종회로 내의 전압강하가 A유형의 값을 넘지 않도록 하는 것이 바람직하다. 사용자의 배선설비가 100 [m]를 넘는 전압강하는 미터당 0.005 [%] 증가할 수 있으나 이러한 증가분은 0.5 [%]를 넘지 않아야 한다.

정답

① 3 ② 5 ③ 6 ④ 8

핵심이론

□ 수용가설비에서의 전압강하(KEC 232.3.9)
(1) 다른 조건을 고려하지 않는다면 수용가설비의 인입구로부터 기기까지의 전압강하는 표의 값 이하이어야 한다.

설비의 유형	조명 [%]	기타 [%]
A - 저압으로 수전하는 경우	3	5
B - 고압 이상으로 수전하는 경우 - a	6	8

a - 가능한 한 최종회로 내의 전압강하가 A유형의 값을 넘지 않도록 하는 것이 바람직하다. 사용자의 배선설비가 100 [m]를 넘는 전압강하는 미터당 0.005 [%] 증가할 수 있으나 이러한 증가분은 0.5 [%]를 넘지 않아야 한다.

(2) 다음의 경우에는 표보다 더 큰 전압강하를 허용할 수 있다.
① 기동 시간 중의 전동기
② 돌입전류가 큰 기타 기기
(3) 다음과 같은 일시적인 조건은 고려하지 않는다.
① 과도과전압
② 비정상적인 사용으로 인한 전압 변동

18

3상 3선식 송전선에서 한 선의 저항이 2.5 [Ω], 리액턴스가 5 [Ω]이고, 수전단의 선간전압은 3 [kV], 부하역률이 0.8인 경우 전압강하율을 10 [%]라 하면 이 송전선로는 몇 [kW]까지 수전할 수 있는가?

정답

■ 계산과정

$\varepsilon = \dfrac{P}{V_r^2}(R + X\tan\theta)$ 에서

$P = \dfrac{\varepsilon V_r^2}{R + X\tan\theta} = \dfrac{0.1 \times 3000^2}{2.5 + 5 \times \dfrac{0.6}{0.8}} = 144000 \ [\mathrm{W}] = 144 \ [\mathrm{kW}]$

답 144 [kW]

2020년 제1회

01

조명기구 배치에 따른 조명 방식을 3가지만 적으시오.

정답

- 전반조명
- 국부조명
- 전반·국부 병용조명

핵심이론

□ 조명 방식 분류
  (1) 조명기구의 배광에 의한 분류
     직접조명, 반직접조명, 전반확산조명, 반간접조명, 간접조명
  (2) 조명기구 배치에 의한 분류
     전반조명, 국부조명, 전반·국부 병용 조명
  (3) 건축화 조명
     코퍼조명, 다운라이트조명, 핀홀라이트, 광량조명, 광천장조명, 코니스조명, 루버조명, 밸런스조명, 코브조명, 코너조명

02

200 [V], 15 [kVA]인 3상 유도전동기를 부하로 사용하는 공장이 있다. 이 공장이 어느 날 1일 사용전력량이 90 [kWh]이고, 1일 최대전력이 10 [kW]일 경우 다음 각 질문에 답하시오. (단, 최대전력일 때의 전류값은 43.3 [A]라고 한다)

(1) 일부하율은 몇 [%]인가?
(2) 최대전력일 때의 역률은 몇 [%]인가?

정답

■ 계산과정

(1) 일부하율 $= \dfrac{90/24}{10} \times 100 = 37.5$ [%]   **답** 37.5 [%]

(2) $\cos\theta = \dfrac{P}{P_a} \times 100 = \dfrac{P}{\sqrt{3}\ VI} \times 100 = \dfrac{10 \times 10^3}{\sqrt{3} \times 200 \times 43.3} \times 100 = 66.67\ [\%]$

답 66.67 [%]

핵심이론

□ 변압기와 부하
 (1) 수용률
  ① 수용설비가 동시에 사용되는 정도
  ② 수용률 = $\dfrac{\text{최대수용전력[kW]}}{\text{총 부하설비 용량[kW]}} \times 100\ [\%]$
 (2) 부등률
  ① 전력소비기기를 동시에 사용하는 정도
  ② 부등률 = $\dfrac{\text{수용설비 각각의 최대수용전력의 합[kW]}}{\text{합성 최대수용전력[kW]}} \geq 1$
  ③ 합성최대전력 = $\dfrac{\text{설비 용량} \times \text{수용률}}{\text{부등률}}$
 (3) 부하율
  ① 공급설비가 어느 정도 유효하게 사용되는가를 나타냄
  ② 부하율이 클수록 공급설비가 유효하게 사용
  ③ 부하율 = $\dfrac{\text{평균수용전력[kW]}}{\text{합성 최대수용전력[kW]}} \times 100\ [\%]$

---

03 6점

전등 수용가의 최대수용전력이 각각 200 [W], 300 [W], 800 [W], 1200 [W], 2500 [W]일 때 주상 변압기의 용량은 몇 [kVA]인지 선정하시오. (단, 역률은 1, 부등률은 1.14, 변압기의 표준 용량은 5, 7.5, 10, 15, 20으로 한다)

정답

■ 계산과정

변압기 용량 = $\dfrac{(200 + 300 + 800 + 1200 + 2500)}{1 \times 1.14} = 4.39\ [\text{kVA}]$

답 표준 용량 5 [kVA] 선정

04

다음의 도면은 어떤 수용가의 수전설비의 단선결선도이다. 도면과 참고표를 이용하여 질문에 답하여라.

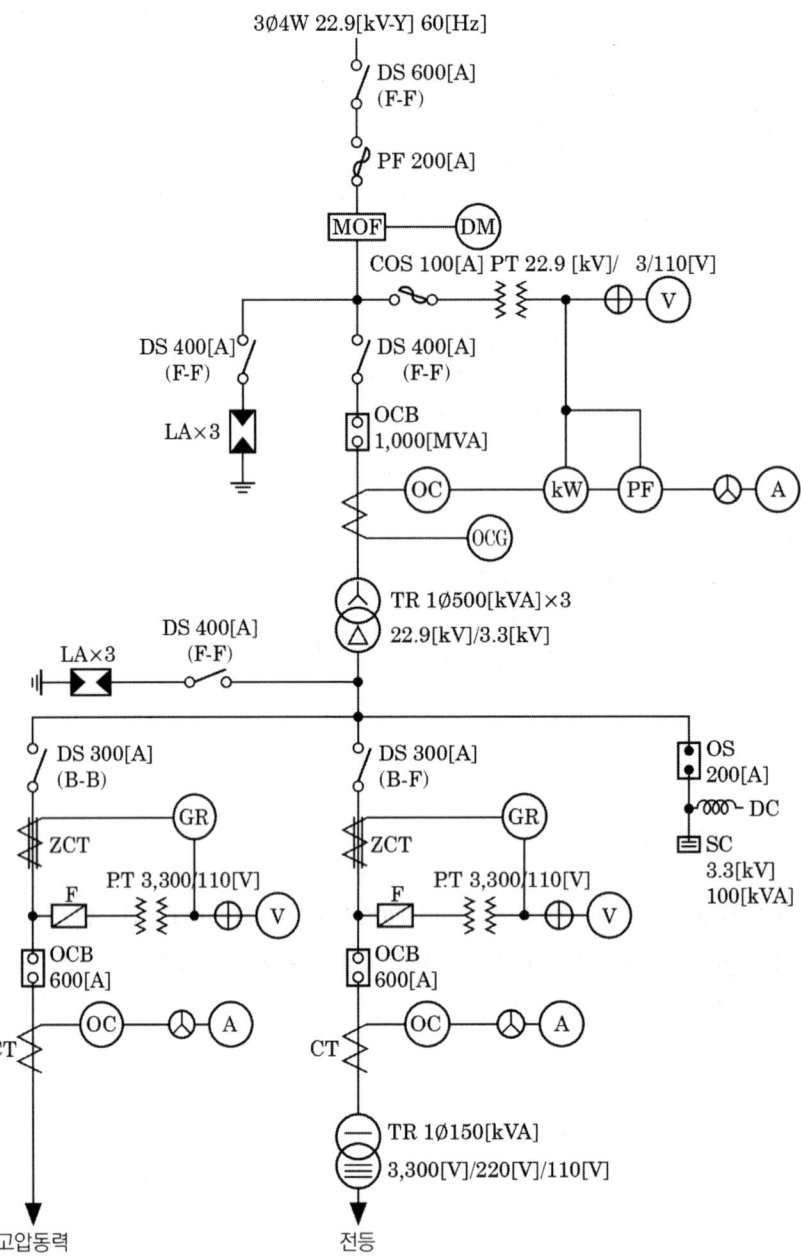

〈참고표〉

종별		정격
PT	1차 정격전압[V]	3300, 6600
	2차 정격전압[V]	110
	정격 부담[VA]	50, 100, 200, 400
CT	1차 정격전류[A]	10, 15, 20, 30, 40, 50, 75, 100, 150, 200, 300, 400, 500, 600
	2차 정격전류[A]	5
	정격 부담[VA]	15, 40, 100 일반적으로 고압 회로는 40 [VA] 이하, 저압 회로는 15 [VA] 이상

(1) 22.9 [kV] 측에 대하여 다음 각 물음에 답하시오.

① MOF에 연결되어 있는 ⓓⓜ은 무엇인가?

② DS의 정격전압은 몇 [kV]인가?

③ LA의 정격전압은 몇 [kV]인가?

④ OCB의 정격전압은 몇 [kV]인가?

⑤ OCB의 정격 차단 용량 선정은 무엇을 기준으로 하는가?

⑥ CT의 변류비는 얼마인가? (단, 1차 전류의 여유는 125 [%]로 한다)

⑦ DS에 표시된 F - F의 뜻은?

⑧ 그림과 같은 결선에서 단상 변압기가 2부싱형 변압기면 1차 중성점의 접지는 어떻게 해야 하는가? (단, "접지를 한다.", "접지를 하지 않는다"로 답하라)

⑨ OCB의 차단 용량이 1000 [MVA]일 때 정격 차단전류는 몇 [A]인가?

(2) 3.3 [kV] 측에 대하여 다음 각 물음에 답하시오.

① 애자 사용 배선에 의한 옥내배선인 경우 간선에는 몇 [mm²] 이상의 전선을 사용하는 것이 바람직한가?

② 옥내용 PT는 주로 어떤 형을 사용하는가?

③ 고압 동력용 OCB에 표시된 600 [A]는 무엇을 의미하는가?

④ 진상용 콘덴서에 내장된 DC의 역할을 설명하시오.

⑤ 전등 부하의 수용률이 70 [%]일 때 전등용 변압기에 걸 수 있는 부하 용량은 몇 [kW]인가?

정답

(1) ① 최대 수요 전력량계
   ② 25.8 [kV]
   ③ 18 [kV]
   ④ 25.8 [kV]
   ⑤ 단락 용량
   ⑥ 계산 : $I_1 = \dfrac{500 \times 3}{\sqrt{3} \times 22.9} \times 1.25 = 47.27$ [A]이므로 CT의 변류비는 50/5 선정

   답 50/5

   ⑦ 접속 단자의 접속 방법이 표면 접속이다.
   ⑧ 접지를 하지 않는다.
   ⑨ 정격 차단 용량 = $\sqrt{3}$ × 정격전압 × 정격 차단전류에서
   $$I_s = \dfrac{P_s}{\sqrt{3}\,V} = \dfrac{1000 \times 10^3}{\sqrt{3} \times 25.8} = 22977.92 \text{ [A]}$$

   답 22977.92 [A]

(2) ① 25 [mm^2]
   ② 몰드형
   ③ 정격전류
   ④ 콘덴서에 축전된 잔류 전하 방전
   ⑤ 부하 용량(설비 용량) = $\dfrac{150}{0.7} = 214.29$ [kW]

   답 214.29 [kW]

핵심이론

□ 단로기 접속 방법
  • F - F : 표면 접속형
  • B - B : 이면 접속형
  • F - B : 표이면 접속형
  • B - F : 이표면 접속형

05

3상 3선식 6600 [V]인 변전소에서 저항 6 [Ω] 리액턴스 8 [Ω]의 송전선을 통하여 역률 0.8의 부하에 전력을 공급할 때 수전단 전압을 6000 [V] 이상으로 유지하기 위해서 걸 수 있는 부하는 최대 몇 [kW]까지 가능한지 계산하시오.

정답

■ 계산과정

- 전압강하 $e = V_s - V_r = 6600 - 6000 = 600$ [V]

- $e = \dfrac{P(R + X\tan\theta)}{V_r}$ 에서

- 수전 가능 전력 $P = \dfrac{eV_r}{R + X\tan\theta} = \dfrac{600 \times 6000}{6 + 8 \times \dfrac{0.6}{0.8}} \times 10^{-3} = 300$ [kW]

답 300 [kW]

06

다음에서 계통의 공칭전압에 따른 정격전압을 각각 적으시오.

공칭전압[kV]	22.9 [kV]	154 [kV]	345 [kV]	765 [kV]
정격전압[kV]				

정답

공칭전압[kV]	22.9 [kV]	154 [kV]	345 [kV]	765 [kV]
정격전압[kV]	25.8 [kV]	170 [kV]	362 [kV]	800 [kV]

07

주 변압기가 3상 △결선(6.6 [kV] 계통)일 때 지락 사고 시 지락보호에 대하여 다음 질문에 답하시오.

(1) 지락보호에 사용하는 변성기 및 계전기의 명칭을 각각 1가지만 쓰시오.
  ① 변성기 :
  ② 계전기 :

(2) 영상전압을 얻기 위하여 단상 PT 3대를 사용하는 경우 접속 방법을 간단히 설명하시오.

정답

(1) ① 변성기
  • 접지형 계기용 변압기(GPT)
  • 영상 변류기(ZCT)
  ② 계전기
  • 지락 방향 계전기
  • 지락 계전기(선택지락 계전기)

(2) 3대의 단상 PT를 사용하여 1차 측을 Y결선하여 중성점을 직접 접지하고, 2차 측은 개방 △결선한다.

08

예비 전원으로 이용되는 축전지에 대한 다음 각 질문에 답하시오.

(1) 그림과 같은 부하특성을 갖는 축전지를 사용할 때 보수율이 0.8, 최저 축전지 온도 5 [℃], 허용 최저 전압 90 [V]일 때 몇 [Ah] 이상인 축전지를 선정하여야 하는가? (단, I_1 = 60 [A], I_2 = 50 [A], K_1 = 1.15, K_2 = 0.91, 셀(Cell)당 전압은 1.06 [V/cell]이다)

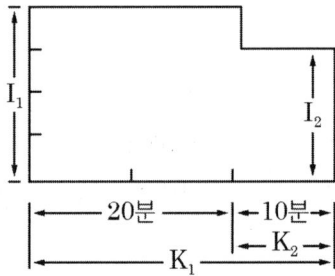

(2) 연축전지와 알칼리축전지의 공칭 전압은 각각 몇 [V/cell]인가?
- 연축전지
- 알칼리축전지

정답

(1) $C = \dfrac{1}{L}\left[K_1 I_1 + K_2(I_2 - I_1)\right] = \dfrac{1}{0.8}\left[1.15 \times 60 + 0.91(50 - 60)\right] = 74.88\,[\text{Ah}]$

답 74.88 [Ah]

(2) • 연축전지 : 2 [V/cell]
    • 알칼리축전지 : 1.2 [V/cell]

09

단상 유도 전동기의 기동법을 3가지만 적으시오.

정답

- 반발 기동형
- 콘덴서 기동형
- 분상 기동형

핵심이론

□ 단상 유도 전동기의 기동법
- 반발 기동형 : 직류 전동기와 같이 정류자와 브러시를 이용하여 기동한다.
- 콘덴서 기동형 : 보조권선에 직렬로 콘덴서 접속해서 분상한다.
- 분상 기동형 : 주권선과 90° 위치에 보조권선(기동권선)을 두고, 두 권선 위상차에 의해 기동토크가 발생한다.
- 셰이딩 코일형 : 구조가 간단하고 기동토크가 매우 작다.

10

그림은 3상 유도전동기의 Y-△ 기동법을 나타내는 결선도이다. 다음 질문에 답하시오.

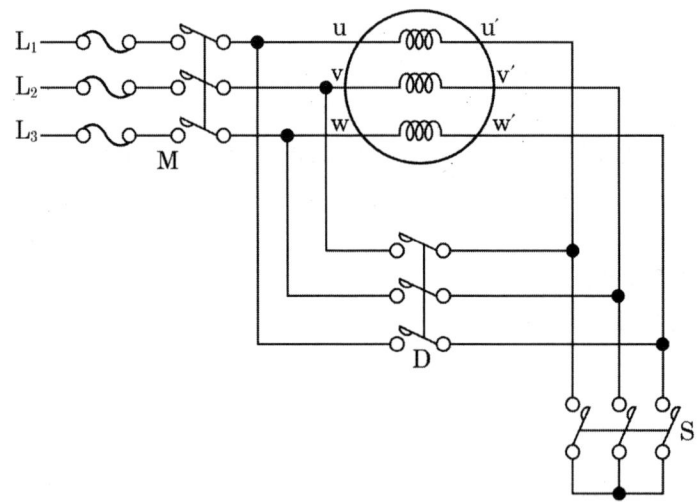

(1) 다음 표의 빈칸에 기동 시 및 운전 시의 전자 개폐기의 접점의 ON, OFF 상태 및 접속 상태(Y결선, △결선)를 쓰시오.

구분	전자 개폐기 접점 상태(ON, OFF)			접속 상태
	S	D	M	
기동 시				
운전 시				

(2) 전전압 기동과 비교하여 Y-△ 기동법의 기동 시 기동전압, 기동전류 및 기동토크는 각각 어떻게 되는가?
① 기동전압
② 기동전류
③ 기동토크

정답

(1)

구분	전자 개폐기 접점 상태(ON, OFF)			접속 상태
	S	D	M	
기동 시	ON	OFF	ON	Y결선
운전 시	OFF	ON	ON	△결선

(2) ① 기동전압 : $\frac{1}{\sqrt{3}}$배 ② 기동전류 : $\frac{1}{3}$배 ③ 기동토크 : $\frac{1}{3}$배

11

6점

경간 200 [m]인 가공 송전선로가 있다. 전선 1 [m]당 무게는 2.0 [kg]이고, 풍압하중은 없다고 한다. 인장강도 4000 [kg]의 전선을 사용할 때 이도(처짐정도)와 전선의 실제 길이를 구하시오. (단, 전선의 안전율은 2.2로 한다)

(1) 이도(Dip)

(2) 전선의 실제 길이

정답

■ 계산과정

(1) $D = \dfrac{WS^2}{8T} = \dfrac{2 \times (200)^2}{8 \times \dfrac{4000}{2.2}} = 5.5$ [m]

답 5.5 [m]

(2) $L = S + \dfrac{8D^2}{3S} = 200 + \dfrac{8 \times (5.5)^2}{3 \times 200} = 200.403$ [m]

답 200.4 [m]

핵심이론

□ 이도

• 이도 계산 $D = \dfrac{WS^2}{8T}[m]$

T : 수평장력$\left(= \dfrac{인장하중}{안전율}\right)$[kg], W : 전선 자체 중량[kg], S : 경간[m]

• 전선 실제 길이 $L = S + \dfrac{8D^2}{3S}[m]$

• 전선 평균 높이 $H_0 = H - \dfrac{2}{3}D\,[m]$

12

전력기술관리법에 따른 종합설계업의 기술인력을 3가지 적으시오.

정답

(전력기술관리법 시행령 제27조 제1항 中)

전기분야 기술사 2명

설계사 2명

설계보조자 2명

13

건축 연면적이 350 [m²]인 주택에 조건과 같은 전기설비를 시설하고자 한다. 이때 분전반에 사용할 20 [A]와 30 [A]의 분기회로 수는 각각 몇 회로로 하여야 하는지 적으시오. (단, 분전반의 인입전압은 단상 220 [V]이며, 전등 및 전열의 분기회로는 20 [A], 에어컨은 30 [A] 분기회로이다)

[조건]
- 전등과 전열용 부하는 30 [VA/m²]
- 2500 [VA] 용량의 에어컨 2대
- 예비 부하는 3500 [VA]

정답

■ 계산과정

- 전등 전열 분기회로 수 $= \dfrac{350 \times 30 + 3500}{220 \times 20} = 3.18$회로

- 에어컨 분기회로 수 $= \dfrac{2500 \times 2}{220 \times 30} = 0.76$회로

답 20 [A] 분기 4회로 선정, 에어컨은 30 [A] 분기 1회로 선정

14

노출장소에 관등회로를 배선할 때 전선과 조영재 사이의 이격거리는 얼마 이상이어야 하는지 전압에 따라 적으시오.

6000 [V] 이하	6000 [V] 초과 ~ 9000 [V] 이하	9000 [V] 초과
(①) [cm] 이상	(②) [cm] 이상	(③) [cm] 이상

정답

① 2   ② 3   ③ 4

핵심이론

▫ 관등회로의 배선 시 전선과 조영재의 이격거리

전압구분	이격거리
6 [kV] 이하	20 [mm]
6 [kV] 초과 9 [kV] 이하	30 [mm]
9 [kV] 초과	40 [mm]

15

배전용 변전소의 각종 전기 시설에는 접지를 하고 있다. 그 접지 목적 3가지 적으시오.

정답

접지 목적
(1) 지락 및 단락전류 등 고장전류로부터 기기 보호
(2) 배전 변전소에서의 감전사고 및 화재사고를 방지
(3) 보호 계전기의 확실한 동작 확보 및 전위 상승 억제

16

도면은 사무실 일부의 조명 및 전열 도면이다. 주어진 조건을 이용하여 각 물음에 답하시오.

[조건]
- 층고 : 3.6 [m], 2중 천장
- 2중 천장과 천장 사이 : 1 [m]
- 조명기구 : FL 40 × 2 매입형
- 전선관 : 금속 전선관
- 콘크리트 슬라브 및 미장 마감

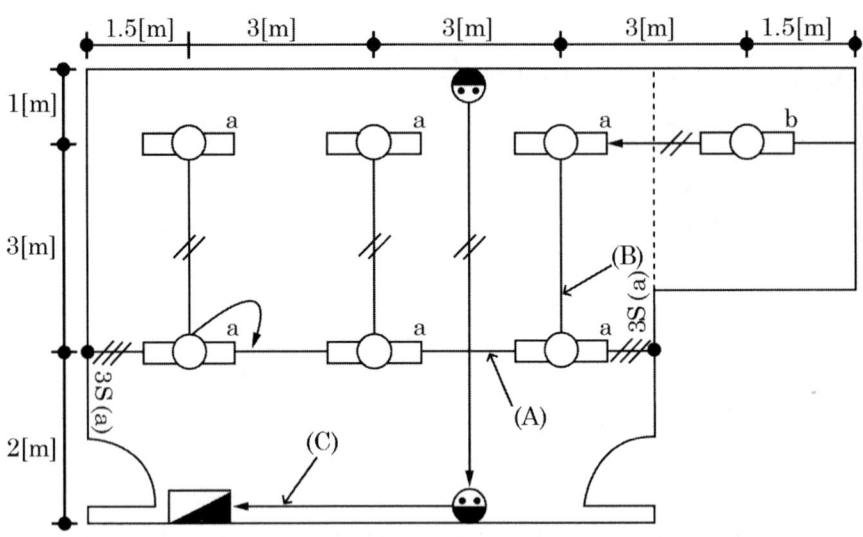

(1) 전등과 전열에 사용할 수 있는 전선의 최소 굵기는 얼마인지 적으시오. (단, 접지선 제외)
- 전등 :   [mm²]
- 전열 :   [mm²]

(2) (A)와 (B)에 배선되는 전선 수는 최소 몇 가닥이 필요한지 적으시오. (단, 접지선 제외)
- (A) :
- (B) :

(3) (C)에 사용될 전선의 종류와 전선의 최소 굵기, 최소 가닥수를 적으시오. (단, 접지선 제외)
- 전선의 종류 :
- 전선의 최소 굵기 :   [mm²]
- 전선의 최소 가닥 수 :

⑷ 도면에서 박스(4각 박스 + 8각 박스)는 몇 개가 필요한지 적으시오.

⑸ 30 AF/20 AT에서 AF와 AT의 의미는 무엇인지 적으시오.
- AF :
- AT :

정답

⑴ 전선의 최소 굵기
- 전등 : 2.5 [mm^2]
- 전열 : 2.5 [mm^2]

⑵ 전선 수
- A : 6가닥
- B : 4가닥

⑶ C에 사용될 전선
- 종류 : NR전선(450/750 [V] 일반용 단심 비닐절연전선)
- 최소 굵기 : 2.5 [mm^2]
- 최소 가닥 수 : 4가닥

⑷ 11개

⑸ AF : 차단기 프레임 전류, AT : 차단기 트립 전류

01

단상 변압기 22900/380 [V], 500 [kVA] 3대를 Y-Y결선으로 하여 사용하고자 하는 경우 2차 측에 설치해야 할 차단기 용량은 몇 [MVA]로 하면 되는지 계산하시오. (단, 변압기의 %Z는 3 [%]로 계산하며, 그 외 임피던스는 고려하지 않는다)

정답

■ 계산과정

$$P_s = \frac{100}{\%Z} P_n = \frac{100}{3} \times 500 \times 3 \times 10^{-3} = 50 \text{ [MVA]}$$

답 50 [MVA]

02

어떤 변전실에서 그림과 같은 일부하 곡선 A, B, C인 부하에 전기를 공급하고 있다. 이 변전실의 총 부하에 대한 다음 각 질문에 답하시오. (단, A, B, C의 역률은 시간에 관계없이 80 [%], 100 [%] 및 60 [%]이며, 그림에서 부하전력은 부하 곡선의 수치에 10^3을 한다는 의미이다. 즉, 수직축의 5는 5×10^3 [kW]라는 의미이다)

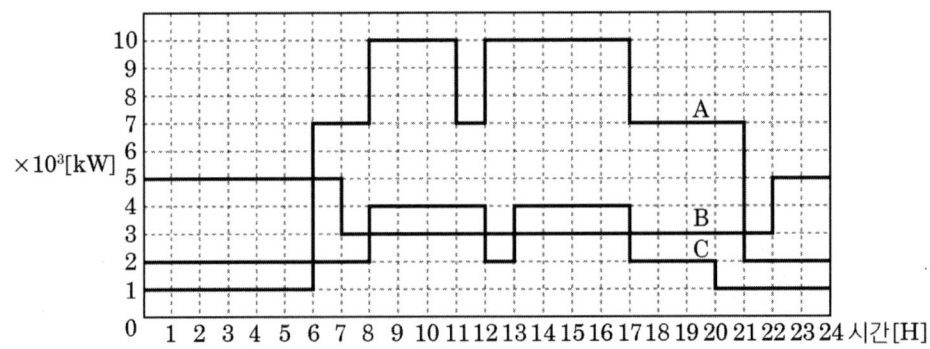

(1) 합성 최대전력은 몇 [kW]인가?
(2) A, B, C 각 부하에 대한 평균 전력은 몇 [kW]인가?
(3) 총 부하율은 얼마인가?
(4) 부등률은 얼마인가?
(5) 부하가 최대일 때 합성 총 역률은 몇 [%]인가?

정답

(1) 합성 최대전력은 도면에서 8 ~ 11시, 13 ~ 17시에 나타나며
$P = (10 + 4 + 3) \times 10^3 = 17 \times 10^3 = 17000$ [kW]

(2) • $A = \dfrac{\{(1\times6)+(7\times2)+(10\times3)+(7\times1)+(10\times5)+(7\times4)+(2\times3)\}\times 10^3}{24}$
$= 5.88 \times 10^3 = 5880$ [kW]

• $B = \dfrac{\{(5\times7)+(3\times15)+(5\times2)\}\times 10^3}{24} = 3.75 \times 10^3 = 3750$ [kW]

• $C = \dfrac{\{(2\times8)+(4\times4)+(2\times1)+(4\times4)+(2\times3)+(1\times4)\}\times 10^3}{24}$
$= 2.5 \times 10^3 = 2500$ [kW]

(3) 부하율 = $\dfrac{평균수용전력}{합성\ 최대수용전력} \times 100$ [%]

• 합성 최대수용전력 = 17000 [kW]
• 평균수용전력 = A의 평균수용전력 + B의 평균수용전력 + C의 평균수용전력
• 부하율 = $\dfrac{5880+3750+2500}{17000} \times 100 = 71.35$ [%]

(4) 부등률 = $\dfrac{수용설비\ 각각의\ 최대수용전력의\ 합}{합성\ 최대수용전력}$

• 합성 최대수용전력 = 17000 [kW]
• 수용설비 각각의 최대수용전력의 합
  = A의 최댓값 + B의 최댓값 + C의 최댓값 = 10000 + 5000 + 4000 = 19000
• 부등률 = $\dfrac{19000}{17000} = 1.12$

(5) • $P = (10 + 4 + 3) \times 10^3 = 17 \times 10^3 = 17000$ [kW]

• 무효전력 = $P \times \tan\theta = (10000 \times \dfrac{0.6}{0.8} + 5000 \times 0 + 4000 \times \dfrac{0.8}{0.6}) = 12833.33$ [kW]

• $\cos\theta = \dfrac{유효전력}{피상전력} \times 100 = \dfrac{17000}{\sqrt{17000^2 + 12833.33^2}} \times 100 = 79.81$ [%]

03

다음 그림과 같은 무접점 논리회로(무접점 시퀀스 회로)를 유접점 시퀀스 회로로 바꾸어 그리시오.

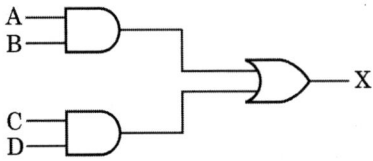 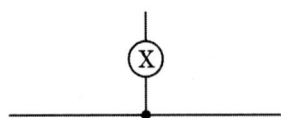

정답

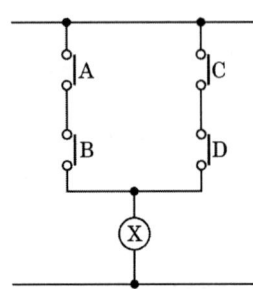

04

그림은 고압 수전설비의 단선결선도이다. 다음 각 물음에 답하시오.

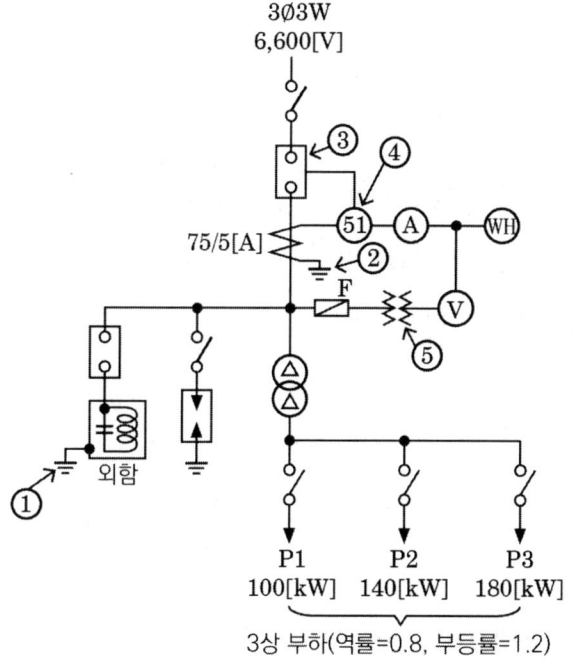

(1) 그림에서 ③ ~ ⑤의 명칭을 한글로 적으시오.

(2) 각 부하의 최대전력이 그림과 같고, 역률 0.8, 부등률 1.2일 때
   ① 변압기 1차 측의 전류계 Ⓐ에 흐르는 전류의 최댓값을 구하시오.

   ② 동일한 조건에서 합성 역률을 0.9 이상으로 유지하기 위한 전력용 커패시터의 최소 용량[kVar]을 구하시오.

(3) 단선도상의 피뢰기 정격전압과 방전전류는 얼마인지 적으시오.

(4) DC(방전코일)의 설치 목적을 적으시오.

(1) ③ 차단기
    ④ 과전류 계전기
    ⑤ 계기용 변압기

(2) ① • 최대전력[kW] = $\dfrac{100+140+180}{1.2}$ = 350 [kW]

  • 변류기 1차 전류 $I_1 = \dfrac{P}{\sqrt{3}\,V\cos\theta} = \dfrac{350\times 10^3}{\sqrt{3}\times 6600 \times 0.8}$ = 38.27 [A]

  • 전류계 = $I_1 \times \dfrac{1}{CT비}$ = 38.27 × $\dfrac{5}{75}$ = 2.55 [A]

  답 2.55 [A]

  ② • 최대전력[kW] = $\dfrac{100+140+180}{1.2}$ = 350 [kW]

  • 콘덴서의 용량 $Q_c = P\left(\dfrac{\sqrt{1-\cos^2\theta_1}}{\cos\theta_1} - \dfrac{\sqrt{1-\cos^2\theta_2}}{\cos\theta_2}\right)$

  $= 350 \times \left(\dfrac{\sqrt{1-0.8^2}}{0.8} - \dfrac{\sqrt{1-0.9^2}}{0.9}\right)$

  답 92.99 [kVA]

(3) 정격전압 : 7.5 [kV], 방전전류 : 2500 [A]

(4) 콘덴서에 축전된 잔류전하 방전

05

점포가 붙어 있는 주택이 그림과 같을 때 주어진 참고 자료를 이용하여 예상되는 설비 부하 용량을 상정하고, 분기회로 수는 원칙적으로 몇 회로로 하는지를 산정하시오. (단, 사용전압은 220 [V]라고 한다)

[조건]
1) 건축물의 종류에 따른 표준 부하

건축물의 종류	표준 부하[VA/m²]
공장, 공회당, 사원, 교회, 극장, 영화관, 연회장 등	10
기숙사, 여관, 호텔, 병원, 학교, 음식점, 다방, 대중목욕탕	20
사무실, 은행, 상점, 이발소, 미장원	30
주택, 아파트	40

2) 건축물 중 별도 계산할 부분의 표준 부하(주택, 아파트는 제외)

건축물의 부분	표준 부하[VA/m²]
복도, 계단, 세면장, 창고, 다락	5
강당, 관람석	10

3) 표준 부하에 따라 산출한 수치에 가산하여야 할 [VA] 수
   ① 주택, 아파트(1세대마다)에 대하여는 500 ~ 1000 [VA]
   ② 상점의 진열장에 대하여는 진열장 폭 1 [m]에 대하여 300 [VA]

(1) 배선을 설계하기 위한 전등 및 소형 전기기계기구의 설비 부하 용량[VA]을 상정하시오.

(2) 내선규정에 따라 다음 (   ) 안에 들어갈 내용을 적으시오.

> 사용전압 220 [V]의 16 [A] 분기회로 수는 부하의 상정에 따라 상정한 설비 부하 용량(전등 및 소형 전기기계기구에 한한다)을 (①) [VA]로 나눈 값(사용전압이 110 [V]인 경우에는 (②) [VA]로 나눈 값)을 원칙으로 한다.

(3) 16 [A] 기준, 사용전압이 220 [V]인 경우 분기회로 수를 구하시오.

(4) 사용전압이 110 [V]인 경우 분기회로 수를 구하시오.

(5) 연속 부하(상시 3시간 이상 연속사용)가 있는 분기회로의 부하 용량은 그 분기회로를 보호하는 과전류 차단기의 몇 [%]를 초과하지 않아야 하는지 적으시오.

정답

■ 계산과정

(1) $P = (10 \times 13 \times 40) + (11 \times 5 \times 30) + (2 \times 5 \times 5) + 1000 + (300 \times 4) = 9100$ [VA]

답 9100 [VA]

(2) ① 3520(220 × 16)   ② 1760(110 × 16)

(3) $N = \dfrac{\text{전체설비용량}}{\text{분기회로용량}} = \dfrac{9100}{220 \times 16} = 2.59$

답 16 [A] 분기 3회로, 3 [kW] 에어컨 별도분기 1회로

(4) $N = \dfrac{\text{전체설비용량}}{\text{분기회로용량}} = \dfrac{9100}{110 \times 16} = 5.17$

답 16 [A] 분기 6회로, 3 [kW] 에어컨 별도분기 1회로

(5) 80 [%]

06
8점

그림과 같은 3상 유도전동기의 미완성 시퀀스 회로도를 보고 다음 각 물음에 답하시오.

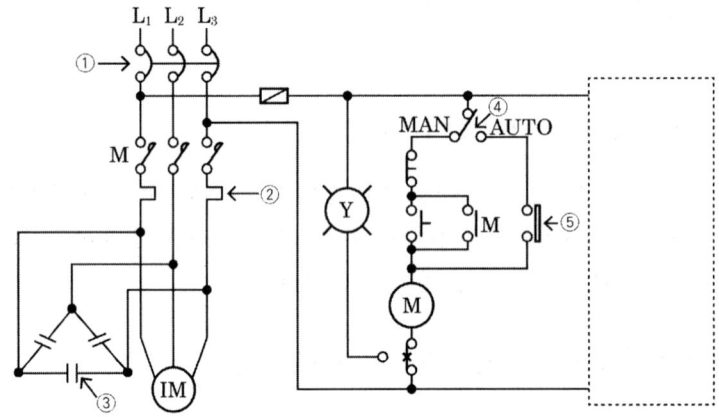

(1) 도면에 표시된 ① ~ ⑤의 약호와 한글 명칭을 적으시오.

번호	①	②	③	④	⑤
약호					
한글 명칭					

(2) 도면에 그려져 있는 황색램프 ⓨ의 역할을 적으시오.

(3) 전동기가 정지하고 있을 때는 녹색램프 ⒢가 점등되며, 전동기가 운전 중일 때는 녹색램프 ⒢가 소등되고 적색램프 ⓡ이 점등되도록 회로도의 점선 박스 안에 그려 완성하시오.
(단, 전자접촉기 M의 a, b 접점을 이용하여 회로도를 완성하시오)

정답

(1)

번호	①	②	③	④	⑤
약호	MCCB	THR	SC	PBS	LS
한글 명칭	배선용 차단기	열동 계전기	전력용 콘덴서	누름버튼 스위치	리미트 스위치

(2) 과부하 동작 표시램프

(3)

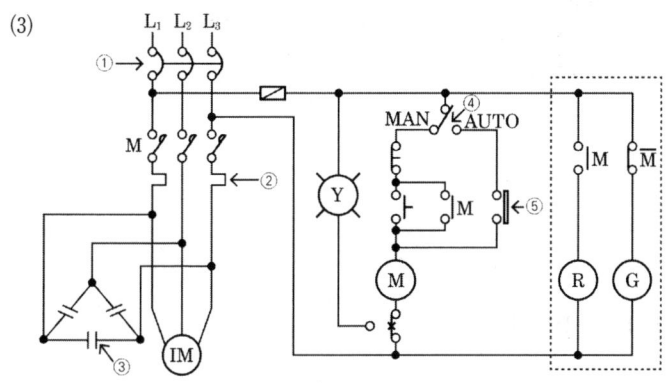

07

역률 개선용 커패시터와 직렬로 연결하여 사용하는 직렬 리액터의 사용 목적을 3가지만 적으시오.

정답

- 콘덴서 투입 시 돌입전류 억제
- 콘덴서 개방 시 이상 현상 억제
- 파형의 개선(고조파를 줄이기 위함)

08

그림과 같은 변전설비에서 무정전 상태로 차단기를 점검하기 위한 조작순서를 기구기호를 이용해서 설명하시오. (단, S1, R1은 단로기, T1은 By-Pass 단로기이고, T1은 평상시에 개방되어 있는 상태이다)

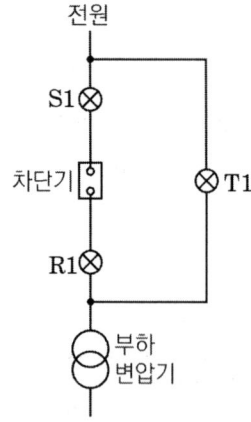

정답

T1(ON) → 차단기(OFF) → R1(OFF) → S1(OFF)

09

다음과 같은 값을 측정하려면 어떤 측정기기를 사용하는 것이 적합한지 쓰시오.

(1) 단선인 전선의 굵기 :
(2) 옥내 전등선의 절연저항 :
(3) 접지저항 :

정답

(1) 와이어 게이지
(2) 메거
(3) 콜라우시 브리지

> **핵심이론**
>
> □ 각 값을 측정하는 기기
> - 단선인 전선의 굵기 : 와이어 게이지
> - 변압기, 옥내 전등선의 절연저항 : 메거
> - 접지저항, 전해액의 저항 : 콜라우시 브리지
> - 검류계의 내부저항 : 휘스톤 브리지
> - 배전선의 전류 : 후크온 메터

10

가정용 110 [V] 전압을 220 [V]로 승압할 경우 저압 간선에 나타나는 효과에 대한 각 물음에 답하시오.

(1) 공급 능력 증대는 몇 배인지 구하시오. (단, 선로의 손실은 무시)

(2) 손실전력의 감소는 몇 [%]인지 구하시오.

(3) 전압강하율의 감소는 몇 [%]인지 구하시오.

■ 계산과정

(1) 공급능력 $P \propto V = \dfrac{220}{110} = 2$ **답** 2배

(2) 전력손실 $P_l \propto \dfrac{1}{V^2}$ $P_l' = \left(\dfrac{110}{220}\right)^2 P_l = 0.25 P_l$

따라서 전력손실 감소는 $1 - 0.25 = 0.75$ **답** 75 [%]

(3) 전압강하율 $\delta \propto \dfrac{1}{V^2}$ $\delta' = \left(\dfrac{110}{220}\right)^2 \delta = 0.25 \delta$

따라서 전압강하율 감소는 $1 - 0.25 = 0.75$ **답** 75 [%]

> **핵심이론**
>
> □ 전압과의 관계 요약
>
> | 전압에 비례 ($\propto V$) | 공급능력 |
> |---|---|
> | 전압의 제곱에 비례 ($\propto V^2$) | 공급전력, 공급 거리 |
> | 전압에 반비례 ($\propto \frac{1}{V}$) | 전압강하 |
> | 전압의 제곱에 반비례 ($\propto \frac{1}{V^2}$) | 전력손실, 전력손실률, 전압강하율, 전선 단면적 |

11

기동 용량이 2000 [kVA]인 3상 유도전동기를 기동할 때 허용 전압강하는 20 [%]이다. 발전기의 과도 리액턴스가 25 [%]이면, 이 전동기를 운전할 수 있는 발전기의 용량은 몇 [kVA]인지 구하시오.

정답

■ 계산과정

$$P \geq \left(\frac{1}{허용 전압강하} - 1\right) \times X_d \times 기동용량 [kVA]$$
$$= \left(\frac{1}{0.2} - 1\right) \times 0.25 \times 2000 = 2000 \text{ [kVA]}$$

답 2000 [kVA]

12

대형 건축물 내에 설치된 전기를 사용하는 여러 설비의 접지를 공통으로 묶어서 사용하는 공통접지의 특징 중에서 장점을 5가지만 적으시오.

정답

(1) 접지극의 수량이 감소한다.

(2) 접지극의 연접으로 접지극의 신뢰도가 향상된다.

(3) 접지극의 연접으로 합성저항의 저감 효과가 있다.

(4) 계통접지를 단순화할 수 있다.

(5) 철근, 구조물 등을 연접하면 거대한 접지전극의 효과를 얻을 수 있다.

13

그림과 같이 직렬 커패시터를 연결한 교류 배전선이 있다. 부하전류가 15 [A], 부하역률이 0.6(뒤짐), 선로저항이 R = 3 [Ω], 용량 리액턴스가 X_C = 4 [Ω]인 경우 부하의 단자전압을 220 [V]로 하기 위해 전원단 ab에 가해지는 전압 E_S을 구하시오. (단, 선로의 리액턴스는 무시한다)

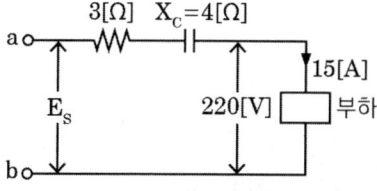

정답

■ 계산과정

$e = E_s - E_r = I(R\cos\theta + X\sin\theta)$에서 리액턴스는 무시하므로

전원전압 $E_s = E_r + IR\cos\theta = 220 + (15 \times 3 \times 0.6) = 247$ [V]

답 247 [V]

14

차단기 명판에 BIL 150 [kV], 정격 차단전류 20 [kA], 차단 시간 5 [Hz], 솔레노이드형이라고 기재되어 있다. 이것을 참고하여 다음 각 질문에 답하시오.

(1) BIL이란 무엇인지 그 명칭을 적으시오.

(2) 이 차단기의 정격전압이 25.8 [kV]라면 정격 용량은 몇 [MVA]가 되겠는가?

(3) 차단기를 트립(Trip)시키는 방식을 3가지만 적으시오.

정답

(1) 기준 충격 절연 강도

(2) $P_s = \sqrt{3}\, V_n I_s = \sqrt{3} \times 25.8 \times 20 = 893.74$ [MVA]   답 893.74 [MVA]

(3) ① 직류 전압 트립 방식 ② 콘덴서 트립 방식 ③ 부족전압 트립 방식

15

건축물의 천장이나 벽 등을 조명기구 겸용으로 마무리하는 건축화 조명이 최근 많이 시공되고 있다. 옥내조명설비(KDS 31 70 10 : 2019)에 따른 건축화 조명의 종류를 4가지만 적으시오.

정답

코퍼조명, 다운라이트조명, 핀홀라이트, 광량조명

> **핵심이론**
>
> □ 조명 방식 분류
> (1) 조명기구의 배광에 의한 분류
> 직접조명, 반직접조명, 전반확산조명, 반간접조명, 간접조명
> (2) 조명기구 배치에 의한 분류
> 전반조명, 국부조명, 전반·국부 병용 조명
> (3) 건축화 조명
> 코퍼조명, 다운라이트조명, 핀홀라이트, 광량조명, 광천장조명, 코니스조명, 루버조명, 밸런스조명, 코브조명, 코너조명

16

차단기의 종류를 5가지만 적고, 각 차단기에 매칭되는 소호 매체(매질)을 적으시오.

차단기 종류	소호 매체
( ) 차단기	
( ) 차단기	
( ) 차단기	
( ) 차단기	
( ) 차단기	

정답

차단기 종류	소호 매체
진공 차단기(VCB)	진공
유입 차단기(OCB)	절연유
가스 차단기(GCB)	SF_6
공기 차단기(ABB)	압축공기
자기 차단기(MBB)	전자력

01

45 [kW]의 전동기를 사용하여 지상 10 [m], 용량 300 [m³]의 저수조에 물을 채우려 한다. 펌프의 효율 85 [%], K = 1.2라면 몇 분 후에 물이 가득 차겠는지 구하시오.

정답

■ 계산과정

펌프용 전동기 용량 $P = \dfrac{9.8\,QHK}{\eta} = \dfrac{9.8 \times \dfrac{300}{60t} \times 10 \times 1.2}{0.85} = 45$

$t = \dfrac{9.8 \times 300 \times 10 \times 1.2}{45 \times 0.85 \times 60} = 15.37\,[분]$

답 15.13 [분]

핵심이론

□ 발전기 용량

(1) 수력발전기 용량 $P_a = 9.8\,QHK\eta$ [kW]

(2) 펌프 용량 $P = \dfrac{9.8\,QHK}{\eta}$ [kW]

Q : 유량[m³/s], H : 낙차 높이[m], K : 여유계수, η : 효율

02

단상 주상 변압기의 2차 측(105 [V] 단자)에 1 [Ω]의 저항을 접속하고 1차 측에 1 [A]의 전류가 흘렀을 때 1차 단자 전압이 900 [V]였다. 1차 측 탭 전압[V]과 2차 전류[A]는 얼마인지 구하시오. (단, 변압기는 2상 변압기, V_T는 1차 탭 전압, I_2는 2차 전류이다)

(1) 1차 측 탭 전압

(2) 2차 측 전류

정답

■ 계산과정

(1) $R_1 = \dfrac{V_1}{I_1} = \dfrac{900}{1} = 900\,[\Omega]$, $a = \sqrt{\dfrac{R_1}{R_2}} = \sqrt{900} = 30$

$V_{1T} = aV_2 = 30 \times 105 = 3150\,[V]$

답 3150 [V]

(2) $I_2 = aI_1 = 30 \times 1 = 30\,[A]$

답 30 [A]

핵심이론

□ 변압기 권수비

$a = \dfrac{E_1}{E_2} = \dfrac{N_1}{N_2} = \dfrac{V_1}{V_2} = \dfrac{I_2}{I_1} = \sqrt{\dfrac{Z_1}{Z_2}} = \sqrt{\dfrac{R_1}{R_2}} = \sqrt{\dfrac{L_1}{L_2}}$

03

다음 주어진 릴레이 시퀀스도를 논리회로로 표현하고, 타임차트를 완성하시오.

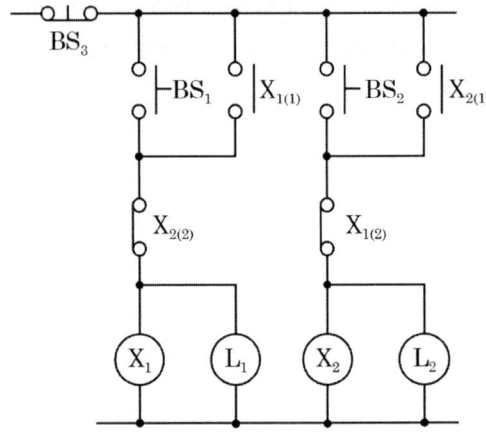

(1) 무접점 논리회로를 그리시오. (단, OR(2입력 1출력), AND(3입력 1출력), NOT만을 사용하여 그리시오)
(2) 주어진 타임차트를 완성하시오.

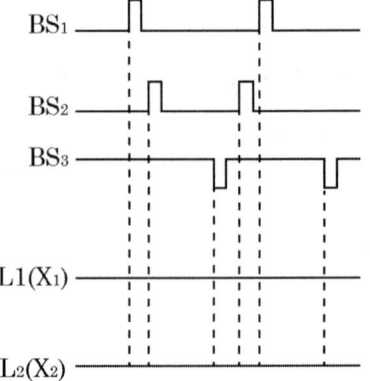

정답

(1)
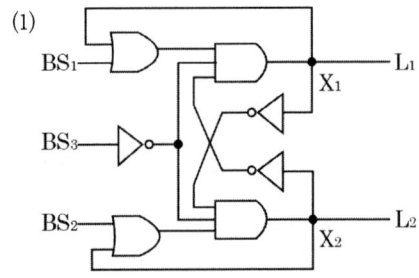

(2)
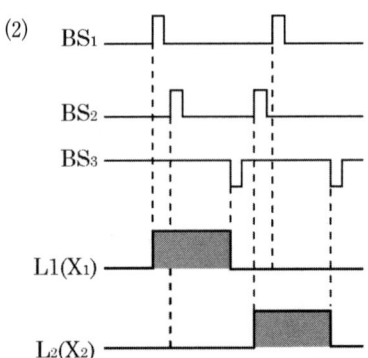

04

다음은 어느 계전기회로의 논리식이다. 이 논리식을 이용하여 다음 각 물음에 답하시오. (단, 여기서 A, B, C는 입력이고, X는 출력이다)

논리식 : $X = \overline{A}B + C$

(1) 이 논리식을 무접점 시퀀스도(논리회로)로 나타내시오.
(2) 물음 (1)에서 무접점 시퀀스도로 표현된 것을 NAND gate만으로 등가 변환하시오.

정답

(1)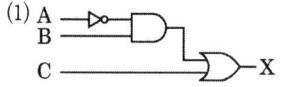

(2)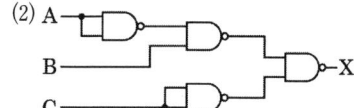

05

지상역률 80 [%]인 100 [kW] 부하에 지상역률 60 [%]의 70 [kW] 부하를 연결하였다. 이때 합성 역률을 90 [%]로 개선하는 데 필요한 콘덴서 용량은 몇 [kVA]인지 구하시오.

정답

■ 계산과정

- 유효전력 $P = P_1 + P_2 = 100 + 70 = 170$ [kW]

- 무효전력 $Q = Q_1 + Q_2 = P_1 \tan\theta_1 + P_2 \tan\theta_2$
  $$= 100 \times \frac{0.6}{0.8} + 70 \times \frac{0.8}{0.6} = 168.33 \text{ [kVar]}$$

- 합성 용량 $P_a = \sqrt{P^2 + Q^2} = \sqrt{170^2 + 168.33^2} = 239.24$ [kVA]

- 합성 역률 $\cos\theta = \dfrac{P}{P_a} \times 100 = \dfrac{170}{239.24} \times 100 = 71.06$ [%]

- 콘덴서 용량 $Q_c = P(\tan\theta_1 - \tan\theta_2) = P\left(\dfrac{\sqrt{1-\cos^2\theta_1}}{\cos\theta_1} - \dfrac{\sqrt{1-\cos^2\theta_2}}{\cos\theta_2}\right)$ [kVA]
  $$= 170 \times \left(\dfrac{\sqrt{1-0.7106^2}}{0.7106} - \dfrac{\sqrt{1-0.9^2}}{0.9}\right) = 85.99$$

답 85.99 [kVA]

06

그림과 같이 CT가 결선되어 있을 때 전류계 A_3의 지시는 얼마인지 구하시오. (단, 부하전류 $I_1 = I_2 = I_3 = I$ 로 한다)

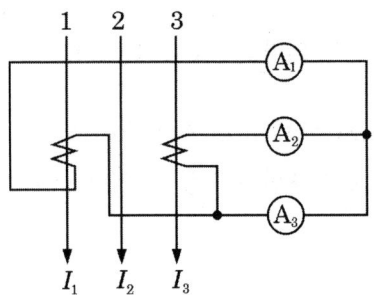

정답

- 계산과정

$A_3 = I_1 - I_3 = \sqrt{3}\,I$

답 $\sqrt{3}\,I$

07

그림과 같은 인입 변대에 22.9 [kV] 수전설비를 설치하여 380/220 [V]를 사용하고자 한다. 다음 각 물음에 답하시오.

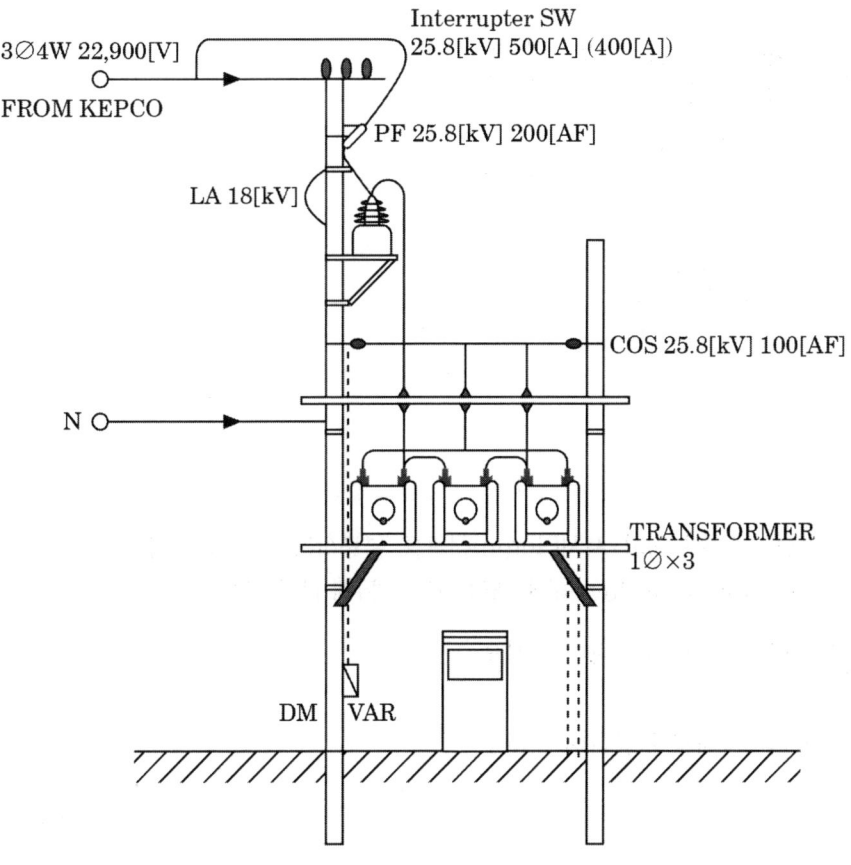

(1) DM 및 VAR의 명칭을 쓰시오.

(2) 그림에 사용된 LA의 수량은 몇 개이며, 정격전압은 몇 [kV]인지 쓰시오.

(3) 22.9 [kV - Y] 계통에 사용하는 것은 주로 어떤 케이블이 사용되는지 쓰시오.

(4) 주어진 인입 변대 그림을 단선도로 그리시오.

정답

(1) • DM : 최대 수요 전력량계   • VAR : 무효 전력계

(2) • LA의 수량 : 3개   • 정격전압 : 18 [kV]

(3) CNCV - W 케이블(수밀형) 또는 TR CNCV - W(트리억제형)

(4)
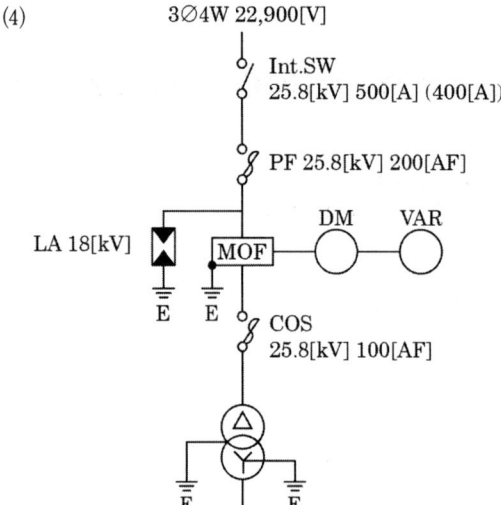

08
5점

과도적인 과전압을 제한하고 서지(Surge)전류를 분류하는 목적으로 사용되는 서지보호장치(SPD : Surge Protective Device)에 대한 다음 물음에 답하시오.

(1) 기능에 따라 3가지로 분류하여 쓰시오.

(2) 구조에 따라 2가지로 분류하여 쓰시오.

정답

(1) 전압 스위칭형 SPD, 전압 제한형 SPD, 복합형 SPD

(2) 1포트 SPD, 2포트 SPD

09
4점

변압기 병렬운전 조건을 3가지만 쓰시오.

정답

- 극성이 일치할 것
- 1, 2차 정격전압(권수비)이 같은 것
- %임피던스 강하(임피던스 전압)가 같을 것

핵심이론

□ 변압기 병렬운전 조건 및 조건 불만족 시 발생하는 현상
 ① 조건 : 극성이 일치할 것
   현상 : 큰 순환전류가 흘러 권선이 소손
 ② 조건 : 정격전압(권수비)이 같은 것
   현상 : 순환전류가 흘러 권선이 가열
 ③ 조건 : %임피던스 강하(임피던스 전압)가 같을 것
   현상 : 부하의 분담이 용량의 비가 되지 않아 부하의 분담이 균형을 이룰 수 없음
 ④ 조건 : 내부저항과 누설 리액턴스의 비가 같을 것
   현상 : 각 변압기의 전류 간에 위상차가 생겨 동손이 증가

10

폭 24 [m]의 도로 양쪽에 30 [m]의 간격으로 지그재그식으로 가로등을 배열하여 도로의 평균조도를 5 [lx]로 하고자 한다. 각 가로등의 광속[lm]을 구하시오. (단, 가로면에서의 광속 이용률은 35 [%]이고, 감광보상률은 1.3이다)

정답

■ 계산과정

$$FUN = EAD \text{에서 } F = \frac{EAD}{UN} = \frac{5 \times \frac{24 \times 30}{2} \times 1.3}{0.35 \times 1} = 6685.71 \text{ [lm]}$$

답 6685.71 [lm]

핵심이론

□ 광속의 결정
  $FUN = EAD$
   - E : 평균조도   · A : 실내의 면적   · U : 조명률   · D : 감광보상률
   - N : 소요 등수   · F : 1등당 광속   · M : 보수율(감광보상률의 역수)

11

다음과 같은 특성의 축전지 용량 C를 구하시오. (단, 축전지 사용 시의 보수율은 0.8, 축전지 온도 5 [℃], 허용 최저전압은 90 [V], 셀당 전압 1.06 [V/cell], K_1 = 1.15, K_2 = 0.92이다)

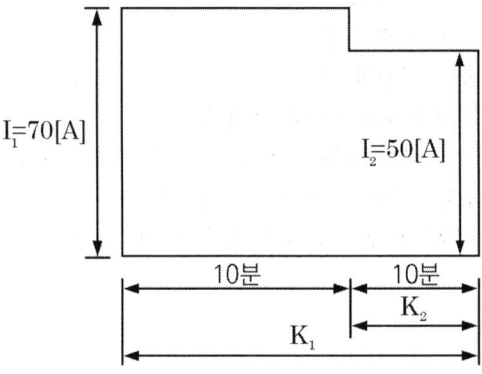

정답

■ 계산과정

$$C = \frac{1}{L}KI = \frac{1}{0.8}[1.15 \times 70 + 0.92 \times (50-70)] = 77.63 \text{ [Ah]}$$

답 77.63 [Ah]

12

200 [V], 10 [kVA]인 3상 유도전동기를 부하로 사용하는 공장이 있다. 이 공장이 어느 날 1일 사용전력량이 60 [kWh]이고, 1일 최대전력이 8 [kW]일 경우 다음 각 질문에 답하시오. (단, 최대전력일 때의 전류값은 30 [A]라고 한다)

(1) 일부하율은 몇 [%]인가?

(2) 최대전력일 때의 역률은 몇 [%]인가?

정답

■ 계산과정

(1) 일부하율 $= \dfrac{60/24}{8} \times 100 = 31.25\,[\%]$ **답** 31.25 [%]

(2) $\cos\theta = \dfrac{P}{P_a} \times 100 = \dfrac{P}{\sqrt{3}\,VI} \times 100 = \dfrac{8 \times 10^3}{\sqrt{3} \times 200 \times 30} \times 100 = 76.98\,[\%]$

답 76.98 [%]

> **핵심이론**
>
> □ 변압기와 부하
> (1) 수용률
>   ① 수용설비가 동시에 사용되는 정도
>   ② 수용률 $= \dfrac{\text{최대수용전력[kW]}}{\text{총 부하설비 용량[kW]}} \times 100\,[\%]$
> (2) 부등률
>   ① 전력소비기기를 동시에 사용하는 정도
>   ② 부등률 $= \dfrac{\text{수용설비 각각의 최대수용전력의 합 [kW]}}{\text{합성 최대수용전력[kW]}} \geq 1$
>   ③ 합성최대전력 $= \dfrac{\text{설비 용량} \times \text{수용률}}{\text{부등률}}$
> (3) 부하율
>   ① 공급설비가 어느 정도 유효하게 사용되는가를 나타냄
>   ② 부하율이 클수록 공급설비가 유효하게 사용
>   ③ 부하율 $= \dfrac{\text{평균수용전력[kW]}}{\text{합성 최대수용전력[kW]}} \times 100\,[\%]$

13

100 [kVA] 단상 변압기 3대를 Y-△결선한 경우 2차 측 1상에 접속할 수 있는 전등 부하는 최대 몇 [kVA]인지 구하시오. (단, 변압기는 과부하되지 않아야 한다)

정답

■ 계산과정

$100 \times \dfrac{3}{2} = 150\,[\text{kVA}]$ **답** 150 [kVA]

14

계약 용량이 3000 [kW] 기본요금이 4054 [원/kW], 51 [원/kWh]인 경우 1개월간 사용전력이 540 [MWh]이고, 무효전력량이 350 [MVarh]인 경우 1개월간의 총 전력요금을 구하시오.

[조건]
역률이 90 [%] 기준으로 역률 60 [%]까지 역률 1 [%] 부족 시 기본요금의 0.2 [%]를 할증하며, 90 [%]를 초과하는 경우 1 [%] 초과 시 기본요금의 0.2 [%]를 할인한다.

정답

■ 계산과정

- 역률 $\cos\theta = \dfrac{540}{\sqrt{540^2 + 350^2}} = 0.84$

- 기본요금 $= 3000 \times 4054 \times [1 + (0.9 - 0.84) \times 0.2] = 12307944$ [원]

- 총 전력요금 $= 12307944 + 540 \times 10^3 \times 51 = 39847944$ [원]

답 39847944 [원]

15

22900/220 – 380 [V] 30 [kVA] 변압기를 사용한 압전로의 최대누설전류와 기술기준에 의한 최소절연저항의 값을 구하시오.

(1) 최대누설전류

(2) 최소절연저항

정답

(1) $I = \dfrac{P}{\sqrt{3} \times V} = \dfrac{30 \times 10^3}{\sqrt{3} \times 380} \times \dfrac{1}{2000} = 0.0228$ [A]

답 0.02 [A]

(2) 1 [MΩ]

핵심이론

□ 저압전로의 절연저항(기술기준 52조)

(1) 누설전류 ≤ 최대공급전류 × $\dfrac{1}{2000}$

(2) 저압 전로에서 정전이 어려운 경우 등 절연저항 측정이 곤란한 경우 저항성분의 누설전류가 1[mA] 이하이면 그 전로의 절연성능은 적합한 것으로 본다.

전로의 사용전압[V]	DC 시험전압	절연저항[MΩ]
SELV 및 PELV	250	0.5
FELV, 500[V] 이하	500	1.0
500[V] 초과	1000	1.0

(3) ELV(Extra Low Voltage, 특별저압)
(4) SELV, PELV : 1, 2차가 전기적으로 절연된 회로
(5) FELV : 1, 2차가 전기적으로 절연되지 않은 회로

16

유도형 원판 OCR에 관한 내용이다. 물음에 답하시오.

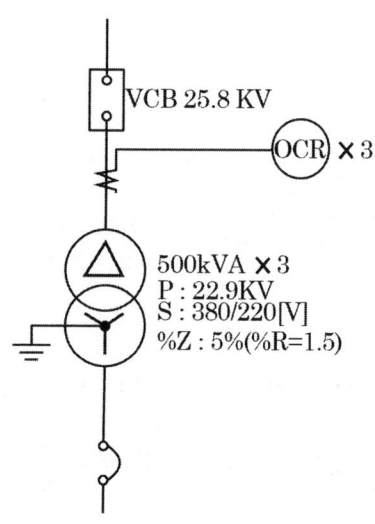

〈과전류 계전기 규격〉

항목	탭 전류
한시탭	3, 4, 5, 6, 7, 8, 9
순시탭	20, 30, 40, 50, 60, 70, 80

⟨변류기 규격⟩

항목	탭 전류
1차 전류	5, 10, 15, 20, 30, 40, 50, 75, 100, 150, 200, 300, 400, 500, 600, 750, 1000, 1500, 2000, 2500
2차 전류	5

(1) 그림에서 유도형 원판 OCR을 정정하고자 한다. 변류비를 구하고 한시탭 전류값을 선정하시오. (단, 변류비는 전부하전류의 1.25배, 한시탭 전류의 1.5배를 적용한다)

(2) 변압기 2차의 3상단락이 발생한 경우 유도형 원판 OCR의 순시탭 전류값을 구하시오. 2차 3상 단락전류는 20 [kA]이다. (단, 순시탭 전류는 3상 단락전류의 1.5배를 적용한다)

(3) 유도형 원판 OCR의 레버는 무엇을 의미하는지 쓰시오.

(4) 반한시 특성은 무엇을 의미하는지 쓰시오.

정답

(1) • 변류기 1차 정격전류 $I_1 = \dfrac{500 \times 3}{\sqrt{3} \times 22.9} \times 1.25 = 47.27$ [A], CT비 $= \dfrac{50}{5}$

• 탭 전류 값 $I_t =$ 정격전류 $\times \dfrac{1}{CT비} \times$ 여유율 $= \dfrac{500 \times 3}{\sqrt{3} \times 22.9} \times \dfrac{5}{50} \times 1.5 = 5.67$ [A]

답 6 [A]

(2) • 2차 3상 단락전류를 1차 측으로 환산하면 $I_{1s} = 20 \times 10^3 \times \dfrac{0.38}{22.9} = 331.88$ [A]

• 탭 전류 값 $I_t =$ 단락전류 $\times \dfrac{1}{CT비} \times$ 여유율 $= 331.88 \times \dfrac{5}{50} \times 1.5 = 49.78$ [A]

답 50 [A]

(3) 반한시 계전기의 동작시간 조정용 기구로 레버를 조정하여 계전기의 동작시간이 변화한다.

(4) 계전기의 입력전류가 클수록 동작시간은 반비례하여 짧아지는 특성이다.

01

그림과 같은 전로의 단락 용량은 약 몇 [kVA]인지 구하시오. (단, 그림의 수치는 10 [MVA]를 기준으로 한 %리액턴스를 나타낸다)

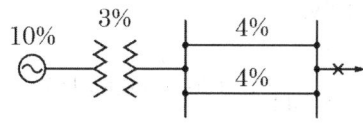

정답

■ 계산과정

$$\%Z_T = 10 + 3 + \frac{4}{2} = 15\ [\%]$$

$$P_s = \frac{100}{\%Z}P_n = \frac{100}{15} \times 10 = 66.67\ [\text{MVA}] = 66.67 \times 10^3\ [\text{kVA}]$$

답 66.67×10^3 [kVA]

02

500 [kVA]의 변압기가 그림과 같은 부하로 운전되고 있다. 오전에는 역률을 85 [%]로, 오후에는 100 [%]로 운전된다고 할 때 전일효율[%]을 구하시오. (단, 이 변압기의 철손은 6 [kW], 전부하의 동손은 10 [kW]라고 한다)

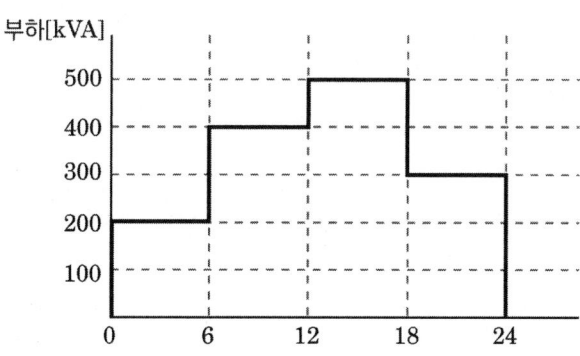

■ 계산과정

- 출력량 : $P = [(200 \times 6 \times 0.85) + (400 \times 6 \times 0.85) + (500 \times 6 \times 1) + (300 \times 6 \times 1)]$
  $= 7860 \ [\text{kWh}]$

- 동손량 : $P_c = 10 \times \left\{ \left(\dfrac{200}{500}\right)^2 \times 6 + \left(\dfrac{400}{500}\right)^2 \times 6 + \left(\dfrac{500}{500}\right)^2 \times 6 + \left(\dfrac{300}{500}\right)^2 \times 6 \right\}$
  $= 129.6 \ [\text{kWh}]$

- 철손량 : $P_i = 24 \times 6 = 144 \ [\text{kW}]$

- 전일효율 : $\eta = \dfrac{7860}{7860 + 129.6 + 144} \times 100 = 96.64 \ [\%]$

답 96.64 [%]

03

다음 그림과 같은 철골 공장에 백열등의 전반 조명을 할 때 평균조도로 200 [lx]를 얻기 위한 광원의 소비 전력을 구하고자 한다. 주어진 조건과 참고자료를 이용하여 다음 각 질문에 답하면서 순차적으로 구하도록 하시오.

[조건]
- 천장, 벽면 반사율은 30 [%]이다.
- 광원은 천장면 하 1 [m]에 부착한다.
- 천장의 높이는 9 [m]이다.
- 감광보상률은 보수 상태를 "양"으로 적용한다.
- 배광은 직접 조명으로 한다.
- 조명기구는 금속 반사갓 직부형이다.

〈도면〉

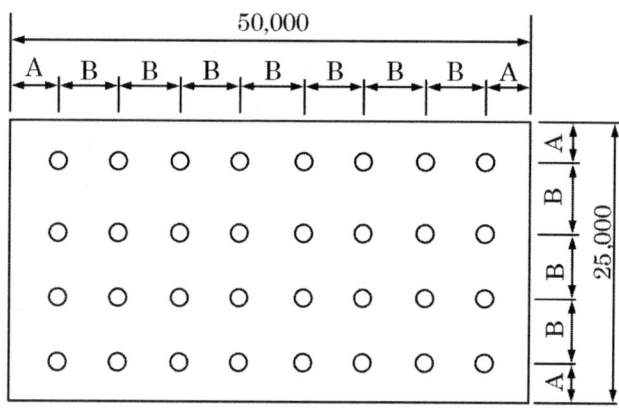

〈[표1] 각종 전등의 특성 (A) 백열등〉

형식	종별	유리구의 지름 (표준치) [mm]	길이 [mm]	베이스	초기 특성			50 [%] 수명에서의 효율 [lm/W]	수명 [h]
					소비 전력 [W]	광속 [lm]	효율 [lm/W]		
L100 [V] 10 [W]	진공 단코일	55	101 이하	E26/25	10 ± 0.5	76 ± 8	7.6 ± 0.6	6.5 이상	1500
L100 [V] 20 [W]	진공 단코일	55	〃	E26/25	20 ± 1.0	175 ± 20	8.7 ± 0.7	7.3 이상	1500
L100 [V] 30 [W]	가스입단코일	55	108 이하	E26/25	30 ± 1.5	290 ± 30	9.7 ± 0.8	8.8 이상	1000
L100 [V] 40 [W]	가스입단코일	55	〃	E26/25	40 ± 2.0	440 ± 45	11.0 ± 0.9	10.0 이상	1000
L100 [V] 60 [W]	가스입단코일	50	114 이하	E26/25	60 ± 3.0	760 ± 75	12.6 ± 1.0	11.5 이상	1000
L100 [V] 100 [W]	가스입단코일	70	140 이하	E26/25	100 ± 5.0	1500 ± 150	15.0 ± 1.2	13.5 이상	1000
L100 [V] 150 [W]	가스입단코일	80	170 이하	E26/25	150 ± 7.5	2450 ± 250	16.4 ± 1.3	14.8 이상	1000
L100 [V] 200 [W]	가스입단코일	80	180 이하	E26/25	200 ± 10	3450 ± 350	17.3 ± 1.4	15.3 이상	1000
L100 [V] 300 [W]	가스입단코일	95	220 이하	E39/41	300 ± 15	5550 ± 550	18.3 ± 1.5	15.8 이상	1000
L100 [V] 500 [W]	가스입단코일	110	240 이하	E39/41	500 ± 25	9900 ± 990	19.7 ± 1.6	16.9 이상	1000
L100 [V] 1000 [W]	가스입단코일	165	332 이하	E39/41	1000 ± 50	21000 ± 2100	21.0 ± 1.7	17.4 이상	1000
Ld100 [V] 30 [W]	가스입이중코일	55	108 이하	E26/25	30 ± 1.5	330 ± 35	11.1 ± 0.9	10.1 이상	1000
Ld100 [V] 40 [W]	가스입이중코일	55	〃	E26/25	40 ± 2.0	500 ± 50	12.4 ± 1.0	11.3 이상	1000
Ld100 [V] 50 [W]	가스입이중코일	60	114 이하	E26/25	50 ± 2.5	660 ± 65	13.2 ± 1.1	12.0 이상	1000
Ld100 [V] 60 [W]	가스입이중코일	60	〃	E26/25	60 ± 3.0	830 ± 85	13.0 ± 1.1	12.7 이상	1000
Ld100 [V] 75 [W]	가스입이중코일	60	117 이하	E26/25	75 ± 4.0	1100 ± 110	14.7 ± 1.2	13.2 이상	1000
Ld100 [V] 100 [W]	가스입이중코일	60 또는 67	128 이하	E26/25	100 ± 5.0	1570 ± 160	15.7 ± 1.3	14.1 이상	1000

〈[표2] 조명률, 감광보상률 및 설치 간격〉

번호	배광 설치 간격	조명 기구	감광보상률(D)			반사율 실지수	천장 벽	0.75			0.50			0.30	
			보수 상태					0.5	0.3	0.1	0.5	0.3	0.1	0.3	0.1
			양	중	부			조명률 U [%]							
(1)	간접 0.80 ↕ 0 S≤1.2H	전구	1.5	1.7	2.0	J0.6		16	13	11	12	10	08	06	05
						I0.8		20	16	15	15	13	11	08	07
						H1.0		23	20	17	17	14	13	10	08
						G1.25		26	23	20	20	17	15	11	10
						F1.5		29	26	22	22	19	17	12	11

			형광등		E2.0	32	29	26	24	21	19	13	12

구분	조명방식			등종류	기호							
		1.7	2.0	2.5		D2.5	36	32	30	26	24	22	15	14
						C3.0	38	35	32	28	25	24	16	15
						B4.0	42	39	36	30	29	27	18	17
						A5.0	44	41	39	33	30	29	19	18
(2)	반간접 0.70 0.10 S≤1.2H			전구	J0.6	18	14	12	14	11	09	08	07
		1.4	1.5	1.7		I0.8	22	19	17	17	15	13	10	09
						H1.0	26	22	19	20	17	15	12	10
						G1.25	29	25	22	22	19	17	14	12
						F1.5	32	28	25	24	21	19	15	14
				형광등	E2.0	35	32	29	27	24	21	17	15
		1.7	2.0	2.5		D2.5	39	35	32	29	26	24	19	18
						C3.0	42	38	35	31	28	27	20	19
						B4.0	46	42	39	34	31	29	22	21
						A5.0	48	44	42	36	33	31	23	22
(3)	전반확산 0.40 0.40 S≤1.2H			전구	J0.6	24	19	16	22	18	15	16	14
		1.3	1.4	1.5		I0.8	29	25	22	27	23	20	21	19
						H1.0	33	28	26	30	26	24	24	21
						G1.25	37	32	29	33	29	26	26	24
						F1.5	40	36	31	36	32	29	29	26
				형광등	E2.0	45	40	36	40	36	33	32	29
		1.4	1.7	2.0		D2.5	48	43	39	43	39	36	34	33
						C3.0	51	46	42	45	41	38	37	34
						B4.0	55	50	47	49	45	42	40	38
						A5.0	57	53	49	51	47	44	41	40
(4)	반직접 0.25 0.55 S≤H			전구	J0.6	26	22	19	24	21	18	19	17
		1.3	1.4	1.5		I0.8	33	28	26	30	26	24	25	23
						H1.0	36	32	30	33	30	28	28	26
						G1.25	40	36	33	36	33	30	30	29
						F1.5	43	39	35	39	35	33	33	31
				형광등	E2.0	47	44	40	43	39	36	36	34
		1.6	1.7	1.8		D2.5	51	47	43	46	42	40	39	37
						C3.0	54	49	45	48	44	42	42	38
						B4.0	57	53	50	51	47	45	43	41
						A5.0	59	55	52	53	49	47	47	43
(5)	직접 0 0.75 S≤1.3H			전구	J0.6	34	29	26	32	29	27	29	27
		1.3	1.4	1.5		I0.8	43	38	35	39	36	35	36	34
						H1.0	47	43	40	41	40	38	40	38
						G1.25	50	47	44	44	43	41	42	41
						F1.5	52	50	47	46	44	43	44	43
				형광등	E2.0	58	55	52	49	48	46	47	46
		1.4	1.7	2.0		D2.5	62	58	56	52	51	49	50	49
						C3.0	64	61	58	54	52	51	51	50
						B4.0	67	64	62	55	53	52	52	52
						A5.0	68	68	64	56	54	53	54	52

<[표3] 실지수 기호>

기호	A	B	C	D	E	F	G	H	I	J
실지수	5.0	4.0	3.0	2.5	2.0	1.5	1.25	1.0	0.8	0.6
범위	4.5 이상	4.5~3.5	3.5~2.75	2.75~2.25	2.25~1.75	1.75~1.38	1.38~1.12	1.12~0.9	0.9~0.7	0.7 이하

<실지수 그림>

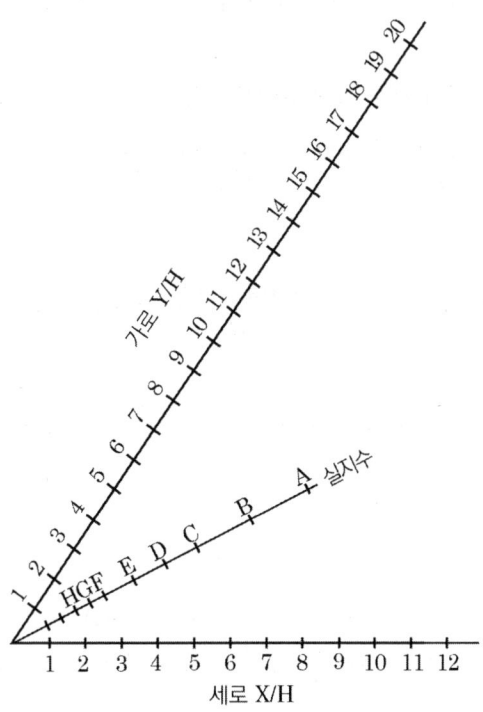

(1) 광원의 높이는 몇 [m]인가?

(2) 실지수의 기호와 실지수를 구하시오.

(3) 조명률은 얼마인가?

(4) 감광보상률은 얼마인가?

(5) 전 광속을 계산하시오.

(6) 전등한 등의 광속은 몇 [lm]인가?

(7) 전등의 Watt 수는 몇 [W]를 선정하면 되는가?

> 정답

(1) 등고 $H = 9 - 1 = 8$ [m]

(2) 실지수 $= \dfrac{XY}{H(X+Y)} = \dfrac{50 \times 25}{8(50+25)} = 2.08$

따라서 [표3]에서 실지수 기호는 E

(3) 조명률 : 문제 조건에서 천장, 벽 반사율 30 [%], 실지수 E, 직접 조명이므로 [표2]에서 조명률은 47 [%] 선정

(4) 감광보상률 : 문제 조건에서 보수 상태 양이므로 [표2]에서 직접조명, 전구란에서 1.3 선택

(5) 총 소요 광속 : $NF = \dfrac{EAD}{U} = \dfrac{200 \times (50 \times 25) \times 1.3}{0.47} = 691489.36$ [lm]

답 691489.36 [lm]

(6) 1등당 광속 : 등수가 32개이므로 $F = \dfrac{691489.36}{32} = 21609.04$ [lm]

답 21609.04 [lm]

(7) 백열전구의 크기 : [표1]의 전등 특성 표에서 21000 ± 2100 [lm]인 1000 [W] 선정

> 핵심이론

□ 광속의 결정

$FUN = EAD$

- E : 평균조도
- A : 실내의 면적
- U : 조명률
- D : 감광보상률
- N : 소요 등수
- F : 1등당 광속
- M : 보수율(감광보상률의 역수)

04   5점

다음 (   )에 알맞은 내용을 적으시오.

"임의의 면에서 한 점의 조도는 광원의 광도 및 입사각 θ의 코사인에 비례하고, 거리의 제곱에 반비례한다. 이와 같이 입사각의 코사인에 비례하는 것을 Lambert의 코사인 법칙이라 한다. 또 광선과 피조면의 위치에 따라 조도를 ( )조도, ( )조도, ( )조도 등으로 분류할 수 있다."

> 정답

법선, 수평면, 수직면

05

3로 스위치 4개를 사용한 3개소 점멸의 단선도를 참조하여 복선도를 완성하시오.

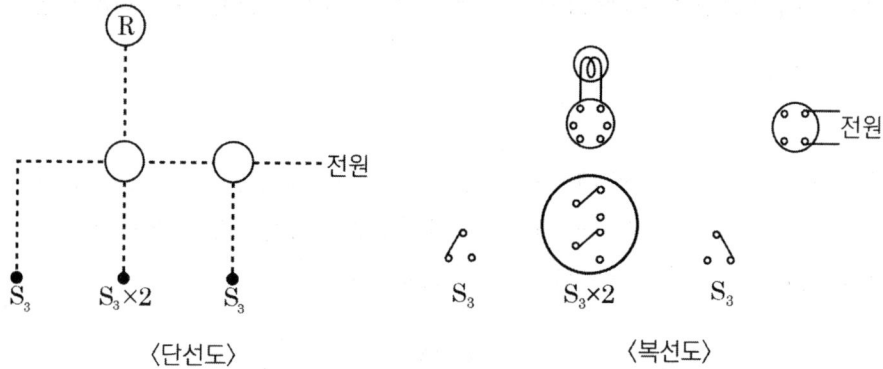

〈단선도〉　　　　　　　　〈복선도〉

정답

• 배선 실체도

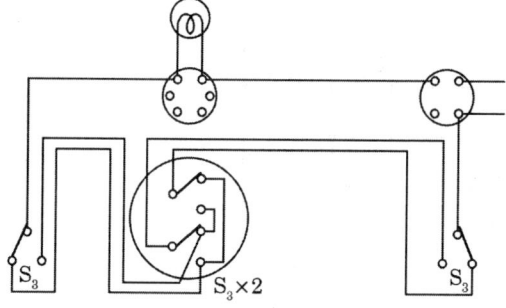

06

어느 회사에서 한 부지에 A, B, C의 세 공장을 세워 3대의 급수 펌프 P_1(소형), P_2(중형), P_3(대형)로 다음 조건에 따라 급수계획을 세웠다. 조건과 미완성 시퀀스 도면을 보고 다음 각 물음에 답하시오.

[조건]
- 공장 A, B, C가 모두 휴무일 때 그중 한 공장만 가동할 때에는 펌프 P_1만 가동시킨다.
- 공장 A, B, C 중 어느 것이나 두 개의 공장만 가동할 때에는 P_2만 가동시킨다.
- 공장 A, B, C 모두를 가동할 때에는 P_3만 가동시킨다.

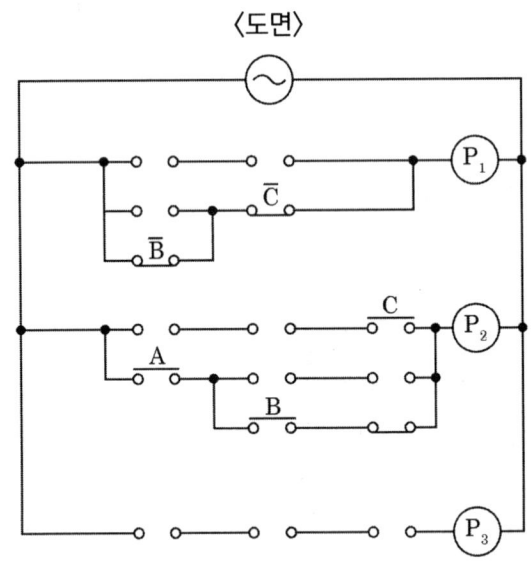

〈도면〉

(1) 위의 조건에 대한 진리표를 작성하시오.

A	B	C	P_1	P_2	P_3
0	0	0	0	0	0
1	0	0	1	0	0
0	1	0	1	0	0
0	0	1	1	0	0
1	1	0	0	1	0
1	0	1	0	1	0
0	1	1	0	1	0
1	1	1	0	0	1

(2) 주어진 미완성 시퀀스 도면에 접점과 그 기호를 삽입하여 도면을 완성하시오.

(3) P_1, P_2, P_3의 출력식을 가장 간단한 식으로 표현하시오.
- P_1 :
- P_2 :
- P_3 :

정답

(1)

A	B	C	P_1	P_2	P_3
0	0	0	1	0	0
1	0	0	1	0	0
0	1	0	1	0	0
0	0	1	1	0	0
1	1	0	0	1	0
1	0	1	0	1	0
0	1	1	0	1	0
1	1	1	0	0	1

(2)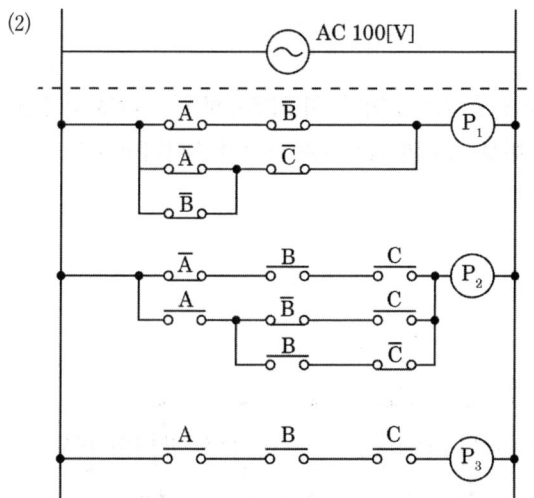

(3)
- $P_1 = \overline{A}\,\overline{B}\,\overline{C} + \overline{A}\,B\,\overline{C} + \overline{A}\,\overline{B}\,C + A\,\overline{B}\,\overline{C}$
  $= \overline{A}\,\overline{B}\,\overline{C} + \overline{A}\,B\,\overline{C} + \overline{A}\,\overline{B}\,C + A\,\overline{B}\,\overline{C} + \overline{A}\,\overline{B}\,\overline{C} + \overline{A}\,\overline{B}\,C$
  $= \overline{A}\,\overline{B}(C + \overline{C}) + \overline{A}\,\overline{C}(B + \overline{B}) + \overline{B}\,\overline{C}(A + \overline{A})$
  $= \overline{A}\,\overline{B} + (\overline{A} + \overline{B})\,\overline{C}$
- $P_2 = \overline{A}BC + A\overline{B}C + AB\overline{C} = \overline{A}BC + A(\overline{B}C + B\overline{C})$
- $P_3 = ABC$

07　　5점

송전 용량 5000 [kVA]인 설비가 있을 때 공급 가능한 용량은 부하 역률 80 [%]에서 4000 [kW]까지이다. 여기서 부하 역률을 95 [%]로 개선하는 경우 역률개선 전(80 [%])에 비하여 공급 가능한 용량[kW]은 얼마가 증가되는지 계산하여 구하시오.

정답

■ 계산과정

- 역률 개선 전 공급 용량 $P = P_a \cos\theta_1 = 5000 \times 0.8 = 4000$ [kW]
- 역률 개선 후 공급 용량 $P = P_a \cos\theta_2 = 5000 \times 0.95 = 4750$ [kW]
- 증가 용량 $4750 - 4000 = 750$ [kW]

답 750 [kW]

08　　6점

그림은 전동기의 정·역 변환이 가능한 미완성 시퀀스 회로도이다. 이 회로도를 보고 다음 각 질문에 답하시오. (단, 전동기는 가동 중 정·역을 곧바로 바꾸면 과전류와 기계적 손상이 발생되기 때문에 지연 타이머로 지연 시간을 주도록 하였다)

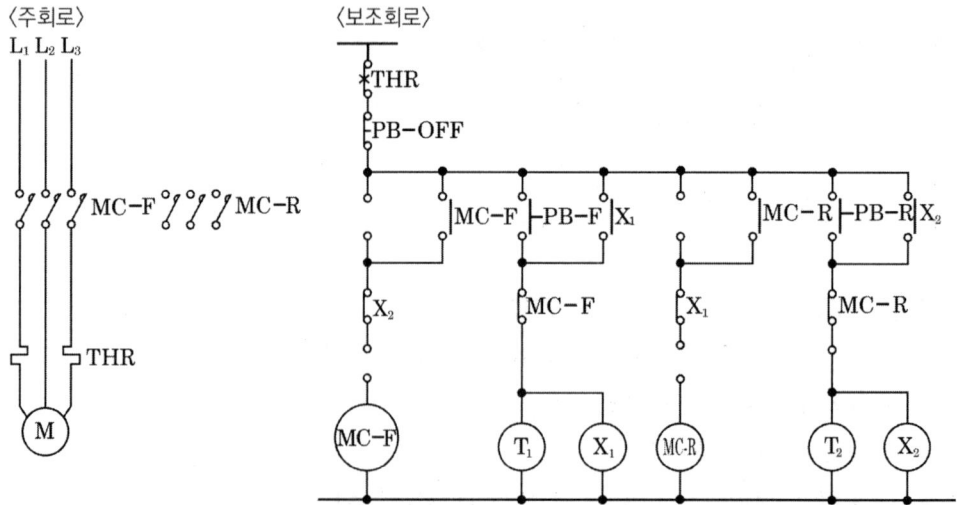

(1) 정·역 운전이 가능하도록 주어진 회로의 주 회로의 미완성 부분을 완성하시오.

(2) 정·역 운전이 가능하도록 주어진 보조(제어) 회로의 미완성 부분을 완성하시오. (단, 접점에는 접점 명칭을 반드시 기록하도록 하시오)
(3) 주 회로 도면에서 약호 THR은 무엇인가?

정답

(1)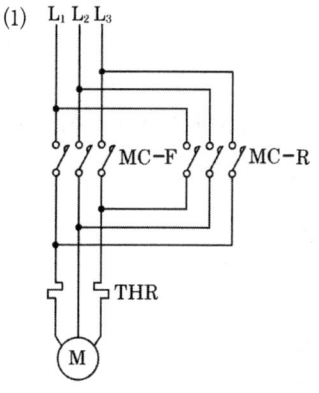

(2)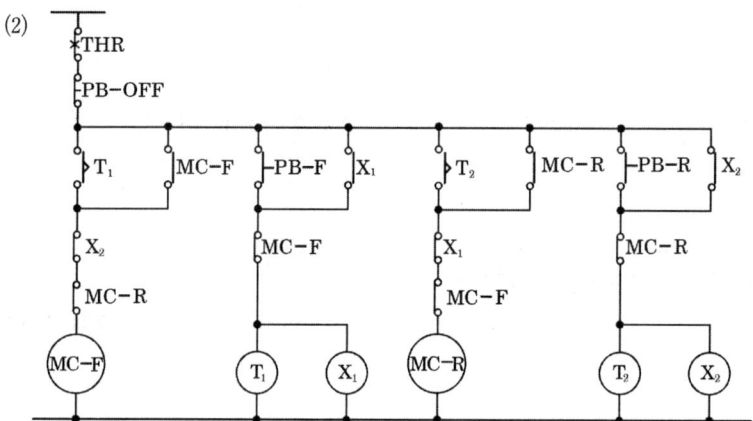

(3) 열동 계전기(또는 과부하 계전기)

09   6점

50 [Hz]로 설계된 3상 유도전동기를 동일전압으로 60 [Hz]에 사용할 경우 다음 항목이 어떻게 변화하는지를 수치로 제시하여 쓰시오.

(1) 무부하전류
(2) 온도 상승
(3) 속도

정답

(1) 5/6로 감소

(2) 5/6로 감소

(3) 6/5로 증가

10

어떤 콘덴서 3개를 선간전압 3300 [V], 주파수 60 [Hz]의 선로에 △로 접속하여 60 [kVA]가 되도록 하려면 콘덴서 1개의 정전 용량[μF]은 약 얼마로 하여야 하는지 구하시오.

정답

■ 계산과정

$Q = 3EI_c = 3E\dfrac{E}{X_c} = 3E\dfrac{E}{\dfrac{1}{\omega C}} = 3\omega CE^2 = 3\omega CV^2 = 3\times 2\pi f\, CV^2$ 이므로,

1개의 정전 용량 $C = \dfrac{Q}{6\pi f\, V^2} = \dfrac{60\times 10^3}{6\pi \times 60 \times 3300^2}\times 10^6 = 4.87\,[\mu F]$

답 4.87 [μF]

11

권상하중이 18톤이며, 매분 6.5 [m]의 속도로 끌어올리는 권상용 전동기의 용량[kW]을 계산하여 구하시오. (단, 전동기를 포함한 기중기의 효율은 73 [%]이다)

정답

■ 계산과정

$P = \dfrac{KWV}{6.12\,\eta} = \dfrac{1\times 18\times 6.5}{6.12\times 0.73} = 26.19\,[\text{kW}]$

답 26.19 [kW]

> 핵심이론

□ 권상용 전동기 출력

$$P = \frac{WV}{6.12\eta} \text{ [kW]}$$

W : 권상하중[ton], V : 분당 권상 높이, η : 효율

12

다음 물음에 답하시오.

(1) 다음 그림의 논리식을 간략화하시오.

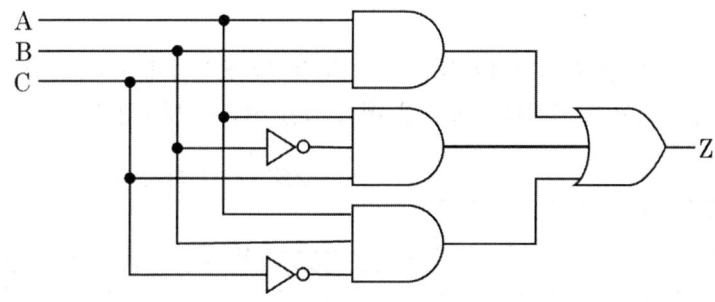

(2) 접점을 간략화하여 유접점을 그리시오.

> 정답

(1) $Z = ABC + AB\overline{C} + A\overline{B}C = AB(C+\overline{C}) + A\overline{B}C + ABC$
   $= A(B+\overline{B})(B+C) = A(B+C)$

답 A(B+C)

(2)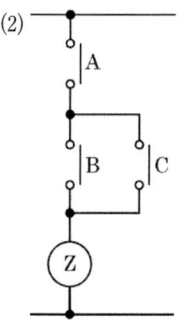

13

저압케이블 회로의 누전점을 후크온 메터로 탐지하려고 한다. 다음 각 물음에 답하시오.

(1) 저압 3상 4선식 선로의 합성전류를 후크온 메터로 아래 그림과 같이 측정하였다. 부하 측에서 누전이 없는 경우 후크온 메터 지시값은 몇 [A]를 지시하는지 쓰시오.

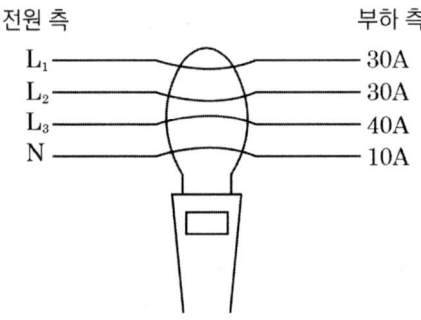

(2) 다른 곳에는 누전이 없고, G지점에서 3 [A]가 누전되면 S지점에서 후크온 메터 검출 전류는 몇 [A]가 검출되고, K지점에서 후크온 메터 검출 전류는 몇 [A]가 검출되는지 쓰시오.

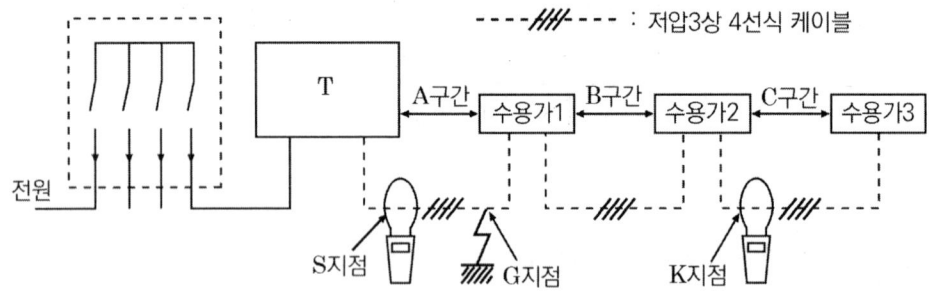

- S지점에서의 검출 전류 :

- K지점에서의 검출 전류 :

정답

(1) "0"을 지시한다.

(2) • S지점에서의 검출 전류 : 3 [A]
   • K지점에서의 검출 전류 : 0 [A]

14

전력시설물공사 감리업무 수행지침에 따른 검사절차에 대한 내용이다. 다음 ( )에 들어갈 내용을 답란에 쓰시오. (단, 반드시 전력시설물공사 감리업무 수행지침에 표현된 문구를 활용하여 쓰시오)

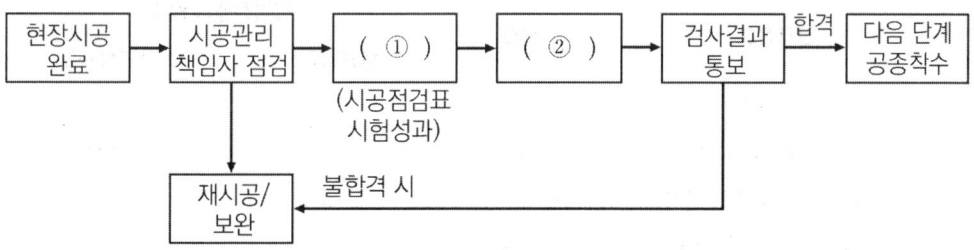

정답

(1) 검사요청서 제출
(2) 감리원 현장검사

15

전원 전압이 100 [V]인 회로에 600 [W]의 전기밥솥 1대, 350 [W]의 전기다리미 1대, 150 [W]의 텔레비전 1대를 사용하며, 사용되는 모든 부하의 역률이 1이라고 할 때 이 회로에 연결된 10 [A] 고리 퓨즈는 어떻게 되는지 이유를 설명하시오.

• 상태 :

• 이유 :

정답

$$I = \frac{P}{V} = \frac{600 + 350 + 150}{100} = 11[A], \quad \frac{부하전류}{퓨즈정격전류} = \frac{11}{10} = 1.1배$$

• 상태 : 용단되지 않는다.
• 이유 : 4 [A] 초과 16 [A] 미만의 저압퓨즈는 정격전류의 1.5배에 견디도록 되어 있다.

핵심이론

□ 보호장치의 특성(KEC 212.3.4)
과전류 차단기로 저압전로에 사용하는 범용의 퓨즈는 표에 적합한 것이어야 한다.

정격전류	시간	정격전류의 배수	
		불용단전류	용단전류
4 [A] 이하	60분	1.5배	2.1배
4 [A] 초과 16 [A] 미만			1.9배
16 [A] 이상 63 [A] 이하		1.25배	1.6배
63 [A] 초과 160 [A] 이하	120분		
160 [A] 초과 400 [A] 이하	180분		
400 [A] 초과	240분		

16   5점

다음 물음에 답하시오.

(1) 정전기 대전의 종류 3가지를 쓰시오.

(2) 정전기 발생 억제 방법 2가지를 작성하시오.

정답

(1) 접촉대전, 마찰대전, 박리대전
(2) 대전되는 물체의 전기적 접지, 주변의 습도 상승

핵심이론

□ 정전기 대전의 종류
① 마찰대전 : 두 물체를 비벼서 발생
② 박리대전 : 비닐포장지를 뗄 때 발생
③ 유동대전 : 액체류가 유동할 때 파이프에서 발생
④ 접촉대전 : 서로 다른 물체가 접촉하였을 때 발생

17

380 [V], 10 [kW](3상 4선식)의 3상 전열기가 수변전실 배전반에서 50 [m] 떨어져 설치되어 있다. 이 경우 배전용 케이블의 최소 규격을 선정하시오.

케이블 규격[mm^2]	1.5, 2.5, 4, 6, 10, 16, 25, 35

정답

- 부하전류 $I = \dfrac{P}{\sqrt{3}\,V\cos\theta} = \dfrac{10 \times 10^3}{\sqrt{3} \times 380 \times 1} = 15.19$ [A]

- 전선의 굵기 $A = \dfrac{17.8LI}{1000e} = \dfrac{17.8 \times 50 \times 15.19}{1000 \times 220 \times 0.05} = 1.23$ [mm^2]

답 1.5 [mm^2]

핵심이론

□ 배전 방식에 따른 전압강하

배전 방식	전압강하	측정 기준
단상 2선식	$e = \dfrac{35.6LI}{1000A}$	선간
3상 3선식	$e = \dfrac{30.8LI}{1000A}$	선간
단상 3선식 3상 4선식	$e = \dfrac{17.8LI}{1000A}$	대지간

□ 수용가 설비의 전압강하

설비의 유형	조명[%]	기타[%]
A - 저압으로 수전하는 경우	3	5
B - 고압 이상으로 수전하는 경우	6	8

가능한 한 최종회로 내의 전압강하가 A유형을 넘지 않도록 하는 것이 바람직하다. 사용자의 배선설비가 100 [m]를 넘는 부분의 전압강하는 미터당 0.005 [%] 증가할 수 있으나 이러한 증가분은 0.5 [%]를 넘지 않도록 한다.

2019년 제1회

01

그림은 22.9 [kV] 특고압 수전설비의 단선도이다. 이 도면을 보고 다음 각 물음에 답하시오.

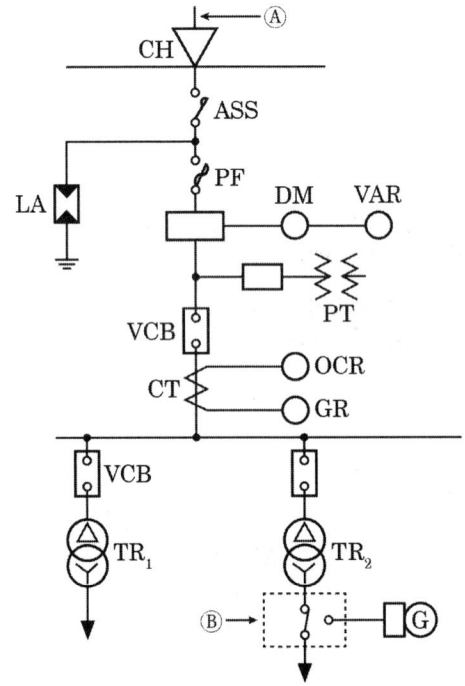

(1) 도면에 표시되어 있는 다음 약호의 명칭을 우리말로 쓰시오.
- ASS :
- VCB :
- LA :
- DM :

(2) TR₁ 쪽의 부하 용량의 합이 300 [kW]이고, 역률 및 효율이 각각 0.8, 수용률이 0.6이라면 TR₁ 변압기의 용량은 몇 [kVA]인지 계산하고 규격 용량을 선정하시오. (단, 변압기의 규격 용량[kVA]은 100, 150, 225, 300, 500이다)

(3) Ⓐ에는 어떤 종류의 케이블이 사용되는지 쓰시오.

(4) Ⓑ의 명칭은 무엇인지 우리말로 쓰시오.

(5) 도면상의 변압기 결선도를 복선도로 그리시오.

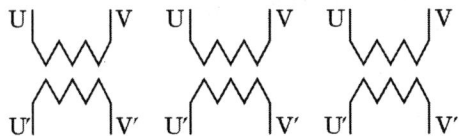

정답

(1) 도면에 표시되어 있는 다음 약호의 명칭을 우리말로 쓰시오
- ASS : 자동 고장 구분 개폐기
- VCB : 진공 차단기
- LA : 피뢰기
- DM : 최대 수요 전력량계

(2) $TR_1 = \dfrac{300 \times 0.6}{0.8 \times 0.8} = 281.25$ [kVA]

답 300 [kVA] 선정

(3) CNCV - W 케이블(수밀형) 또는 TR CNCV - W(트리억제형)

(4) 자동 절체 개폐기(ATS)

(5)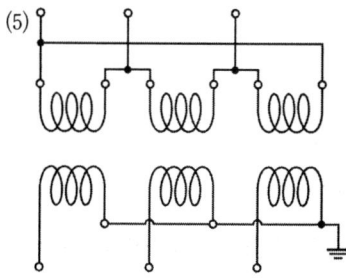

02

용량 30 [kVA]의 단상 주상 변압기가 있다. 이 변압기의 어느 날 부하가 30 [kW]로 4시간, 24 [kW]로 8시간 및 8 [kW]로 10시간이었다고 할 경우 이 변압기의 일부하율 및 전일효율을 구하시오. (단, 부하의 역률은 1, 변압기의 전부하 동손은 500 [W], 철손은 200 [W]이다)

(1) 일부하율

(2) 전일효율

정답

(1) 일부하율 = $\dfrac{(30 \times 4 + 24 \times 8 + 8 \times 10)/24}{30} \times 100 = 54.44\,[\%]$

답 54.44 [%]

(2) 출력량 $P = 30 \times 4 + 24 \times 8 + 8 \times 10 = 392\,[\text{kWh}]$

- 동손량 $P_c = 0.5 \times \left\{ \left(\dfrac{30}{30}\right)^2 \times 4 + \left(\dfrac{24}{30}\right)^2 \times 8 + \left(\dfrac{8}{30}\right)^2 \times 10 \right\} = 4.92\,[\text{kWh}]$
- 철손량 $P_i = 24 \times 0.2 = 4.8\,[\text{kWh}]$
- 전일효율 : $\eta = \dfrac{392}{392 + 4.8 + 4.92} \times 100 = 97.58\,[\%]$

답 97.58 [%]

03

다음 ( )에 가장 알맞은 내용을 답란에 쓰시오.

> 교류변전소용 자동 제어기구 번호에서 52C는 (①)이고, 52T는 (②)이다.

정답

① 차단기 투입코일 ② 차단기 트립코일

04

피뢰기는 이상전압이 기기에 침입했을 때 그 파곳값을 저감시키기 위하여 뇌전류를 대지로 방전시켜 절연파괴를 방지하며, 방전에 의하여 생기는 속류를 차단하여 원래의 상태로 회복시키는 장치이다. 다음 각 물음에 답하시오.

(1) 갭(Gap)형 피뢰기의 구성 요소를 쓰시오.

(2) 피뢰기의 구비조건을 4가지만 쓰시오.

(3) 피뢰기의 제한전압이란 무엇인지 쓰시오.

(4) 피뢰기의 정격전압이란 무엇인지 쓰시오.

(5) 충격 방전개시전압이란 무엇인지 쓰시오.

정답

(1) 직렬 갭과 특성요소

(2) ① 충격파 방전개시전압이 낮을 것 ② 상용주파 방전개시전압이 높을 것
    ③ 방전내량이 크면서 제한전압이 낮을 것 ④ 속류 차단 능력이 충분할 것

(3) 피뢰기 방전 시 단자전압

(4) 속류를 차단할 수 있는 교류의 최대전압

(5) 피뢰기 단자 간에 충격전압이 인가될 경우 방전을 개시하는 전압

05

계기용 변류기(CT, Current Transformer)의 목적과 정격부담에 대하여 설명하시오.

- 계기용 변류기의 목적 :
- 정격부담 :

정답

- 계기용 변류기의 목적 : 대전류를 소전류로 변성하여 계측기나 계전기의 전원으로 사용
- 정격부담 : 변류기 2차 측에 설치할 수 있는 부하의 한도[VA]

06

회로도는 펌프용 3.3 [kV] 모터 및 GPT의 단선도이다. 회로도를 보고 다음 각 물음에 답하시오.

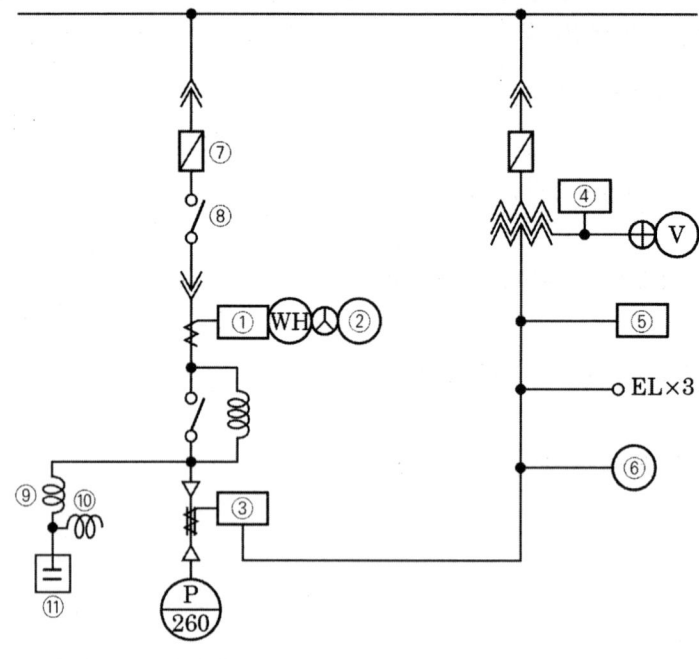

(1) ① ~ ⑥으로 표시된 보호 계전기 및 계기의 명칭을 답란에 쓰시오.

①: ②:
③: ④:
⑤: ⑥:

(2) ⑦ ~ ⑪로 표시된 전기기계 기구의 명칭과 그 용도를 답란에 쓰시오.

⑦:
⑧:
⑨:
⑩:
⑪:

(3) 펌프용 모터의 출력이 260 [kW], 뒤진 역률 85 [%]인 부하를 역률 95 [%]로 개선하는 데 필요한 전력용 콘덴서의 용량[kVA]을 구하시오.

정답

(1) ① 과전류 계전기 ② 전류계 ③ 방향 지락 계전기
④ 부족 전압 계전기 ⑤ 지락 과전압 계전기 ⑥ 영상 전압계

(2) ⑦ • 명칭 : 전력퓨즈 • 용도 : 단락 사고 시 기기를 전로로부터 분리하여 사고 확대 방지
⑧ • 명칭 : 개폐기 • 용도 : 전동기의 기동 정지
⑨ • 명칭 : 직렬 리액터 • 용도 : 제5고조파의 제거
⑩ • 명칭 : 방전 코일 • 용도 : 잔류 전하의 방전
⑪ • 명칭 : 전력용 콘덴서 • 용도 : 역률 개선

(3) $Q_c = P(\tan\theta_1 - \tan\theta_2) = 260 \times \left(\dfrac{\sqrt{1-0.85^2}}{0.85} - \dfrac{\sqrt{1-0.95^2}}{0.95}\right) = 75.68\,[\text{kVA}]$

답 75.68 [kVA]

07

어떤 변전소의 공급 구역 내에 총설비 용량은 전등 부하 600 [kW], 동력 부하 800 [kW]이다. 각 수용가의 수용률은 전등 60 [%], 동력 80 [%]이고, 수용가 간의 부등률은 전등 1.2, 동력 1.6이며, 변전소에서 전등 부하와 동력 부하 간의 부등률은 1.4라고 한다. 배전선로의 전력손실이 전등, 동력 모두 부하전력의 10 [%]라고 할 때 다음 물음에 답하시오.

(1) 전등의 종합최대수용전력은 몇 [kW]인지 구하시오.

(2) 동력의 종합최대수용전력은 몇 [kW]인지 구하시오.

(3) 변전소에 공급하는 최대전력은 몇 [kW]인지 구하시오.

정답

(1) $P_1 = \dfrac{600 \times 0.6}{1.2} = 300\,[\text{kW}]$ 답 300 [kW]

(2) $P_2 = \dfrac{800 \times 0.8}{1.6} = 400\,[\text{kW}]$ 답 400 [kW]

(3) 최대전력 $P = \dfrac{300 + 400}{1.4} \times (1 + 0.1) = 550\,[\text{kW}]$ 답 550 [kW]

08

비상용 조명으로 40 [W] 120등, 60 [W] 50등을 30분간 사용하려고 한다. HS형 납축전지 1.7 [V/cell]을 사용하여 허용 최저 전압을 90 [V], 최저 축전지 온도를 5 [°C]로 할 경우 주어진 참고자료를 이용하여 다음 각 물음에 답하시오. (단, 비상용 조명 부하의 전압은 100 [V]로 하고, 경년 용량 저하율은 0.8로 한다)

〈납축전지 용량환산시간[K]〉

형식	온도[°C]	10분			30분		
		1.6 [V]	1.7 [V]	1.8 [V]	1.6 [V]	1.7 [V]	1.8 [V]
CS	25	0.9	1.15	1.6	1.41	1.6	2.0
		0.8	1.06	1.42	1.34	1.55	1.88
	5	1.15	1.35	2.0	1.75	1.85	2.45
		1.1	1.25	1.8	1.75	1.8	2.35
	-5	1.35	1.6	2.65	2.05	2.2	3.1
		1.25	1.5	2.25	2.05	2.2	3.0
HS	25	0.58	0.7	0.93	1.03	1.14	1.38
	5	0.62	0.74	1.05	1.11	1.22	1.54
	-5	0.68	0.82	1.15	1.2	1.35	1.68

※ 상단은 900 [Ah]를 넘는 것(2000 [Ah]까지), 하단은 900 [Ah] 이하인 것

(1) 비상용 조명 부하의 전류는 몇 [A]인지 구하시오.

(2) HS형 납축전지는 몇 셀(cell)이 필요한지 구하시오. (단, 1셀의 여유를 더 주도록 한다)

(3) HS형 납축전지의 용량은 몇 [Ah]인지 구하시오.

정답

(1) $I = \dfrac{P}{V}$ 에서 $I = \dfrac{40 \times 120 + 60 \times 50}{100} = 78 \, [\text{A}]$

답 78 [A]

(2) $n = \dfrac{90}{1.7} = 52.94 \, [\text{cell}]$

따라서 1셀의 여유를 주어 54 [cell]로 정한다.

답 54 [cell]

(3) 표에서 용량환산시간 1.22 선정

축전지 용량 $C = \dfrac{1}{L} KI = \dfrac{1}{0.8} \times 1.22 \times 78 = 118.95 \, [\text{Ah}]$

답 118.95 [Ah]

09 5점

고압 수용가의 큐비클식 수전설비의 주 차단장치의 종류에 따른 분류 3가지만 쓰시오.

정답

CB형, PF - CB형, PF - S형

핵심이론

□ 고압 수용가의 큐비클식 수전설비의 주 차단장치의 종류

CB형	차단기형
PF - CB형	한류퓨즈 · 차단기형
PF - S형	한류퓨즈 · 교류 부하 개폐기형

10

어느 신설 공장의 부하설비가 표와 같을 때 다음 각 질문에 답하시오.

변압기군	부하의 종류	출력[kW]	수용률[%]	부등률	역률[%]
A	플라스틱 압출기(전동기)	50	60	1.3	80
A	일반 동력 전동기	85	40	1.3	80
B	전등조명	60	80	1.1	90
C	플라스틱 압출기	100	60	1.3	80

(1) 각 변압기군의 최대수용전력은 몇 [kW]인지 구하시오.

  ① A변압기의 최대수용전력

  ② B변압기의 최대수용전력

  ③ C변압기의 최대수용전력

(2) 변압기 효율을 98 [%]로 할 때 각 변압기의 최소 용량은 몇 [kVA]인지 구하시오.

  ① A변압기의 최소 용량

  ② B변압기의 최소 용량

  ③ C변압기의 최소 용량

정답

(1) ① A 변압기 : $P_A = \dfrac{50 \times 0.6 + 85 \times 0.4}{1.3} = 49.23\ [\text{kW}]$ 답 49.23 [kW]

  ② B 변압기 : $P_B = \dfrac{60 \times 0.8}{1.1} = 43.64\ [\text{kW}]$ 답 43.64 [kW]

  ③ C 변압기 : $P_C = \dfrac{100 \times 0.6}{1.3} = 46.15\ [\text{kW}]$ 답 46.15 [kW]

(2) ① A 변압기 : $Tr_A = \dfrac{50 \times 0.6 + 85 \times 0.4}{1.3 \times 0.8 \times 0.98} = 62.79\ [\text{kVA}]$ 답 62.79 [kVA]

  ② B 변압기 : $Tr_B = \dfrac{60 \times 0.8}{1.1 \times 0.9 \times 0.98} = 49.47\ [\text{kVA}]$ 답 49.47 [kVA]

  ③ C 변압기 : $Tr_C = \dfrac{100 \times 0.6}{1.3 \times 0.8 \times 0.98} = 58.87\ [\text{kVA}]$ 답 58.87 [kVA]

11

단상 2선식 200 [V]의 옥내배선에서 소비전력이 60 [W], 역률 65 [%]인 형광등 100등을 설치하고자 한다. 분기회로를 16 [A] 분기회로 한다면 분기회로 수는 몇 회선이 필요한지 구하시오.
(단, 1개 회로의 부하전류는 분기회로 용량의 80 [%]로 하고, 수용률은 100 [%]로 한다)

정답

■ 계산과정

- 부하전류 $I = \dfrac{P}{V\cos\theta} = \dfrac{60 \times 100}{200 \times 0.65} = 46.15$ [A]

- 분기회로 수 $= \dfrac{46.15}{16 \times 0.8} = 3.61$ 회로

답 16 [A] 분기 4회로

12

실내 바닥에서 3 [m] 떨어진 곳에 300 [cd]인 전등이 점등되어 있는데 이 전등 바로 아래에서 수평으로 4 [m] 떨어진 곳의 수평면조도는 몇 [lx]인지 구하시오.

정답

■ 계산과정

$$E_h = \dfrac{I}{r^2}\cos\theta = \dfrac{300}{5^2} \times \dfrac{3}{\sqrt{3^2+4^2}} = 7.2 \text{ [lx]}$$

답 7.2 [lx]

> 핵심이론

□ 조도 계산

- 수평면 조도 $E_h = E_n \cos\theta = \dfrac{I}{r^2}\cos\theta$

- 수직면 조도 $E_v = E_n \sin\theta = \dfrac{I}{R^2}\sin\theta$

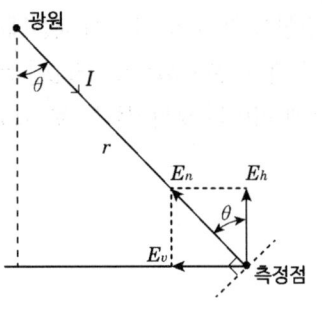

13

한시(Time Delay) 보호 계전기의 종류를 4가지만 쓰시오.

> 정답

- 순한시 계전기
- 정한시 계전기
- 반한시 계전기
- 반한시성 정한시 계전기

14

조명에서 사용되는 용어 중 광속, 조도, 광도의 정의를 설명하시오.

> 정답

- 광속 : 광원으로부터 나오는 방사속을 눈으로 보아 빛으로 느끼는 크기를 나타낸 것
- 조도 : 어떤 면의 단위면적당 입사광속에 대하여 그 면이 밝게 빛나게 되는 정도
- 광도 : 광원에서 어떤 방향에 대한 단위입체각으로 발산되는 빛의 세기

핵심이론

□ 조명의 용어

용어	기호	단위	정의
광속	F	루멘[lm]	광원으로 나오는 복사속을 눈으로 보아 빛으로 느끼는 크기를 나타낸 것
광도	I	칸델라[cd]	어느 임의의 방향인 단위입체각에 포함되는 광수
조도	E	럭스[lx]	어떤 물체에 광속이 입사하면 그 면이 밝게 빛나게 되는 정도
휘도	B	스틸브[sb]	단위면적당의 광도로 눈부심의 정도(표면의 밝기)
광속 발산도	R	레드럭스[rlx]	어떤 면의 단위면적으로부터 발산되는 광속

15 5점

3상 4선식 380 [V], 60 [Hz]에 사용되는 역률 개선용 진상콘덴서 1 [kVA]에 적합한 표준규격[μF]의 3상 콘덴서를 선정하시오. (단, 3상 콘덴서 표준규격은 10, 15, 20, 30, 40, 50, 75이다)

정답

■ 계산과정

$$Q_c = 3\omega C E^2 = 3\omega C \left(\frac{V}{\sqrt{3}}\right)^2 = \omega C V^2$$

$$C = \frac{Q_c}{\omega V^2} = \frac{1 \times 10^3}{2\pi \times 60 \times 380^2} \times 10^6 = 18.37 \, [\mu F]$$

답 20 [μF]

핵심이론

□ 전력용 콘덴서의 용량

- Y결선 : $Q_Y = 3\omega C E^2 = 3\omega C \left(\dfrac{V}{\sqrt{3}}\right)^2 = \omega C V^2$
- Δ결선 : $Q_\Delta = 3\omega C E^2 = 3\omega C V^2$

E : 상전압, V : 선간전압

16

Y결선 3상 4선식 최대사용전압이 22.9 [kV]인 중성점 다중접지 방식의 가공전선로와 대지 간의 절연내력 시험전압은 얼마인지 계산하고, 몇 분간 견디어야 하는지 쓰시오.

(1) 절연내력 시험전압

(2) 시험시간

정답

(1) 절연내력 시험전압 $V = 22900 \times 0.92 = 21068$ [V]

답 21068 [V]

(2) 시험시간 : 10분

핵심이론

□ 전로의 절연저항 및 절연내력(KEC 132)

구분	최대사용전압	시험전압	최소 전압
비접지	7 [kV] 이하	1.5배	500 [V]
	7 [kV] 초과	1.25배	10.5 [kV]
중성선 다중접지	7 [kV] ~ 25 [kV]	0.92배	-
중성점 접지식	60 [kV] 초과	1.1배	75 [kV]
중성점 직접접지식	60 [kV] ~ 170 [kV]	0.72배	-
	170 [kV] 초과	0.64배	-

2019년 제2회

01

250 [V]의 최대눈금을 가진 2개의 직류전압계 V₁ 및 V₂를 직렬로 접속하여 회로의 전압을 측정할 때 각 전압계의 저항이 각각 18 [kΩ] 및 15 [kΩ]이라면 측정할 수 있는 회로의 최대 전압은 몇 [V]인지 구하시오.

정답

■ 계산과정

- 전압의 분배 비율이 18 : 15 이므로 18 [kΩ]에 전압이 250 [V]이 가해졌을 때 15 [kΩ]에 가해지는 전압 $V_2 = \frac{15}{18} \times 250 = 208.33$ [V]

- 최대전압 $V = V_1 + V_2 = 250 + 208.33 = 458.33$ [V]

답 458.33 [V]

02

수용률, 부하율, 부등률의 관계식을 정확하게 쓰고 부하율이 수용률 및 부등률과 일반적으로 어떤 관계인지 비례, 반비례 등으로 설명하시오.

(1) 수용률, 부등률, 부하율의 관계식을 쓰시오.

(2) 부하율이 수용률 및 부등률과 일반적으로 어떤 관계인지 비례, 반비례 등으로 설명하시오.

정답

(1) • 수용률 = $\dfrac{\text{최대수용전력}}{\text{설비 용량}} \times 100\,[\%]$

• 부등률 = $\dfrac{\text{각 개별 수용가 최대수용전력의 합}}{\text{합성 최대전력}}$

• 부하율 = $\dfrac{\text{평균전력}}{\text{합성 최대전력}} \times 100\,[\%]$

(2) 부하율은 부등률에 비례하고 수용률에 반비례

> **핵심이론**
>
> □ 변압기와 부하
> (1) 수용률
>   ① 수용설비가 동시에 사용되는 정도
>   ② 수용률 = $\dfrac{\text{최대수용전력[kW]}}{\text{총 부하설비 용량[kW]}} \times 100\,[\%]$
>
> (2) 부등률
>   ① 전력소비기기를 동시에 사용하는 정도
>   ② 부등률 = $\dfrac{\text{수용설비 각각의 최대수용전력의 합[kW]}}{\text{합성 최대수용전력[kW]}} \geq 1$
>   ③ 합성최대전력 = $\dfrac{\text{설비 용량} \times \text{수용률}}{\text{부등률}}$
>
> (3) 부하율
>   ① 공급설비가 어느 정도 유효하게 사용되는가를 나타냄
>   ② 부하율이 클수록 공급설비가 유효하게 사용
>   ③ 부하율 = $\dfrac{\text{평균수용전력[kW]}}{\text{합성 최대수용전력[kW]}} \times 100\,[\%]$

03 [5점]

축전지설비에 대하여 다음 각 질문에 답하시오.

(1) 연(鉛)축전지의 전해액이 변색되며, 충전하지 않고 방치된 상태에서도 다량으로 가스가 발생되고 있다. 어떤 원인의 고장으로 추정되는지 쓰시오.

(2) 거치용 축전설비에서 가장 많이 사용되는 충전 방식으로 자기 방전을 보충함과 동시에 상용 부하에 대한 전력 공급은 충전기가 부담하도록 하되, 충전기가 부담하기 어려운 일시적인 대전류 부하는 축전기로 하여금 부담하게 하는 충전 방식은 무엇인지 쓰시오.

(3) 연(鉛)축전지와 알칼리축전지의 공칭전압은 몇 [V/cell]인지 구하시오.
   ① 연(鉛)축전지 :

   ② 알칼리축전지 :

(4) 축전지 용량을 구하는 식
$$C_B = \frac{1}{L}[K_1 I_1 + K_2(I_2 - I_1) + K_3(I_3 - I_2)] \ldots + K_n(I_n - I_{n-1}) \text{ [Ah]}$$에서 L은 무엇을 나타내는지 쓰시오.

정답

(1) 전해액의 불순물의 혼입
(2) 부동 충전 방식
(3) ① 연(鉛)축전지 : 2.0 [V/cell]   ② 알칼리축전지 : 1.2 [V/cell]
(4) 보수율

04

길이 24 [m], 폭 12 [m], 천장높이 5.5 [m], 조명률 50 [%]의 어떤 사무실에서 전광속 6000 [lm]의 32 [W] × 2등용 형광등을 사용하여 평균조도가 300 [lx]가 되기 위해 이 사무실에 필요한 형광등 수량을 구하시오. (단, 유지율은 80 [%]로 계산한다)

정답

■ 계산과정

$$N = \frac{EAD}{FU} = \frac{300 \times (24 \times 12) \times \frac{1}{0.8}}{6000 \times 0.5} = 36 \text{ [등]}$$

답 36 [등]

핵심이론

□ 광속의 결정
$FUN = EAD$

E : 평균조도 A : 실내의 면적 U : 조명률 D : 감광보상률
N : 소요 등 수 F : 1등당 광속 M : 보수율(감광보상률의 역수)

05

그림은 중형 환기팬의 수동 운전 및 고장 표시등 회로의 일부이다. 이 회로를 이용하여 다음 각 질문에 답하시오.

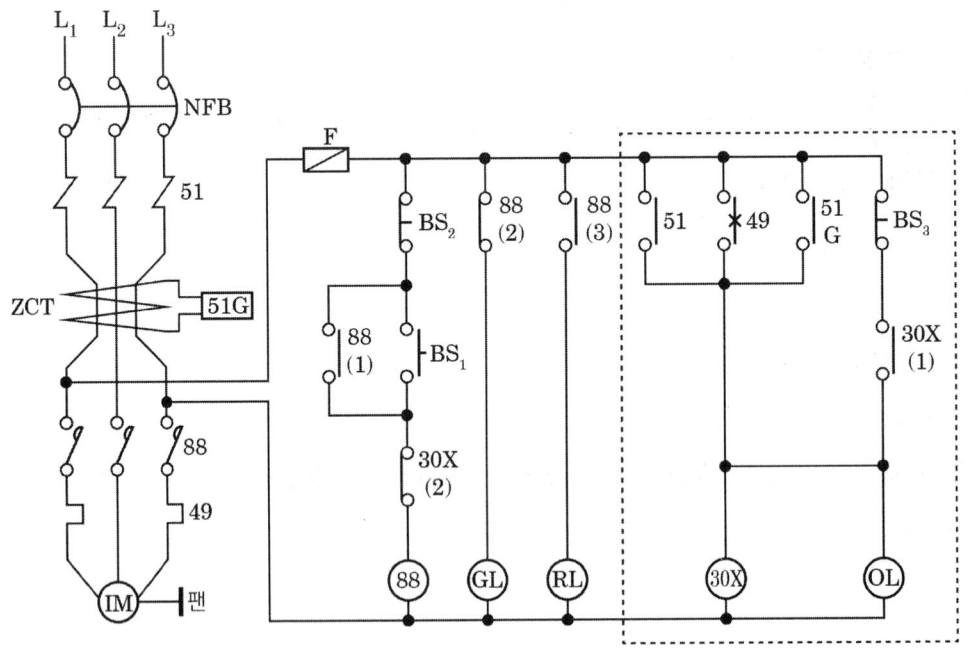

(1) 88은 MC로서 도면에서는 출력기구이다. 도면에 표시된 기구(버튼) 및 램프에 대하여 다음에 해당되는 명칭을 그 약호로 쓰시오.(단, 기구(버튼) 및 램프에 대한 약호의 중복은 없고 MCCB, ZCT, IM은 제외하며, 해당되는 기구가 여러 가지일 경우에는 모두 쓰도록 한다)

① 고장표시기구 :   ② 고장회복 확인기구(버튼) :
③ 기동기구(버튼) :   ④ 정지기구(버튼) :
⑤ 운전표시램프 :   ⑥ 정지표시램프 :
⑦ 고장표시램프 :   ⑧ 고장검출기구 :

(2) 그림의 점선으로 표시된 회로를 AND, OR, NOT 게이트를 사용하여 로직 회로를 그리시오. (단, 로직 소자는 3입력 이하로 한다)

정답

(1) ① 30X ② BS₃ ③ BS₁ ④ BS₂ ⑤ RL ⑥ GL ⑦ OL ⑧ 51. 51G, 49

(2)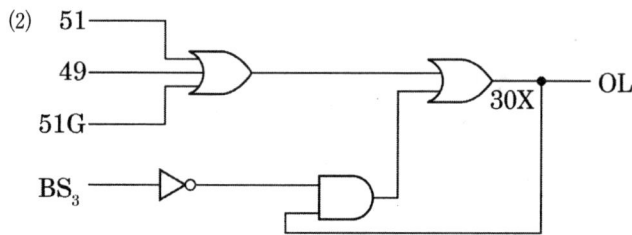

06

내선규정상에서 규정하는 저압케이블의 종류를 3가지만 쓰시오.

정답

- 알루미늄피케이블
- 비닐 절연 비닐 시스케이블
- 가교 폴리에틸렌 절연 비닐 시스케이블

> **핵심이론**
>
> □ 저압케이블(내선규정 1430-4)
> ① 알루미늄피케이블
> ② 비닐 절연 비닐 시스케이블
> ③ 가교 폴리에틸렌 절연 비닐 시스케이블
> ④ 가교 폴리에틸렌 절연 폴리에틸렌 시스케이블
> ⑤ 가교 폴리에틸렌 절연 저독성 난연 폴리올레핀 시스케이블
> ⑥ EP 고무 절연 비닐 시스케이블
> ⑦ EP 고무 절연 클로로프렌 시스케이블
> ⑧ 연질 비닐 시스케이블
> ⑨ 미네랄 인슈레이션(MI)케이블
> ⑩ 수저케이블
> ⑪ 선박용 케이블
> ⑫ 리프트케이블
> ⑬ 통신용 케이블
> ⑭ 아크 용접용 케이블
> ⑮ 내마모성 케이블

07

다음 전동기의 회전방향 변경 방법에 대해 설명하시오.

(1) 3상 농형 유도전동기

(2) 분상 기동형 단상 유도전동기

(3) 직류 직권전동기

정답

(1) 3상 농형 유도전동기 : 3선 중 2선의 접속을 변경
(2) 단상 유도전동기(분상 기동형) : 주권선과 보조권선 중 어느 한 개를 전원에 대해 반대로 연결
(3) 직류 직권전동기 : 전기자 권선이나 계자권선의 중 하나의 전류의 방향을 반대로 한다.

08

다음은 간이 수변전설비의 단선도 일부이다. 각 물음에 답하시오.

(1) 간이 수변전설비의 단선도에서 ⓐ는 인입구 개폐기인 자동고장구분 개폐기이다. 다음 (   )에 들어갈 내용을 답란에 쓰시오.

> 22.9 [kV - Y], (①) [kVA] 이하에 적용이 가능하며, 300 [kVA] 이하의 경우에는 자동고장구분 개폐기 대신에 (②)를 사용할 수 있다.

(2) 간이 수변전설비의 단선도에서 ⓑ에 설치된 변압기에 대하여 다음 (   )에 들어갈 내용을 답란에 쓰시오.

> 과전류강도는 최대 부하전류의 (①)배 전류를 (②)초 동안 흘릴 수 있어야 한다.

(3) 간이 수변전설비의 단선도에서 ⓒ는 기중 차단기(ACB)이다. 보호요소를 3가지만 쓰시오.

(4) 간이 수변전설비의 단선도에서 ⓓ에 설치된 저압기기에 대하여 다음 (   )에 들어갈 내용을 답란에 쓰시오.

> 접지선의 굵기를 결정하기 위한 계산 조건에서 접지선에 흐르는 고장전류의 값은 전원측 과전류 차단기 정격전류의 (①)배인 고장전류로 과전류 차단기가 최대 (②)초 이하에서 차단 완료했을 때 접지선의 허용온도는 최대 (③) [℃] 이하로 보호되어야 한다.

(5) 간이 수변전설비의 단선도에서 변류기의 변류비를 선정하시오. (단, CT의 정격전류는 부하전류의 125 [%]로 하며, 표준규격은 1차 : 1000, 1200, 1500, 2000 [A], 2차는 5 [A]를 사용한다)

정답

(1) ① 1000   ② INT S/W(인터럽트 스위치)

(2) ① 25   ② 2

(3) 결상보호, 과전류보호, 단락보호, 지락보호

(4) ① 20   ② 0.1   ③ 160

(5) 변류기 1차 전류 $I_1 = \dfrac{P}{\sqrt{3}\,V} \times 1.25 = \dfrac{700 \times 10^3}{\sqrt{3} \times 380} \times 1.25 = 1329.42$ [A]

∴ 변류비 $= \dfrac{I_1}{I_2} = \dfrac{1500}{5}$ **답** 1500/5

09
6점

3상 3선식 배전선로의 1선당 저항이 3 [Ω], 리액턴스가 2 [Ω]이고, 수전단 전압이 6000 [V], 수전단에 용량 480 [kW], 역률 0.8(지상)의 3상 평형 부하가 접속되어 있을 경우에 송전단 전압 V_S, 송전단 전력 P_S, 및 송전단 역률 $\cos\theta_S$ 를 구하시오.

(1) 송전단 전압[V]

(2) 송전단 전력[kW]

(3) 송전단 역률[%]

정답

(1) $V_s = V_r + \sqrt{3}\, I(R\cos\theta + X\sin\theta) = V_r + \dfrac{P_r}{V_r}(R + X\tan\theta)$

$= 6000 + \dfrac{480 \times 10^3}{6000}\left(3 + 2 \times \dfrac{0.6}{0.8}\right) = 6360.03 \text{ [V]}$

답 6360 [V]

(2) $I = \dfrac{P_r}{\sqrt{3}\, V_r \cos\theta_r} = \dfrac{480 \times 10^3}{\sqrt{3} \times 6000 \times 0.8} = 57.74 \text{ [A]}$

$P_s = P_r + 3I^2 R = 480 + 3 \times 57.74^2 \times 3 \times 10^{-3} = 510.01 \text{ [kW]}$

답 510 [kW]

(3) $P_s = \sqrt{3}\, V_s I \cos\theta_s$ 에서

$\cos\theta_s = \dfrac{P_s}{\sqrt{3}\, V_s I} = \dfrac{510 \times 10^3}{\sqrt{3} \times 6360 \times 57.74} = 0.8018$

답 80.18 [%]

10

어떤 변전소의 공급 구역 내의 총 부하 용량은 전등 600 [kW], 동력 800 [kW]이다. 각 수용가의 수용률은 전등 60 [%], 동력 80 [%]이고, 각 수용가 간의 부등률은 전등 1.2, 동력 1.6이며, 또한 변전소에서 전등 부하와 동력 부하 간의 부등률을 1.4라 하고, 배전선(주상 변압기 포함)의 전력 손실을 전등 부하, 동력 부하의 각 10 [%]라 할 때 다음 각 물음에 답하시오.

(1) 전등의 종합 최대수용전력은 몇 [kW]인지 구하시오.

(2) 동력의 종합 최대수용전력은 몇 [kW]인지 구하시오.

(3) 변전소에 공급하는 최대전력은 몇 [kW]인지 구하시오.

정답

■ 계산과정

(1) $P_1 = \dfrac{600 \times 0.6}{1.2} = 300 \,[\text{kW}]$ 　　답 300 [kW]

(2) $P_2 = \dfrac{800 \times 0.8}{1.6} = 400 \,[\text{kW}]$ 　　답 400 [kW]

(3) $P = \dfrac{300 + 400}{1.4} \times (1 + 0.1) = 550 \,[\text{kW}]$ 　　답 550 [kW]

11

송전계통의 중성점 접지 방식 중 유효접지(Effective Grounding)방식을 설명하고, 유효접지의 가장 대표적인 접지 방식을 쓰시오.

정답

- 유효접지 : 1선 지락 고장 시 건전상 전압이 상규 대지전압의 1.3배를 넘지 않도록 중성점 임피던스를 조절해서 접지하는 방식
- 대표적인 접지 방식 : 직접접지 방식

12

PLC 프로그램을 보고 프로그램에 맞도록 주어진 PLC 접점 회로도를 완성하여 그리시오.
(단, ① STR : 입력 A 접점(신호) ② STRN : 입력 B 접점(신호) ③ AND : AND A 접점
④ ANDN : AND B 접점 ⑤ OR : OR A 접점 ⑥ ORN : OR B 접점 ⑦ OB : 병렬접속점
⑧ OUT : 출력 ⑨ END : 끝 ⑩ W : 각 번지 끝)

〈PLC 접점 회로도〉

어드레스	명령어	데이터	비고
01	STR	001	W
02	STR	003	W
03	ANDN	002	W
04	OB	-	W
05	OUT	100	W
06	STR	001	W
07	ANDN	002	W
08	STR	003	W
09	OB	-	W
10	OUT	200	W
11	END	-	W

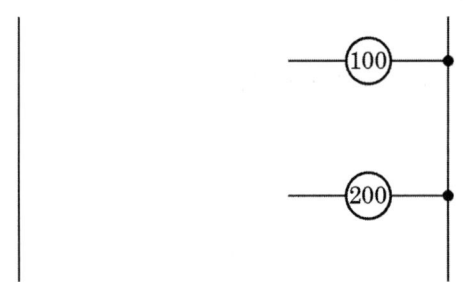

정답

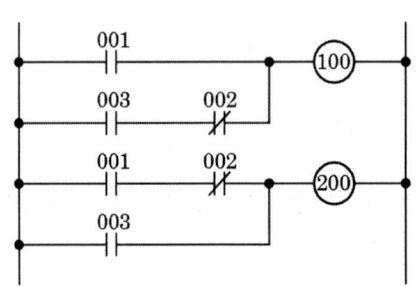

13

변압기와 고압 모터에 서지흡수기를 설치하고자 한다. 각각의 경우에 대하여 서지흡수기를 그려 넣고 각각의 공칭전압에 따른 서지흡수기의 정격(정격전압 및 공칭방전전류)도 함께 쓰시오.

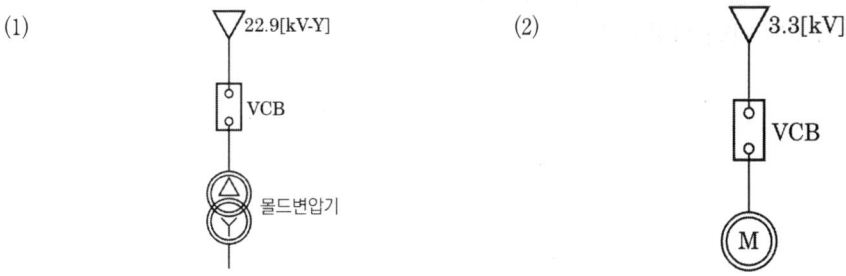

정답

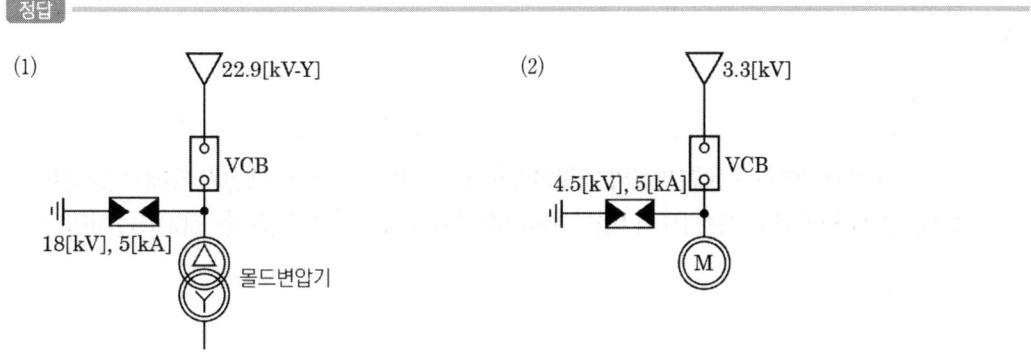

핵심이론

□ 서지흡수기의 정격전압

공칭전압[kV]	3.3	6.6	22.9
정격전압[kV]	4.5	7.5	18
공칭방전전류[kA]	5	5	5

14

내선규정에서 정의하는 전기 방식에 대한 설명이다. 다음 각 (   )에 들어갈 내용을 답란에 쓰시오.

> 전기 방식설비의 전원장치는 (①), (②), (③), (④)로 구성되며, 전기 방식회로의 최대 사용전압은 직류 (⑤) [V] 이하이다.

정답

① 절연변압기 ② 정류기 ③ 개폐기 ④ 과전류 차단기 ⑤ 60

15

거리 계전기의 설치점에서 고장점까지의 임피던스를 70 [Ω]이라고 하면 계전기 측에서 본 임피던스는 몇 [Ω]인지 구하시오. (단, PT의 비는 154000/110 [V], CT의 변류비는 500/5 [A]이다)

정답

■ 계산과정

$$Z_2 = Z_1 \times \frac{CT비}{PT비} = 70 \times \frac{500}{5} \times \frac{110}{154000} = 5 \ [\Omega]$$

답 5 [Ω]

16

무접점 회로도를 정확히 이해하고 다음 물음에 답하시오.

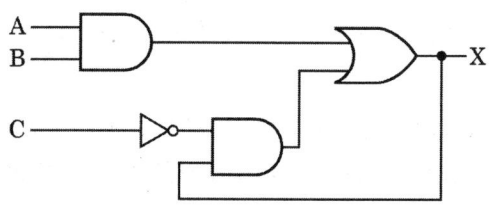

(1) 회로도의 논리식을 나타내시오.

(2) 무접점 회로도를 이용하여 유접점 회로도를 그리시오.

(3) 무접점 회로도를 이용하여 타임차트를 완성하시오.

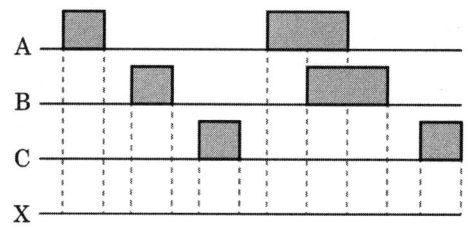

정답

(1) $X = AB + \overline{C}X$

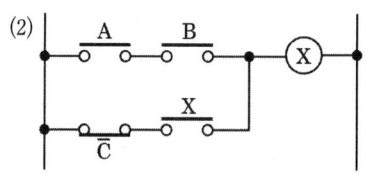

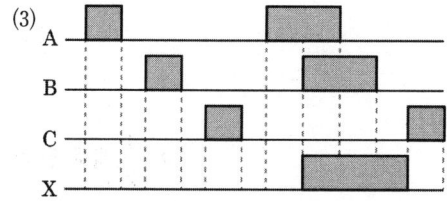

01

그림과 같은 교류 3상 3선식에서 사용하는 3상 평형 저항 부하가 있다. 이때 C상 선로의 "×" 표시에서 단선될 경우 이 부하의 소비전력은 단선 전의 소비전력과 비교하면 어떻게 되는지 구하시오.

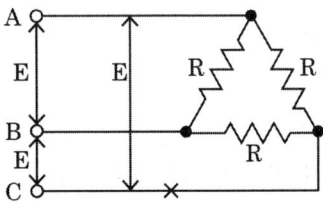

정답

■ 계산과정

• 단선 전 소비전력

$P = 3I_P^2 R$

$I_P = \dfrac{V_P}{R} = \dfrac{E}{R}$

$P = 3 \times \left(\dfrac{E}{R}\right)^2 \times R = \dfrac{3E^2}{R}$

• 단선 후 소비전력

$P' = \dfrac{E^2}{R} + \dfrac{E^2}{2R} = \dfrac{3E^2}{2R}$

$\therefore \dfrac{P'}{P} = \dfrac{\dfrac{3}{2}\dfrac{E^2}{R}}{3\dfrac{E^2}{R}} = \dfrac{1}{2}$

답 $\dfrac{1}{2}$ 배로 감소

02

총설비 부하 용량이 350 [kW]이고 수용률 60 [%]로 상정한다면 변압기의 용량은 몇 [kVA]인지 구하시오. (단, 설비 부하의 종합 역률은 0.7로 본다)

정답

■ 계산과정

변압기 용량[kVA] = $\dfrac{\text{설비 용량} \times \text{수용률}}{\text{부등률} \times \text{역률}} = \dfrac{350 \times 0.6}{0.7} = 300$ [kVA]

답 300 [kVA]

03

서지흡수기(Surge Absorber)의 주요 기능과 설치 위치에 대하여 쓰시오.

정답

- 주요 기능 : 구내선로에서 발생할 수 있는 개폐서지, 순간과도전압 등의 이상전압이 2차기기에 악영향을 주는 것을 방지
- 설치 위치 : 보호하려는 기기전단 또는 개폐서지를 발생하는 차단기 후단과 부하 측 사이에 설치

04

그림과 같은 분기회로의 전선 굵기를 표준 공칭단면적[mm²]으로 선정하시오. (단, 전압강하는 2 [V]이고, 배선 방식은 교류 220 [V], 단상 2선식이며, 후강전선관공사로 한다)

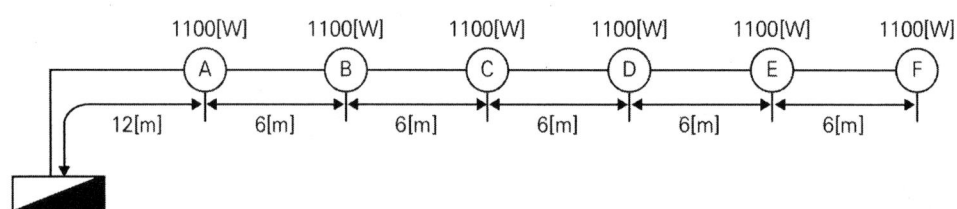

전선의 공칭단면적[mm²]
1.5, 2.5, 4, 6, 10, 16, 25, 35, 50, 70, 95

정답

■ 계산과정

- 각각의 부하전류 $I = \dfrac{P}{V} = \dfrac{1100}{220} = 5$ [A]

- 부하 중심점까지의 거리
$$L = \dfrac{5 \times 12 + 5 \times 18 + 5 \times 24 + 5 \times 30 + 5 \times 36 + 5 \times 42}{5+5+5+5+5+5} = 27 \text{ [m]}$$

- 부하전류 $I = \dfrac{1100 \times 6}{220} = 30$ [A]

- 단면적 $A = \dfrac{35.6\, LI}{1000\, e} = \dfrac{35.6 \times 27 \times 30}{1000 \times 2} = 14.42$ [mm²]

답 16 [mm²]

05

스위치 S_1, S_2, S_3, S_4에 의하여 직접 제어되는 계전기 A_1, A_2, A_3, A_4가 있다. 출력 램프 X, Y, Z가 동작표와 같이 점등되었다고 할 때 다음 각 물음에 답하시오.

A_1	A_2	A_3	A_4	X	Y	Z
0	0	0	0	0	1	0
0	0	0	1	0	0	0
0	0	1	0	0	0	0
0	0	1	1	0	0	0
0	1	0	0	0	0	0
0	1	0	1	0	0	0
0	1	1	0	1	0	0
0	1	1	1	1	0	0
1	0	0	0	0	0	0
1	0	0	1	0	0	1
1	0	1	0	0	0	0
1	0	1	1	1	1	0
1	1	0	0	0	0	1
1	1	0	1	0	0	1
1	1	1	0	0	0	0
1	1	1	1	1	0	0

- 출력 램프 X에 대한 논리식

$$X = \overline{A_1}A_2A_3\overline{A_4} + \overline{A_1}A_2A_3A_4 + A_1A_2A_3A_4 + A_1\overline{A_2}A_3A_4 = A_3(\overline{A_1}A_2 + A_1A_4)$$

- 출력 램프 Y에 대한 논리식

$$Y = \overline{A_1}\,\overline{A_2}\,\overline{A_3}\,\overline{A_4} + A_1\overline{A_2}A_3A_4 = \overline{A_2}(\overline{A_1}\,\overline{A_3}\,\overline{A_4} + A_1A_3A_4)$$

- 출력 램프 Z에 대한 논리식

$$Z = A_1\overline{A_2}\,\overline{A_3}A_4 + A_1A_2\overline{A_3}\,\overline{A_4} + A_1A_2\overline{A_3}A_4 = A_1\overline{A_3}(A_2 + A_4)$$

(1) 미완성 부분을 최소 접점수로 그리고 접점의 기호를 표시하여 회로도를 완성하시오.

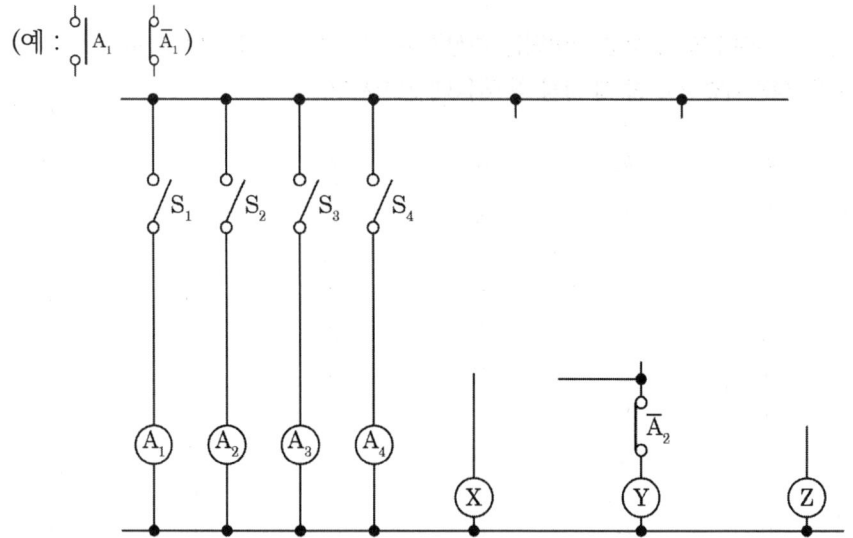

(2) 미완성 부분의 회로도를 완성하시오.

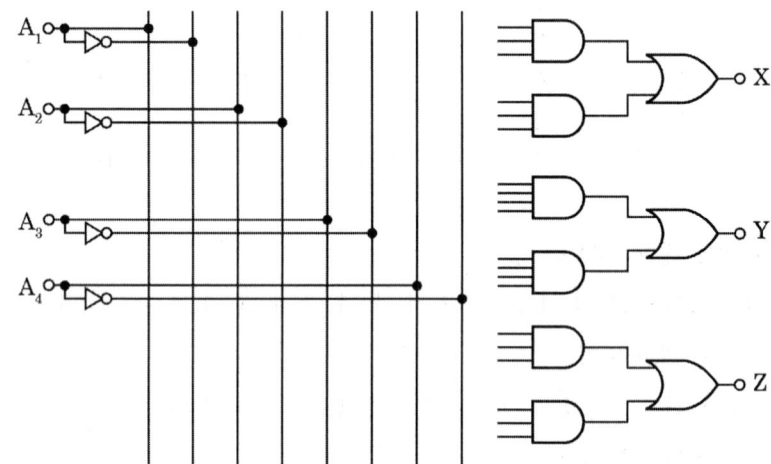

정답

(1)

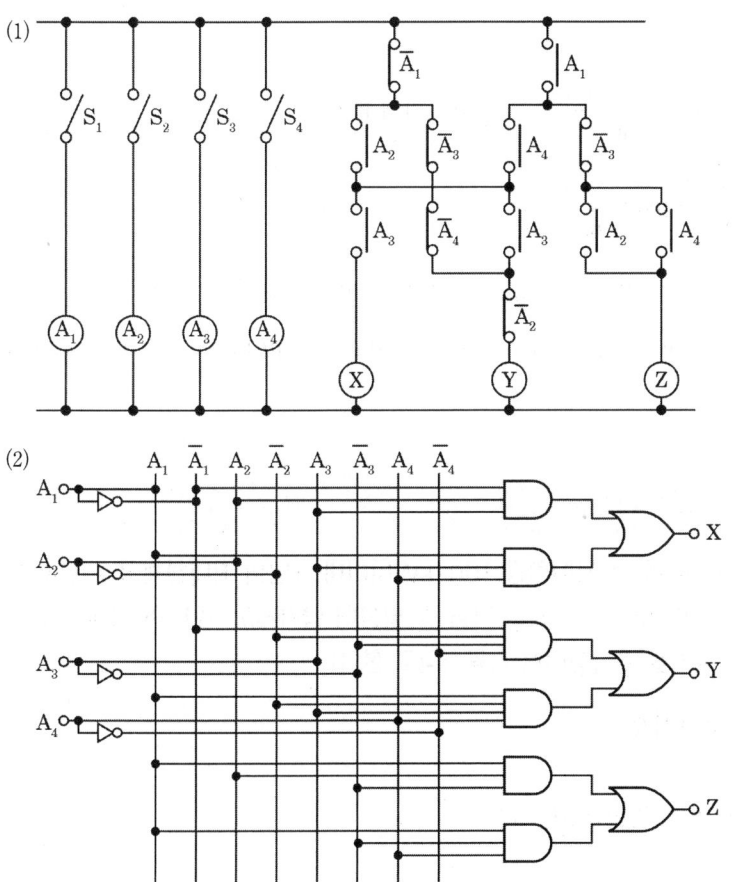

06

50 [kVA], 60 [Hz], 6.6 [kV]/210 [V]인 변압기의 저압 측을 단락하고 고압 측에 170 [V]를 인가하면 정격전류가 흘러 입력이 700 [W]가 된다고 한다. 이때 역률이 80 [%]라면 전압변동률은 몇 [%]인지 구하시오.

> **정답**

■ 계산과정

- %저항 강하 : $p = \dfrac{P_s}{P_n} \times 100 = \dfrac{700}{50 \times 10^3} \times 100 = 1.4 \, [\%]$

- %임피던스 강하 : $\%Z = \dfrac{V_s}{V_{1n}} \times 100 = \dfrac{170}{6.6 \times 10^3} \times 100 = 2.58 \, [\%]$

- %리액턴스 강하 : $q = \sqrt{\%Z^2 - R^2} = \sqrt{2.58^2 - 1.4^2} = 2.17 \, [\%]$

- 전압변동률 $\epsilon = p\cos\theta + q\sin\theta = 1.4 \times 0.8 + 2.17 \times 0.6 = 2.42 \, [\%]$ 　　답 2.42 [%]

07　　5점

어떤 공장의 어느 날 부하실적이 1일 사용전력량 100 [kWh]이며, 1일의 최대전력이 7 [kW]이고, 최대전력일 때 전류 값이 20 [A]이었을 경우 다음 각 물음에 답하시오. (단, 이 공장은 220 [V], 11 [kVA]인 3상 유도전동기를 부하설비로 사용한다고 한다)

(1) 일부하율은 몇 [%]인지 구하시오.

(2) 최대전력일 때의 역률은 몇 [%]인지 구하시오.

> **정답**

(1) 일부하율 $= \dfrac{100/24}{7} \times 100 = 59.52 \, [\%]$ 　　답 59.52 [%]

(2) $\cos\theta = \dfrac{P}{\sqrt{3}\, VI} = \dfrac{7 \times 10^3}{\sqrt{3} \times 220 \times 20} = 91.85 \, [\%]$ 　　답 91.85 [%]

08　　6점

어떤 공장의 수전설비에서 100 [kVA] 단상 변압기 3대를 △결선하여 273 [kW] 부하에 전력을 공급하고 있다. 단상 변압기 1대가 고장이 발생하여 단상 변압기 2대로 V결선하여 전력을 공급할 경우 다음 각 물음에 답하시오. (단, 부하역률은 1로 계산한다)

(1) V결선으로 하여 공급할 수 있는 최대전력[kW]을 구하시오.
(2) V결선된 상태에서 273 [kW] 부하 전체를 연결할 경우 과부하율[%]을 구하시오.

정답

(1) • V결선 시 3상 용량 $P_V = \sqrt{3}\,P_1 = \sqrt{3} \times 100 = 173.21$ [kVA]
  • 공급 최대 용량 $P = P_V \cos\theta = 173.21 \times 1 = 173.21$ [kW]   답 173.21 [kW]

(2) 과부하율 $= \dfrac{\text{부하용량}}{\text{공급용량}} = \dfrac{273}{173.21} \times 100 = 157.61$ [%]   답 157.61 [%]

09 15점

그림은 어느 수전설비의 단선결선도로서 일부가 생략된 도면이다. 이 도면을 보고 다음 각 물음에 답하시오.

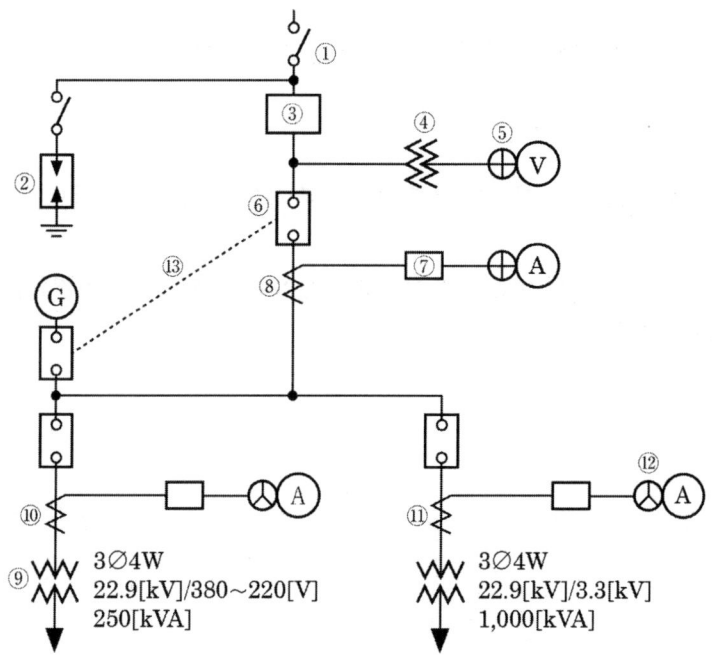

〈계기용 변압기의 정격전압〉

정격 1차 전압[V]	정격 2차 전압[V]
$380/\sqrt{3}$, $11400/\sqrt{3}$, $22900/\sqrt{3}$, $66000/\sqrt{3}$, $154000/\sqrt{3}$	110

〈변류기의 정격전류〉

정격 1차 전류[A]	정격 2차 전류[A]
5, 10, 15, 20, 30, 40, 50, 75, 100, 150, 200	5

(1) ①~⑧, ⑫에 해당되는 부분의 명칭과 그 용도를 쓰시오.

순번	명칭	용도
①		
②		
③		
④		
⑤		
⑥		
⑦		
⑧		
⑫		

(2) ④에 해당되는 기기의 1차와 2차 정격전압[V]을 선정하시오.
- 1차 :
- 2차 :

(3) ⑨의 변압기에 대한 2차 측 결선은 어떤 결선으로 하여야 하는지 쓰시오.

(4) ⑩, ⑪에 해당되는 변류기의 변류비를 선정하시오. (단, CT의 1차 정격전류는 부하 정격전류의 150 [%]로 한다)

⑩ 변류기

⑪ 변류기

(5) ⑬와 같이 점선으로 연결된 것을 무엇이라 하며, 이렇게 하는 목적은 무엇 때문인지 쓰시오.

정답

(1)

순번	명칭	용도
①	전력 퓨즈	일정한 값 이상의 과전류 및 단락전류를 차단
②	피뢰기	이상전압이 내습하면 이를 대지로 방전하고 속류를 차단
③	전력 수급용 계기용 변성기	전력량계를 위한 PT와 CT를 한 탱크 안에 같이 넣은 것
④	계기용 변압기	고전압을 저전압으로 변성하여 계기 및 계전기 등의 전원 공급

순번	명칭	용도
⑤	전압계용 전환 개폐기	1대의 전압계로 3상 각 상의 전압을 측정하기 위한 전환 개폐기
⑥	차단기	단락사고, 과부하, 지락사고 등 사고 전류와 부하전류를 차단하기 위한 장치
⑦	과전류 계전기	정정값 이상의 전류가 흐르면 동작하는 차단기
⑧	계기용 변류기	대전류를 소전류로 변성하여 계기 및 계전기에 전원 공급
⑫	전류계용 전환 개폐기	1대의 전류계로 3상 각 상의 전류를 측정하기 위한 전환 개폐기

(2) 1차 전압 : $\dfrac{22900}{\sqrt{3}}$ [V], 2차 전압 : 110 [V]

(3) Y결선

(4) ⑩ 계산 : $I_1 = \dfrac{250}{\sqrt{3} \times 22.9} = 6.3$ [A]

∴ $6.3 \times 1.5 = 9.45$ [A]이므로 변류비 10/5 선정

답 변류비 10/5

⑪ 계산 : $I_1 = \dfrac{1000}{\sqrt{3} \times 22.9} = 25.21$ [A]

∴ $25.21 \times 1.5 = 37.82$ [A]이므로 변류비 40/5 선정

답 변류비 40/5

(5) 인터록 : 상용 전원과 예비 전원의 동시 투입을 방지한다.

10

형광방전램프의 점등회로를 3가지만 쓰시오.

정답

- 글로스타터 회로
- 속시기동회로
- 순시기동회로
- 수동식 기동회로
- 조광회로

11

단상 2선식 회로에 3 [kW]의 부하가 연결되어 있다. 이 회로의 분기점에서 부하까지의 전선 1개의 저항이 0.03 [Ω]일 때 부하를 220 [V]로 사용하기 위한 분기점의 전압을 구하시오.

정답

■ 계산과정

분기점 전압 $V_s = V_r + e = V_r + 2IR$ 에서

$$I = \frac{P}{V} = \frac{3000}{220} = 13.64 \, [\text{A}] \text{이므로}$$

$$V_s = 220 + 2 \times 13.64 \times 0.03 = 220.82 \, [\text{V}]$$

답 220.82 [V]

12

유입변압기에 비하여 몰드변압기의 장점 및 단점을 각각 3가지씩 쓰시오. (단, 가격 또는 비용에 대한 내용은 답에서 제외한다)

정답

(1) 장점
  ① 소형, 경량화할 수 있다.
  ② 비폭발성이며 난연성이 우수하다.
  ③ 절연유를 사용하지 않으므로 유지보수가 용이하다.
  ④ 내습, 내진성이 양호하다.
  ⑤ 소음과 진동이 작다.

(2) 단점
  ① 충격파 내전압이 낮다.
  ② 옥외설치가 곤란하다.
  ③ 수지층에 차폐물이 없으므로 운전 중 코일 표면과 접촉하면 위험하다.
  ④ 대용량으로 제작이 어렵다.

핵심이론

□ 몰드변압기
  (1) 몰드변압기 장점
    ① 소형, 경량화할 수 있다.
    ② 난연성이 우수하다.
    ③ 절연유를 사용하지 않으므로 유지보수가 용이하다.
    ④ 전력손실이 적다.
    ⑤ 내습, 내진성이 양호하다.
    ⑥ 단시간 과부하 내량이 높다.
  (2) 몰드변압기 단점
    ① 충격파 내전압이 낮다.
    ② 가격이 비싸다.
    ③ 수지층에 차폐물이 없으므로 운전 중 코일 표면과 접촉하면 위험하다.

13

전력퓨즈(Power Fuse)에 대한 다음 각 물음에 답하시오.

(1) 전력퓨즈의 주요한 역할을 크게 2가지로 구분하여 쓰시오.
  -
  -

(2) 전력퓨즈의 가장 큰 단점을 쓰시오.

(3) 표는 개폐장치(기구)의 동작 가능한 곳에 ○표를 한 것이다. ① ~ ③은 어떤 개폐장치인지 쓰시오.

기능 / 능력	회로 분리		사고 차단	
	무부하	부하	과부하	단락
퓨즈	○			○
① ( )	○	○	○	○
② ( )	○	○	○	
③ ( )	○			

(4) 큐비클의 종류 중 PF-S형 큐비클은 주 차단장치로서 어떤 것들을 조합하여 사용하는지 쓰시오.

정답

(1) • 부하전류를 안전하게 통전한다.
  • 어떤 일정값 이상의 과전류는 차단하여 전로나 기기를 보호한다.

(2) 재투입이 불가능하다.

(3) ① 차단기
  ② 개폐기
  ③ 단로기

(4) 한류형 전력 퓨즈와 고압개폐기

핵심이론

□ 고압 수용가의 큐비클식 수전설비의 주 차단장치의 종류

CB형	차단기형
PF-CB형	한류퓨즈·차단기형
PF-S형	한류퓨즈·교류 부하 개폐기형

14

그림과 같은 단상 3선식 110/220 [V] 선로에 부하가 접속되어 있다. 이 선로설비의 설비불평형률은 몇 [%]인지 구하시오. (단, 부하는 모두 전등 부하라고 한다)

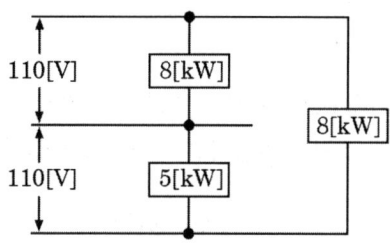

정답

■ 계산과정

$$\text{설비불평형률} = \frac{\text{중성선과 접속되어 있는 부하설비용량의 차}}{1/2 \times \text{총 부하설비용량}}$$

$$= \frac{8-5}{(8+5+8) \times \frac{1}{2}} \times 100 = 28.57\,[\%]$$

답 28.57 [%]

핵심이론

□ 설비불평형률

(1) 단상 3선식

$$\text{설비불평형률} = \frac{\text{중성선과 각 전압 측 선간에 접속되는 부하설비용량의 차}}{\text{총 부하설비용량} \times \frac{1}{2}} \times 100\,[\%]$$

(2) 3상 3선식 또는 3상 4선식

$$\text{설비불평형률} = \frac{\text{각 간선에 접속되는 단상부하 총 설비용량의 최대와 최소의 차}}{\text{총 부하설비용량} \times \frac{1}{3}} \times 100\,[\%]$$

2018년 제1회

01   [14점]

3층 사무실용 건물에 3상 3선식의 6000 [V]로 강압하여 수전하는 수전설비를 설치하였다. 각종 부하설비가 표와 같을 때 주어진 조건을 이용하여 다음 각 물음에 답하시오.

동력 부하설비					
사용 목적	용량[kW]	대수	상용동력[kW]	하계동력[kW]	동계동력[kW]
• 난방관계					
- 보일러 펌프	6.7	1			6.7
- 오일기어 펌프	0.4	1			0.4
- 온수순환 펌프	3.7	1			3.7
• 공기조화관계					
- 1,2,3층 패키지 콤프레셔	7.5	6		45.0	
- 콤프레셔 팬	5.5	3	16.5		
- 냉각수 펌프	5.5	1		5.5	
- 쿨링타워	1.5	1		1.5	
• 급수, 배수 관계					
- 양수 펌프	3.7	1	3.7		
• 기타					
- 소화 펌프	5.5	1	5.5		
- 샷터	0.4	2	0.8		
합계			26.5	52.0	10.8

조명 및 콘센트 부하설비						
사용 목적	왓트 수[W]	설치 수량	환산 용량[VA]	총 용량[VA]	비고
• 전등 관계					
- 수은등 A	200	2	260	520	200 [V] 고역률
- 수은등 B	100	8	140	1120	100 [V] 고역률
- 형광등	40	820	55	45100	200 [V] 고역률
- 백열전등	60	20	60	1200	
• 콘센트 관계					
- 일반 콘센트		80	150	10500	2P 15A
- 환기팬용 콘센트		8	55	440	
- 히터용 콘센트	1500	2		3000	
- 복사기용 콘센트		4		3600	
- 텔레타이프용 콘센트		2		2400	
- 룸쿨러용 콘센트		6		7200	
• 기타					
- 전화교환용 정류기		1		800	
계				75880	

[조건]
• 동력 부하의 역률은 모두 70 [%]이며, 기타는 100 [%]로 간주한다.
• 조명 및 콘센트 부하설비의 수용률은 다음과 같다.
  - 전등설비 : 60 [%]
  - 콘센트설비 : 70 [%]
  - 전화교환용 정류기 : 100 [%]
• 변압기 용량 산출 시 예비율(여유율)은 고려하지 않으며, 용량은 표준규격으로 답하도록 한다.
• 변압기 용량 산정 시 필요한 동력 부하설비의 수용률은 전체 평균 65 [%]로 한다.

(1) 동계난방 때 온수순환 펌프는 상시 운전하고 보일러 펌프와 오일기어 펌프의 수용률이 55 [%]일 때 난방동력에 대한 수용 부하는 몇 [kW]인지 구하시오.

(2) 상용동력, 하계동력, 동계동력에 대한 피상전력은 몇 [kVA]가 되는지 구하시오.
〈상용동력〉

〈하계동력〉

〈동계동력〉

(3) 이 건물의 총 전기설비 용량은 몇 [kVA]를 기준으로 하여야 하는지 구하시오.

(4) 조명 및 콘센트 부하설비에 대한 단상 변압기의 표준 용량은 몇 [kVA]가 되어야 하는지 구하시오.

(5) 동력 부하용 3상 변압기의 표준 용량은 몇 [kVA]가 되어야 하는지 구하시오

(6) 단상과 3상 변압기의 전류계용으로 사용되는 변류기의 1차 측 정격전류는 각각 몇 [A]인지 구하시오.
〈단상〉

〈3상〉

(7) 역률개선을 위하여 각 부하마다 전력용 콘덴서를 설치하려고 할 때에 보일러 펌프의 역률을 95 [%]로 개선하려면 몇 [kVA]의 전력용 콘덴서가 필요한지 구하시오.

정답

■ 계산과정

(1) 수용 부하 $= 3.7 \times 1 + (6.7 + 0.4) \times 0.55 = 7.61$ [kW]

답 7.61 [kW]

(2) • 상용동력의 피상전력 $= \dfrac{26.5}{0.7} = 37.86$ [kVA]

답 37.86 [kVA]

• 하계동력의 피상전력 $= \dfrac{52.0}{0.7} = 74.29$ [kVA]

답 74.29 [kVA]

• 동계동력의 피상전력 $= \dfrac{10.8}{0.7} = 15.43$ [kVA]

답 15.43 [kVA]

(3) $37.86 + 74.29 + 75.88 = 188.03$ [kVA]

답 188.03 [kVA]

(4) • 전등 관계 : $(520 + 1120 + 45100 + 1,200) \times 0.6 \times 10^{-3} = 28.76$ [kVA]
 • 콘센트 관계 : $(10500 + 440 + 3000 + 3600 + 2400 + 7200) \times 0.7 \times 10^{-3} = 19$ [kVA]
 • 기타 관계 : $800 \times 1 \times 10^{-3} = 0.8$ [kVA]
 • $28.76 + 19 + 0.8 = 48.56$ [kVA]이므로 단상 변압기 용량은 50 [kVA]가 된다.

답 50 [kVA]

(5) 동계동력과 하계동력 중 큰 부하를 기준하고 상용동력과 합산하여 계산하면

$\dfrac{(26.5 + 52.0)}{0.7} \times 0.65 = 72.89$ [kVA]이므로

• 3상 변압기 용량은 75 [kVA]가 된다.

답 75 [kVA]

(6) 〈단상〉

단상 변압기 1차 측 변류기 $I = \dfrac{50 \times 10^3}{6 \times 10^3} \times 1.25 = 10.42$ [A]

15 [A] 선정

답 15 [A]

〈3상〉

3상 변압기 1차 측 변류기 $I = \dfrac{75 \times 10^3}{\sqrt{3} \times 6 \times 10^3} \times 1.25 = 9.02$ [A]

10 [A] 선정

답 10 [A]

(7) $Q_c = P(\tan\theta_1 - \tan\theta_2) = 6.7 \times \left(\dfrac{\sqrt{1 - 0.7^2}}{0.7} - \dfrac{\sqrt{1 - 0.95^2}}{0.95} \right) = 4.63$ [kVA]

답 4.63 [kVA]

02

1시간당 5000 [m³]의 물을 15 [m]의 양정으로 양수하기 위한 전동기의 소요출력[kW]을 구하시오. (단, 펌프의 효율은 55 [%], 여유계수는 1.1이다)

정답

■ 계산과정

$$P = \frac{9.8\,QHK}{\eta} = \frac{9.8 \times \frac{5000}{3600} \times 15 \times 1.1}{0.55} = 408.33\,[\text{kW}]$$

답 408.33 [kW]

핵심이론

□ 발전기 용량
 (1) 수력발전기 용량 $P_a = 9.8\,QHK\eta\,[\text{kW}]$
 (2) 펌프 용량 $P = \dfrac{9.8\,QHK}{\eta}\,[\text{kW}]$

Q : 유량[m³/s], H : 낙차 높이 [m], K : 여유계수, η : 효율

03

제5고조파 전류의 확대 방지 및 스위치 투입 시 돌입전류 억제를 목적으로 역률 개선용 콘덴서에 직렬 리액터를 설치하고자 한다. 콘덴서의 용량이 500 [kVA]라고 할 때 다음 각 물음에 답하시오.

(1) 이론상 필요한 직렬 리액터의 용량[kVA]을 구하시오.

(2) 실제적으로 설치하는 직렬 리액터의 용량[kVA]을 구하시오.
 • 리액터의 용량 :

 • 사유 :

정답

(1) $500 \times 0.04 = 20$ [kVA]   답 20 [kVA]

(2) • 리액터의 용량 : $500 \times 0.06 = 30$ [kVA]
 • 사유 : 주파수 변동이나 경제성을 고려

핵심이론

□ 직렬 리액터의 용량

역할	이론 용량	실제 용량
제3고조파 제거	실제로는 11 [%] 여유 필요	13 [%] 여유
제5고조파 제거	실제로는 4 [%] 여유 필요	5 ~ 6 [%] 여유

---

04   5점

분전반에서 25 [m]의 거리에 4 [kW]의 교류 단상 2선식 200 [V] 전열기를 설치하였다. 배선방법을 금속관공사로 하고 전압강하율 1 [%] 이하로 하기 위해서 전선의 공칭단면적[mm²]을 선정하시오. (단, 전선의 공칭단면적은 1.5, 2.5, 4.0, 6.0, 10, 16, 25 [mm²]이다)

정답

■ 계산과정

$I = \dfrac{P}{V} = \dfrac{4 \times 10^3}{200} = 20$ [A]

전선의 굵기 $A = \dfrac{35.6 \, LI}{1000 e} = \dfrac{35.6 \times 25 \times 20}{1000 \times (200 \times 0.01)} = 8.9$ [mm²]   답 10 [mm²]

---

05   5점

출력 2000 [kW], 태양에너지 밀도(입사강도) 0.75 [kW/m²], 평면경 반사율 80 [%], 발전효율 20 [%]인 집중형 태양열 발전소에 필요한 수광(受光)면적[m²]을 구하시오.

정답

■ 계산과정

$S = \dfrac{2000}{0.75 \times 0.8 \times 0.2} = 16666.67 \ [\text{m}^2]$

답 $16666.67 \ [\text{m}^2]$

06   5점

다음 (   )에 알맞은 내용을 쓰시오.

> 임의의 면에서 한 점의 조도는 광원의 광도 및 입사각 θ의 코사인에 비례하고 거리의 제곱에 반비례한다. 이와 같이 입사각의 코사인에 비례하는 것은 Lambert의 코사인법칙이라 한다. 또 광선과 피조면의 위치에 따라 조도를 (   ) 조도, (   ) 조도, (   ) 조도 등으로 분류할 수 있다.

정답

법선, 수평면, 수직면

07   9점

3상 154 [kV] 시스템의 회로도와 조건을 이용하여 점 F에서 3상 단락고장이 발생하였을 때 단락전류 등을 154 [kV], 100 [MVA] 기준으로 계산하는 과정에 대한 다음 각 물음에 답하시오.

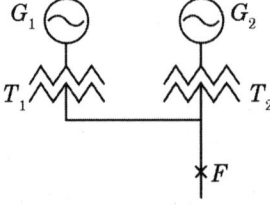

[조건]
① 발전기 G_1 : S_{G1} = 20 [MVA], $\%Z_{G1}$ = 30 [%]
　　　　　G_2 : S_{G2} = 5 [MVA], $\%Z_{G2}$ = 30 [%]
② 변압기 T_1 : 전압 11/154 [kV], 용량 : 20 [MVA], $\%Z_{T1}$ = 10 [%]
　　　　　T_2 : 전압 6.5/154 [kV], 용량 : 5 [MVA], $\%Z_{T2}$ = 10 [%]
③ 송전선로 : 전압 154 [kV], 용량 : 20 [MVA], $\%Z_{TL}$ = 5 [%]

(1) 정격전압과 정격 용량을 각각 154 [kV], 100 [MVA]로 할 때 정격전류 I_n를 구하시오.

(2) 발전기(G_1, G_2), 변압기(T_1, T_2) 및 송전선로의 %임피던스 $\%Z_{G1}$, $\%Z_{G2}$, $\%Z_{T1}$, $\%Z_{T2}$, $\%Z_{TL}$을 각각 구하시오.

① $\%Z_{G1}$

② $\%Z_{G2}$

③ $\%Z_{T1}$

④ $\%Z_{T2}$

⑤ $\%Z_{TL}$

(3) 점 F에서의 합성 %임피던스를 구하시오.

(4) 점 F에서의 3상 단락전류 I_s를 구하시오.

(5) 점 F에 설치할 차단기의 차단 용량[MVA]을 구하시오.

정답

■ 계산과정

(1) $I_n = \dfrac{100 \times 10^6}{\sqrt{3} \times 154 \times 10^3} = 374.9 \text{ [A]}$ 　　답 374.9 [A]

(2) ① $\%Z_{G1} = 30 \times \dfrac{100}{20} = 150 \text{ [\%]}$ 　　답 150 [%]

　　② $\%Z_{G2} = 30 \times \dfrac{100}{5} = 600 \text{ [\%]}$ 　　답 600 [%]

　　③ $\%Z_{T1} = 10 \times \dfrac{100}{20} = 50 \text{ [\%]}$ 　　답 50 [%]

　　④ $\%Z_{T2} = 10 \times \dfrac{100}{5} = 200 \text{ [\%]}$ 　　답 200 [%]

　　⑤ $\%Z_{TL} = 5 \times \dfrac{100}{20} = 25 \text{ [\%]}$ 　　답 25 [%]

(3) $\%Z = \dfrac{(150+50) \times (600+200)}{(150+50)+(600+200)} + 25 = 185 \text{ [\%]}$ 　　답 185 [%]

(4) $I_s = \dfrac{100}{\%Z} I_n = \dfrac{100}{185} \times 374.9 = 202.65 \text{ [A]}$ 　　답 202.65 [A]

(5) $P_s = \sqrt{3} \times 170 \times 202.65 \times 10^{-3} = 59.67 \text{ [MVA]}$ 　　답 59.67 [MVA]

08　　　　　　　　　　　　　　　　　　　　　　　　　　　　　　　　　　　　　5점

단상 2선식 200 [V]의 옥내배선에서 소비전력 40 [W], 역률 80 [%]의 형광등 160등을 설치할 때 16 [A]의 분기회로 최소 수는 몇 회선인지 구하시오. (단, 한 회로의 부하전류는 분기회로 용량의 80 [%]로 하고 수용률은 100 [%]로 한다)

정답

■ 계산과정

• 부하전류 $I = \dfrac{P}{V\cos\theta} = \dfrac{40 \times 160}{200 \times 0.8} = 40 \text{ [A]}$

• 분기회로 수 $= \dfrac{40}{16 \times 0.8} = 3.13$ 회로 　　답 16 [A] 분기 4회로

09

수용가가 당초 역률(지상) 80 [%]로 100 [kW]의 부하를 사용하고 있었는데 새로 역률(지상) 60 [%], 70 [kW]의 부하를 추가하여 사용하게 되었다. 이때 콘덴서로 합성 역률을 90 [%]로 개선하는 데 필요한 용량은 몇 [kVA]인지 구하시오.

정답

■ 계산과정

- 유효전력 $P = P_1 + P_2 = 100 + 70 = 170$ [kW]

- 무효전력 $Q = Q_1 + Q_2 = P_1 \tan\theta + P_2 \tan\theta_2$

$$= 100 \times \frac{0.6}{0.8} + 70 \times \frac{0.8}{0.6} = 168.33 \text{ [kVar]}$$

- 합성 용량 $P_a = \sqrt{P^2 + Q^2} = \sqrt{170^2 + 168.33^2} = 239.24$ [kVA]

- 합성 역률 $\cos\theta = \frac{P}{P_a} \times 100 = \frac{170}{239.24} \times 100 = 71.06$ [%]

- 콘덴서 용량 $Q_c = P(\tan\theta_1 - \tan\theta_2) = P\left(\frac{\sqrt{1-\cos\theta_1^2}}{\cos\theta_1} - \frac{\sqrt{1-\cos\theta_2^2}}{\cos\theta_2}\right)$ [kVA]

$$= 170 \times \left(\frac{\sqrt{1-0.7106^2}}{0.7106} - \frac{\sqrt{1-0.9^2}}{0.9}\right) = 85.99 \text{ [kVA]}$$

답 85.99 [kVA]

10

논리식 X = $\overline{A}B$ + C에 대한 다음 각 물음에 답하시오. (단, A, B, C는 입력이고 X는 출력이다)

(1) 논리회로도로 표시하시오.

(2) (1)의 논리회로도를 2입력 NAND 게이트만을 최소로 사용한 회로로 표시하시오.

정답

(1)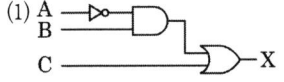

(2)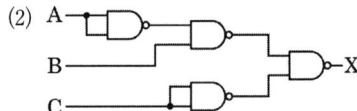

11

예비전원설비에 이용되는 연축전지와 알칼리축전지에 대하여 다음 각 물음에 답하시오.

(1) 연축전지와 비교할 때 알칼리축전지의 장점과 단점을 1가지씩만 쓰시오.

(2) 연축전지와 알칼리축전지의 공칭전압은 각각 몇 [V/cell]인지 쓰시오.

(3) 축전지의 일반적인 충전 방식 중 부동 충전 방식에 대하여 설명하시오.

(4) 연축전지의 정격 용량이 200 [Ah]이고, 상시 부하가 15 [kW]이며, 표준전압이 100 [V]인 부동 충전 방식 충전기의 2차 전류는 몇 [A]인지 구하시오. (단, 상시 부하의 역률은 1로 간주한다)

정답

(1) • 장점 : 수명이 길다.
  • 단점 : 셀당 공칭전압이 납축전지에 비해 낮다.

(2) 연축전지 : 2.0 [V/cell], 알칼리축전지 : 1.2 [V/cell]

(3) 부동 충전 방식 : 축전지의 자기 방전을 보충함과 동시에 상용 부하에 대한 전력공급은 충전기가 부담하도록 하되, 충전기가 부담하기 어려운 일시적인 대전류 부하는 축전지로 하여금 부담하도록 되는 방식

(4) 2차 충전 전류 $I_2 = \dfrac{200}{10} + \dfrac{15 \times 10^3}{100} = 170$ [A]

답 170 [A]

12

지중전선로를 시설할 때 다음 각 항의 매설깊이에 대하여 쓰시오.

(1) 관로식에 의하여 시설하는 경우 최소 매설 깊이

(2) 직접 매설식에 의하여 시설하는 경우 최소 매설 깊이(중량물의 압력을 받을 우려가 있는 장소)

정답

(1) 1 [m] 이상   (2) 1 [m] 이상

13

50 [Hz]로 설계된 3상 유도전동기를 동일전압으로 60 [Hz]에 사용할 경우 다음 항목이 어떻게 변화하는지를 수치로 제시하여 쓰시오.

(1) 무부하전류

(2) 온도 상승

(3) 속도

정답

(1) 5/6로 감소
(2) 5/6로 감소
(3) 6/5로 증가

14

특고압 22.9 [kV - Y]로 수전하는 경우의 설계를 주어진 단선결선도와 같이 설계하였을 때 다음 각 물음에 답하시오.

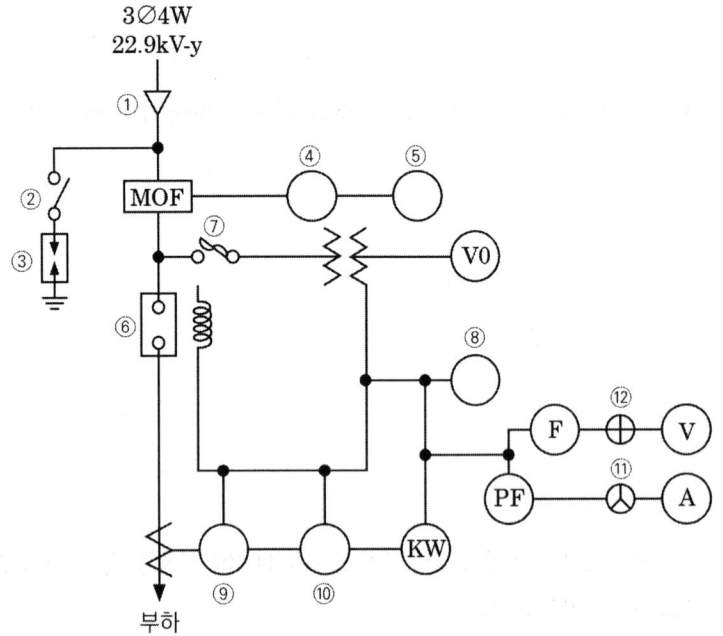

(1) ①의 용도는 무엇인지 쓰시오.

(2) ②의 명칭을 쓰고 그 용도를 설명하시오.

(3) ③의 명칭을 쓰고 그 용도를 설명하시오.

(4) ④ ~ ⑫의 명칭을 우리말로 쓰시오.

정답

(1) 가공전선과 케이블 단말(종단) 접속

(2) • 명칭 : 단로기
    • 용도 : 피뢰기를 선로에서 분리하는 경우 확실히 분리하기 위한 개폐기

(3) • 명칭 : 피뢰기
    • 용도 : 이상전압 내습 시 대지로 방전하고 속류차단

(4) ④ 최대수용전력량계　　⑤ 무효전력량계　　⑥ 차단기
    ⑦ 컷아웃스위치 또는 전력 퓨즈　⑧ 지락 과전압 계전기　⑨ 과전류 계전기
    ⑩ 지락 과전류 계전기　　⑪ 전류계용 전환 개폐기　⑫ 전압계용 전환 개폐기

15

고압 이상에만 사용되는 차단기의 종류를 3가지만 쓰시오.

정답

유입 차단기, 진공 차단기, 가스 차단기

01

PLC 프로그램 작동 시 주의사항 중 래더 다이어그램 방식에서 접점 상하 사이에 접점을 넣을 수 없다. 아래의 그림에서 제시된 래더 다이어그램을 바르게 고쳐 그리시오.

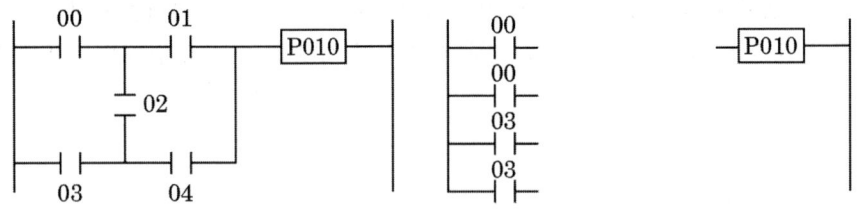

[정답]

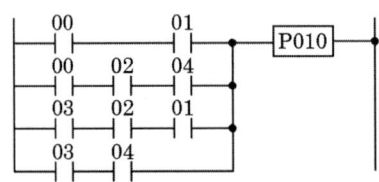

02

3로 스위치 4개를 사용한 3개소 점멸의 단선도를 참조하여 복선도를 완성하시오.

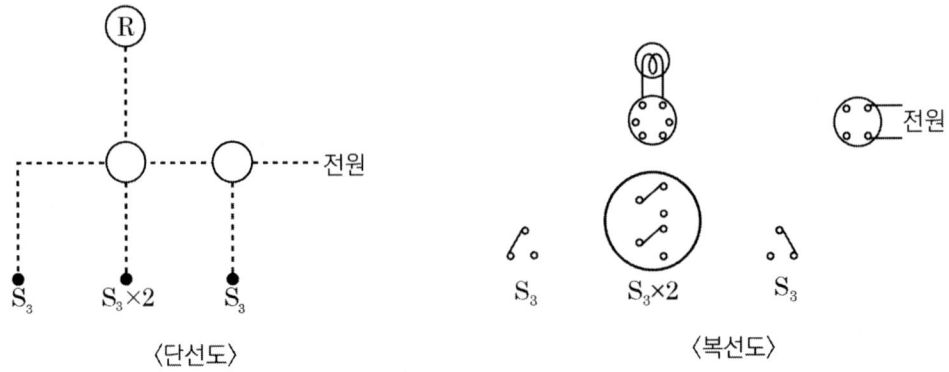

〈단선도〉 〈복선도〉

정답

- 배선 실체도

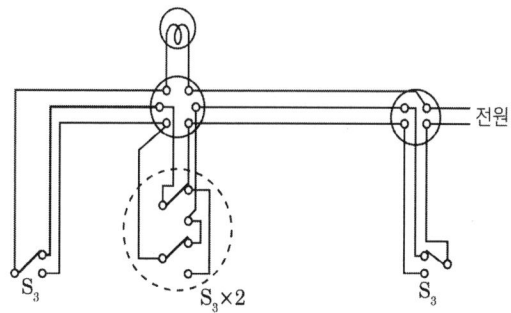

03

3상 3선식 6.6 [kV]로 수전하는 수용가의 수전점에서 100/5 [A], CT 2대와 6600/110 [V], PT 2대를 사용하여 CT 및 PT 2차 측에서 측정한 3상 전력이 300 [W]이었다면 수전전력은 몇 [kW]인지 구하시오.

정답

■ 계산과정

수전전력 = 측정 전력(전력계의 지시 값) × CT비 × PT비

$\therefore P = 300 \times \dfrac{100}{5} \times \dfrac{6600}{110} \times 10^{-3} = 360$ [kW]

답 360 [kW]

04

몰드변압기의 장점을 3가지만 쓰시오.

> 정답

- 자기 소화성이 우수하므로 화재의 염려가 없다.
- 코로나 특성 및 임펄스 강도가 높다.
- 소형, 경량화할 수 있다.
- 습기, 가스, 염분 및 소손 등에 대해 안정하다.
- 보수 및 점검이 용이하다.
- 진동과 소음이 적다.
- 단시간 과부하 내량이 크다.
- 전력손실이 감소된다.

> 핵심이론

□ 몰드변압기
  (1) 몰드변압기 장점
    ① 소형, 경량화할 수 있다.
    ② 난연성이 우수하다.
    ③ 절연유를 사용하지 않으므로 유지보수가 용이하다.
    ④ 전력손실이 적다.
    ⑤ 내습, 내진성이 양호하다.
    ⑥ 단시간 과부하 내량이 높다.
  (2) 몰드변압기 단점
    ① 충격파 내전압이 낮다.
    ② 가격이 비싸다.
    ③ 수지층에 차폐물이 없으므로 운전 중 코일 표면과 접촉하면 위험하다.

05 (6점)

서지보호장치(SPD : Surge Protective Device)에 대하여 기능에 따른 분류 3가지와 구조에 따른 분류 2가지를 쓰시오.

> 정답

- 기능에 의한 분류 : 전압스위칭형 SPD, 전압제한형 SPD, 복합형 SPD
- 구조에 의한 분류 : 1포트형, 2포트형

06

도면은 어느 수용가의 수전설비 결선도이다. 이 결선도를 보고 다음 각 물음에 답하시오.

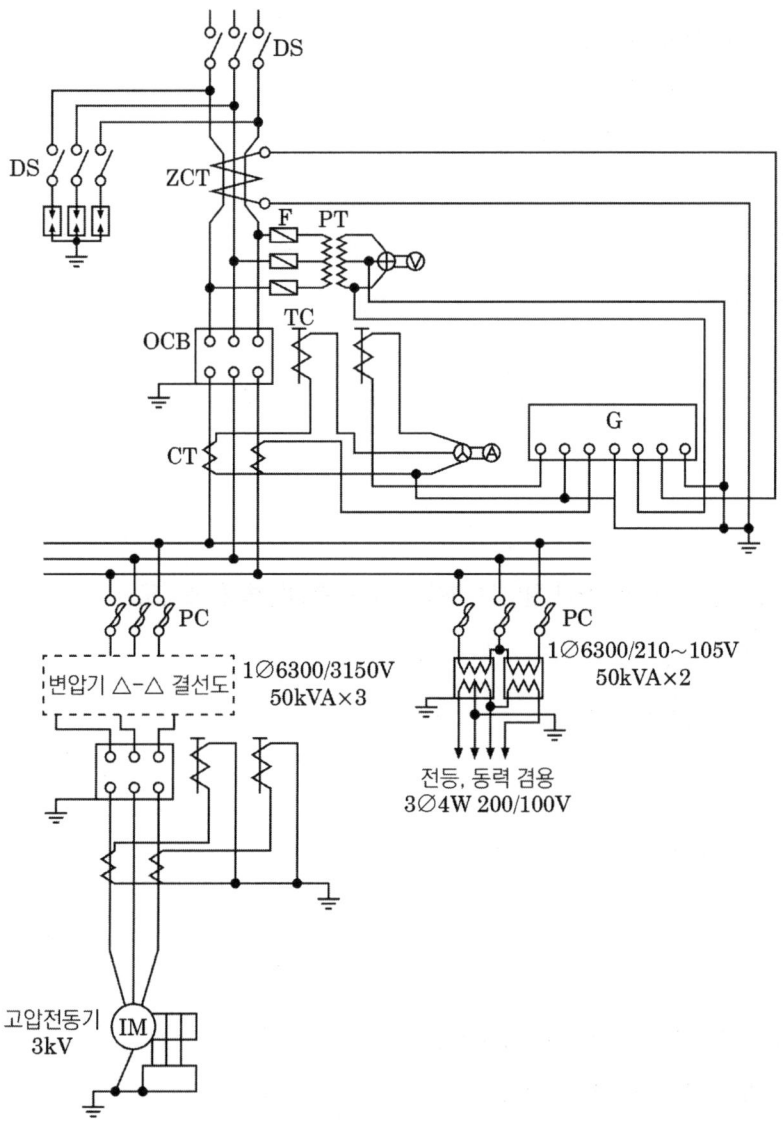

(1) ZCT의 명칭과 그 역할을 쓰시오.

(2) 도면에서 아래와 같은 그림은 무엇을 나타내는지 그 명칭을 쓰시오.

• ⊕ :   • Ⓐ :

(3) 도면에서 네모 박스 안에 들어갈 변압기의 △ - △ 결선도를 그리시오.

(4) 그림에서 TC는 무엇을 뜻하는지 명칭을 쓰시오.

정답

(1) • 명칭 : 영상변류기
    • 역할 : 지락(영상)전류 검출
(2) • ⊕ : 전압계용 전환 개폐기
    • Ⓐ : 전류계용 전환 개폐기
(3)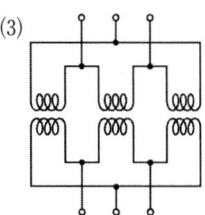

(4) 트립코일

07

다음 각 항목을 측정하는 데 가장 알맞은 계측기 또는 측정방법을 쓰시오.

(1) 변압기의 절연저항 :
(2) 검류계의 내부저항 :
(3) 전해액의 저항 :
(4) 배전선의 전류 :
(5) 접지극 접지저항 :

정답

(1) 변압기의 절연저항 : 절연저항계(Megger)
(2) 검류계의 내부저항 : 휘스톤 브리지
(3) 전해액의 저항 : 콜라우시 브리지
(4) 배전선의 전류 : 후크온 메터
(5) 접지극 접지저항 : 콜라우시 브리지, 접지저항계

08

송전계통의 변압기 중성점 접지 방식에 대하여 다음 사항에 답하시오.

(1) 중성점 접지 방식의 종류를 4가지만 쓰시오.

(2) 우리나라의 154 [kV], 345 [kV] 송전계통에 적용하는 중성점 접지 방식을 쓰시오.

(3) 유효접지란 1선 지락 고장 시 건전상 전압이 상규 대지전압의 몇 배를 넘지 않도록 중성점 임피던스를 조절해서 접지하는 것을 의미하는지 쓰시오.

정답

(1) 비접지 방식, 직접접지 방식, 소호 리액터접지 방식, 저항접지

(2) 직접접지

(3) 1.3배

09

다음 그림은 배전반에서 계측을 하기 위한 계기용 변성기이다. 아래 그림을 보고 명칭, 약호 등의 알맞은 내용을 쓰시오.

그림		
명칭		
약호		
그림 기호 (단선도)		
사용 목적		

정답

그림	(변류기 그림)	(계기용 변압기 그림)
명칭	변류기	계기용 변압기
약호	CT	PT
그림 기호 (단선도)	CT 기호	PT 기호
사용 목적	대전류를 소전류로 변성하여 계측기나 계전기의 전원 공급	고전압을 저전압으로 변성하여 계측기나 계전기의 전원 공급

10

변압기 병렬운전 조건을 3가지만 쓰시오.

정답

① 극성이 일치할 것

② 1, 2차 정격전압(권수비)이 같은 것

③ %임피던스 강하(임피던스 전압)가 같을 것

> **핵심이론**
>
> □ 변압기 병렬운전 조건 및 조건 불만족 시 발생하는 현상
>   ① 조건 : 극성이 일치할 것
>   현상 : 큰 순환전류가 흘러 권선이 소손
>   ② 조건 : 정격전압(권수비)이 같은 것
>   현상 : 순환전류가 흘러 권선이 가열
>   ③ 조건 : %임피던스 강하(임피던스 전압)가 같을 것
>   현상 : 부하의 분담이 용량의 비가 되지 않아 부하의 분담이 균형을 이룰 수 없음
>   ④ 조건 : 내부저항과 누설 리액턴스의 비가 같을 것
>   현상 : 각 변압기의 전류 간에 위상차가 생겨 동손이 증가

11

그림과 같은 인입 변대에 22.9 [kV] 수전설비를 설치하여 380/220 [V]를 사용하고자 한다. 다음 각 물음에 답하시오.

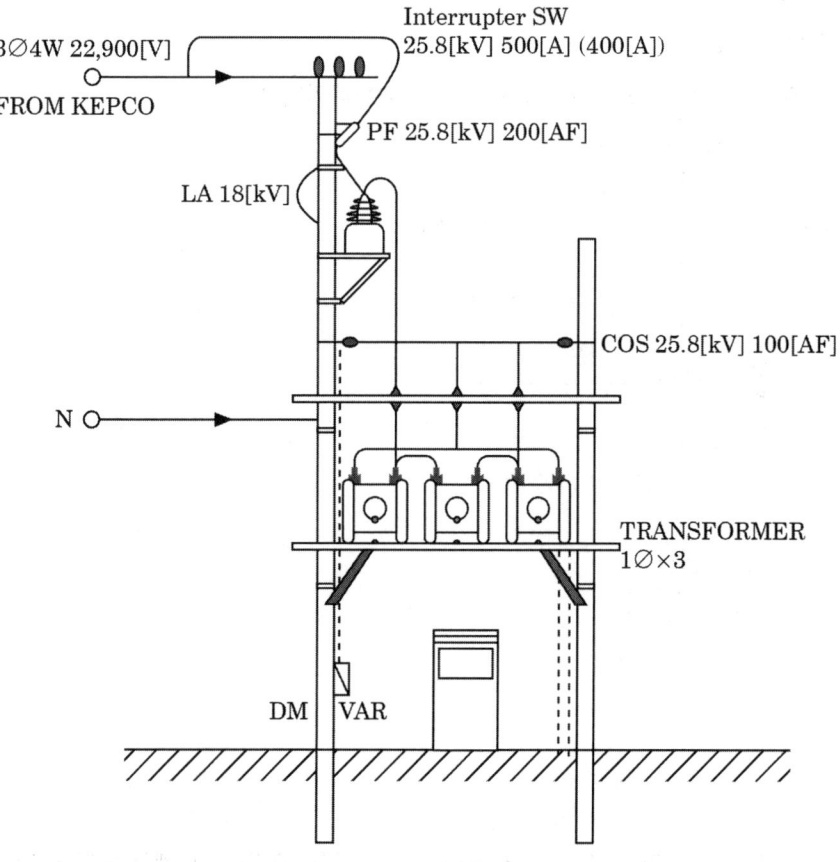

(1) DM 및 VAR의 명칭을 쓰시오.

(2) 그림에 사용된 LA의 수량은 몇 개이며, 정격전압은 몇 [kV]인지 쓰시오.

(3) 22.9 [kV - Y] 계통에 사용하는 것은 주로 어떤 케이블이 사용되는지 쓰시오.

(4) 주어진 인입 변대 그림을 단선도로 그리시오.

정답

(1) • DM : 최대 수요 전력량계
　　• VAR : 무효 전력계

(2) • LA의 수량 : 3개
　　• 정격전압 : 18 [kV]

(3) CNCV - W 케이블(수밀형) 또는 TR CNCV - W(트리억제형)

(4)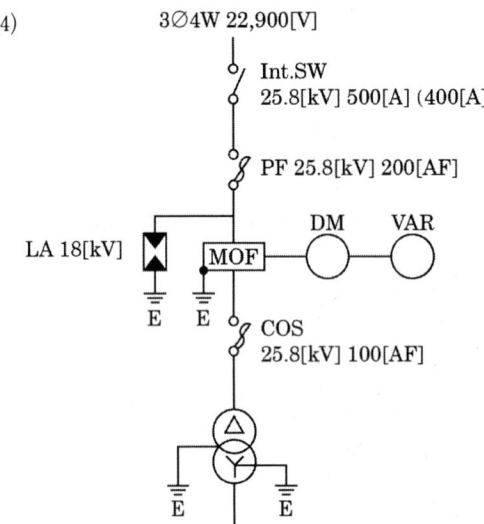

12

어느 발전소의 발전기 전압이 13.2 [kV], 용량이 93000 [kVA]이고, 퍼센트 동기 임피던스(%Z_s)는 95 [%]이다. 이 발전기의 Z_s는 몇 [Ω]인지 구하시오.

정답

■ 계산과정

• $\%Z_s = \dfrac{P_n Z_s}{10 V^2}$

• $Z_s = \dfrac{10 V^2 \times \%Z_s}{P_n} = \dfrac{10 \times 13.2^2 \times 95}{93000} = 1.78\ [\Omega]$

답 1.78 [Ω]

13

다음 시퀀스도를 보고 각 출력소자를 논리식으로 정의하시오.

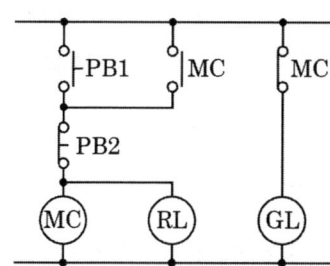

- MC :
- RL :
- GL :

정답

- $MC = (PB_1 + MC) \cdot \overline{PB_2}$
- $RL = (PB_1 + MC) \cdot \overline{PB_2}$
- $GL = \overline{MC}$

14

수전실 등의 시설과 관련하여 변압기, 배전반 등 수전설비는 보수점검에 필요한 공간 및 방화상 유효한 공간을 관리하기 위하여 주요부분이 유지하여야 할 거리를 정하고 있다. 다음 표에 기기별 최소유지거리를 쓰시오.

기기별 / 위치별	앞면 또는 조작·계측면	뒷면 또는 점검면	열상호 간(점검하는 면)
특고압 배전반	[m]	[m]	[m]
저압 배전반	[m]	[m]	[m]

정답

기기별 / 위치별	앞면 또는 조작·계측면	뒷면 또는 점검면	열상호 간(점검하는 면)
특고압 배전반	1.7 [m]	0.8 [m]	1.4 [m]
저압 배전반	1.5 [m]	0.6 [m]	1.2 [m]

핵심이론

□ 수전설비의 배전반 등의 최소유지거리(내선규정 3220-4)

기기별 \ 위치별	앞면 또는 조작·계측면	뒷면 또는 점검면	열상호 간(점검하는 면)
특고압 배전반	1.7	0.8	1.4
고압 배전반	1.5	0.6	1.2
저압 배전반	1.5	0.6	1.2
변압기 등	0.6		

15

그림은 어느 공장의 일부하 곡선이다. 이 공장에서의 일부하율[%]을 구하시오.

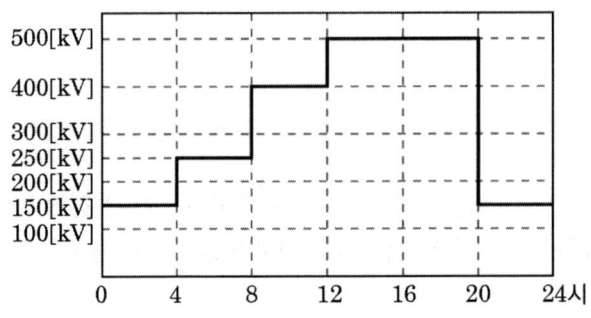

정답

■ 계산과정

$$\text{일부하율} = \frac{\frac{(150 \times 4 + 250 \times 4 + 400 \times 4 + 500 \times 8 + 150 \times 4)}{24}}{500} \times 100 = 65\,[\%]$$

답 65 [%]

16

유도전동기 부하에서 기동 용량 2000 [kVA], 기동 시 허용 전압강하 20 [%], 발전기의 과도 리액턴스가 25 [%]일 때 자가 발전기의 정격출력[kVA]을 구하시오.

정답

■ 계산과정

$$P \geq \left(\frac{1}{\text{허용전압강하}} - 1\right) \times X_d \times \text{기동용량}\,[\text{kVA}]$$
$$= \left(\frac{1}{0.2} - 1\right) \times 0.25 \times 2000 = 2000\,[\text{kVA}]$$

답 2000 [kVA]

01

다음은 어느 생산 공장의 수전설비이다. 이것을 이용하여 다음 각 물음에 답하시오.

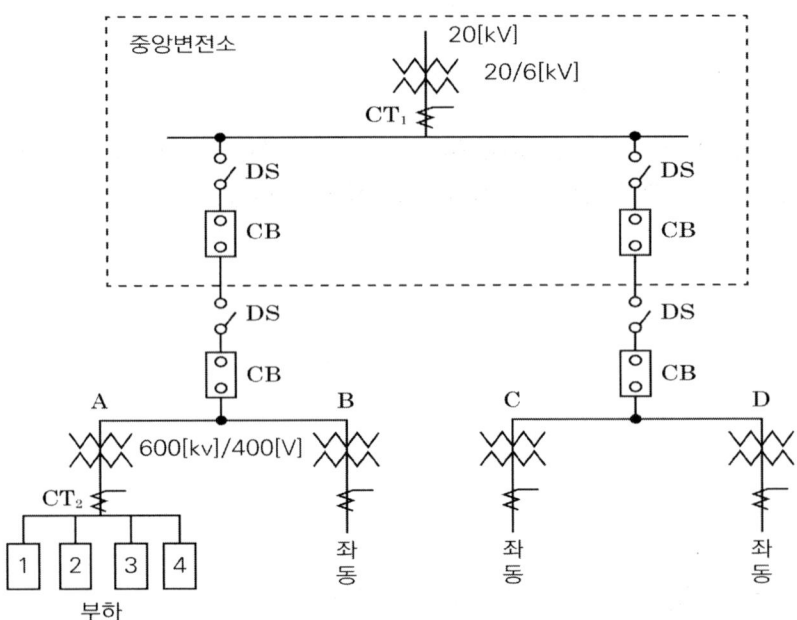

〈뱅크 부하 용량표〉

Feeder	부하설비 용량[kW]	수용률[%]
1	125	80
2	125	80
3	500	70
4	600	84

〈변류기 규격표〉

항목	변류기
정격 1차 전류[A]	5, 10, 15, 20, 30, 40, 50, 75, 100, 150, 200 300, 400, 500, 600, 700, 1000, 1500, 2000, 3000
정격 2차 전류[A]	5

<3상 변압기 표준 용량>

항목	변압기
용량[kVA]	500, 750, 1000, 1500, 2000, 3000, 5000

(1) 상기 부하표와 같이 A, B, C, D 4개의 뱅크가 있으며, 주 변압기와의 부등률이 1.3이다. 이때 주 변압기 용량을 선정하시오. (단, 각 부하의 역률은 0.8이며, 변압기 용량은 표준규격으로 한다)

(2) 변류기 CT_1과 CT_2의 변류비를 선정하시오. (단, 1차 수전전압은 20000/6000 [V], 2차 수전전압은 6000/400 [V]이며, 변류기는 최대 부하전류의 1.2배를 적용하고 표준규격으로 선정한다)
① CT_1의 변류비

② CT_2의 변류비

정답

(1) A뱅크의 최대 수요 전력 :
$$\frac{125 \times 0.8 + 125 \times 0.8 + 500 \times 0.7 + 600 \times 0.84}{0.8} = 1317.5 \text{ [kVA]}$$

A, B, C, D 각 뱅크 간의 부등률이 1.3이므로 $STr = \frac{1317.5 \times 4}{1.3} = 4053.85$ [kVA]

답 5000 [kVA]

(2) ① CT_1

$$I_1 = \frac{4053.85}{\sqrt{3} \times 6} \times 1.2 = 468.1 \text{ [A]} \quad \therefore 500/5 \text{ 선정}$$

답 500/5

② CT_2

$$I_1 = \frac{1317.5}{\sqrt{3} \times 0.4} \times 1.2 = 2281.98 \text{ [A]} \quad \therefore 3000/5 \text{ 선정}$$

답 3000/5

02

표와 같은 수용가 A, B, C, D에 공급하는 배전선로의 최대전력이 700 [kW]이다. 수용가의 부등률을 구하시오.

수용가	설비 용량[kW]	수용률[%]
A	300	70
B	300	50
C	400	60
D	500	80

정답

■ 계산과정

$$부등률 = \frac{(300 \times 0.7) + (300 \times 0.5) + (400 \times 0.6) + (500 \times 0.8)}{700} = 1.43$$

답 1.43

03

다음 단선도용 심벌을 보고 복선도를 그리시오.

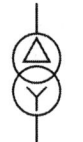 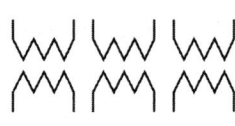

정답

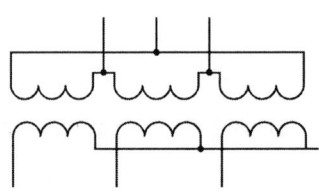

04

송전선로 전압을 154 [kV]에서 345 [kV]로 승압할 경우 송전선로에 나타나는 효과에 대하여 다음 물음에 답하시오.

(1) 전력손실이 동일한 경우 공급능력의 증대는 몇 배인지 구하시오.

(2) 전력손실의 감소는 몇 [%]인지 구하시오.

(3) 전압강하율의 감소는 몇 [%]인지 구하시오.

정답

(1) 공급능력 $P \propto V = \dfrac{345}{154} = 2.24$ 　　　답 2.24배

(2) 전력손실 $P_l \propto \dfrac{1}{V^2}$, $P_l' = \left(\dfrac{154}{345}\right)^2 P_l = 0.19925 P_l$

따라서 전력손실 감소는 $1 - 0.1993 = 0.8007$ 　　　답 80.07 [%]

(3) 전압강하율 $\delta \propto \dfrac{1}{V^2}$, $\delta' = \left(\dfrac{154}{354}\right)^2 \delta = 0.19925 \delta$

따라서 전압강하율 감소는 $1 - 0.1993 = 0.8007$ 　　　답 80.07 [%]

핵심이론

□ 전압과의 관계 요약

전압에 비례 ($\propto V$)	공급능력
전압의 제곱에 비례 ($\propto V^2$)	공급전력, 공급 거리
전압에 반비례 ($\propto \dfrac{1}{V}$)	전압강하
전압의 제곱에 반비례 ($\propto \dfrac{1}{V^2}$)	전력손실, 전력손실률, 전압강하율, 전선 단면적

05

FL - 20D 형광등의 전압이 100 [V], 전류가 0.35 [A], 안정기의 손실이 5 [W]일 때 역률은 몇 [%]인지 구하시오.

정답

■ 계산과정

FL - 20D : 20 [W] 형광등

- 형광 램프의 소비전력 $P = 20 + 5 = 25$ [W]

- 역률 $\cos\theta_1 = \dfrac{P}{VI} \times 100 = \dfrac{25}{100 \times 0.35} \times 100 = 71.43$ [%]

답 71.43 [%]

06

주어진 진리표는 3개의 리미트 스위치 LS_1, LS_2, LS_3에 입력을 주었을 때 출력 X와의 관계표이다. 이 표를 이용하여 다음 각 물음에 답하시오.

진리표			
LS_1	LS_2	LS_3	X
0	0	0	0
0	0	1	0
0	1	0	0
0	1	1	1
1	0	0	0
1	0	1	1
1	1	0	1
1	1	1	1

(1) 진리표를 이용하여 다음과 같은 Karnaugh도를 완성하시오.

LS_3 \ LS_1, LS_2	0 0	0 1	1 1	1 0
0				
1				

(2) 물음 (1)에서의 Karnaugh도에 대한 논리식을 쓰시오.

(3) 진리값과 물음 (2)의 논리식을 이용하여 무접점 회로도를 그리시오.

정답

(1)

LS_3 \ LS_1, LS_2	0 0	0 1	1 1	1 0
0	0	0	1	0
1	0	1	1	1

(2) $X = LS_1 LS_2 + LS_2 LS_3 + LS_1 LS_3$

(3)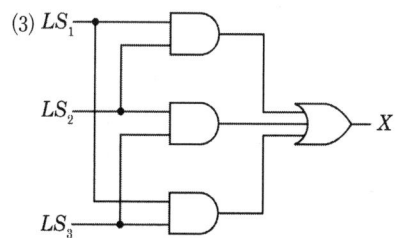

07

건축화 조명 방식 중 천장에 매입하는 조명 방식을 3가지만 쓰시오.

정답

광량조명(반매입 라인라이트), 코퍼조명, 다운라이트, 핀홀라이트

> 핵심이론
>
> □ 조명 방식 분류
> (1) 조명기구의 배광에 의한 분류
>   직접조명, 반직접조명, 전반확산조명, 반간접조명, 간접조명
> (2) 조명기구 배치에 의한 분류
>   전반조명, 국부조명, 전반·국부 병용 조명
> (3) 건축화조명
>   코퍼조명, 다운라이트조명, 핀홀라이트, 광량조명, 광천장조명, 코니스조명, 루버조명,
>   밸런스조명, 코브조명, 코너조명
>   ① 천장에 매입하는 것
>   • 광량조명(반매입 라인라이트), 코퍼조명, 다운라이트, 핀홀라이트
>   ② 천장면을 광원으로 하는 것
>   • 광천장조명, 루버조명, 코브조명
>   ③ 벽면을 광원으로 하는 것
>   • 코니스조명, 밸런스조명, 광벽조명

08   6점

전력퓨즈의 장·단점을 각각 3가지만 쓰시오.

(1) 전력퓨즈의 장점

(2) 전력퓨즈의 단점

> 정답

(1) ① 고속도 차단이 가능하다.
   ② 소형으로 큰 차단 용량을 갖는다.
   ③ 릴레이나 변성기가 필요 없다.

(2) ① 동작 후 재투입 불가
   ② 차단전류 – 동작시간 특성의 조정이 불가능하다.
   ③ 과도 전류에 용단되기 쉽다.

09

사무실용 건물에 3상 3선식 6000 [V]를 수전하고 200 [V]로 강압하여 사용하는 수전설비를 시설하였다. 각종 부하설비가 주어진 [표1], [표2]와 같을 때 다음 각 물음에 답하시오.

[표1] 동력 부하설비					
사용 목적	용량[kW]	대수	상용동력[kW]	하계동력[kW]	동계동력[kW]
• 난방관계					
- 보일러 펌프	6.0	1			6.0
- 오일기어 펌프	0.4	1			0.4
- 온수순환 펌프	3.0	1			3.0
• 공기조화관계					
- 1, 2, 3층 패키지 콤프레셔	7.5	6		45.0	
- 콤프레셔 팬	5.5	3	16.5		
- 냉각수 펌프	5.5	1		5.5	
- 쿨링타워	1.5	1		1.5	
• 급수, 배수 관계					
- 양수 펌프	3.0	1	3.0		
• 기타					
- 소화 펌프	5.5	1	5.5		
- 샷터	0.4	2	0.8		
합계			25.8	52.0	9.4

[표2] 조명 및 콘센트 부하설비

사용 목적	왓트 수 [W]	설치 수량	환산 용량 [VA]	총 용량 [VA]	비고
• 전등 관계					
- 수은등 A	200	2	260	1040	200 [V] 고역률
- 수은등 B	100	8	140	1120	100 [V] 고역률
- 형광등	40	820	55	45100	200 [V] 고역률
- 백열전등	60	20	60	600	
• 콘센트 관계					
- 일반 콘센트		80	150	12000	2P 15A
- 환기팬용 콘센트		8	55	440	
- 히터용 콘센트	1500	2		3000	
- 복사기용 콘센트		4		3600	
- 텔레타이프용 콘센트		2		2400	
- 룸쿨러용 콘센트		6		7200	
• 기타					
- 전화교환용 정류기		1		800	
계				77300	

[표3] 변압기 용량

상별	제작회사에서 시판되는 표준 용량[kVA]
단상 3상	5, 10, 15, 20, 30, 50, 75, 100, 150, 200, 250, 300

(1) 동계난방 때 온수순환 펌프는 상시 운전하고, 보일러 펌프와 오일기어 펌프의 수용률이 65 [%]일 때 난방동력 수용 부하는 몇 [kW]인지 구하시오.

(2) 동력 부하설비의 역률이 전부 70 [%]라고 한다면 피상전력은 각각 몇 [kVA]인지 구하시오. (단, 수용률을 적용하지 않는 용량이다)
  ① 상용동력

② 하계동력

③ 동계동력

(3) 총 전기설비 용량은 몇 [kVA]를 기준하여야 하는지 구하시오. (단, 동력 부하설비의 역률은 전부 70 [%]로 하며, 수용률을 적용하지 않는 용량이다)

(4) 전등의 수용률을 60 [%], 콘센트설비의 수용률을 70 [%]라고 한다면 몇 [kVA]의 단상 변압기에 연결하여야 하는지 구하시오. (단, 전화교환용 정류기는 100 [%] 수용률로서 계산 결과에 포함시키며 변압기 예비율(여유율)은 무시한다)

(5) 동력 부하설비의 수용률이 전부 55 [%]라면 동력 부하용 3상 변압기의 용량은 몇 [kVA]인지 구하시오. (단, 동력 부하설비의 역률은 전부 70 [%]로 하며, 변압기의 예비율(여유율)은 무시한다)

(6) 상기 (4)항과 (5)항에서 선정된 단상과 3상 변압기의 전류계용으로 사용되는 변류기의 1차측 정격전류는 각각 몇 [A]인지 표준규격에서 선정하시오. (단, 변류기는 최대 부하전류의 1.2배를 적용하며, 표준규격(A)은 75, 100, 150, 200, 300, 400, 500이다)

① 3상

② 단상

■ 계산과정

(1) 수용 부하 $= 3 + (6 + 0.4) \times 0.65 = 7.16$ [kW]

답 7.16 [kW]

(2) ① 상용동력의 피상전력 $= \dfrac{25.8}{0.7} = 36.86$ [kVA]

답 36.86 [kVA]

② 하계동력의 피상전력 $= \dfrac{52.0}{0.7} = 74.29$ [kVA]

답 74.29 [kVA]

③ 동계동력의 피상전력 $= \dfrac{9.4}{0.7} = 13.43$ [kVA]

답 13.43 [kVA]

(3) $36.86 + 74.29 + 77.3 = 188.45$ [kVA]

답 188.45 [kVA]

(4) • 전등 관계 : $(1040 + 1120 + 45100 + 600) \times 0.6 \times 10^{-3} = 28.72$ [kVA]
  • 콘센트 관계 :
  $(12000 + 440 + 3000 + 3600 + 2400 + 7200) \times 0.7 \times 10^{-3} = 20.05$ [kVA]
  • 기타 : $800 \times 1 \times 10^{-3} = 0.8$ [kVA]
  • $28.72 + 20.05 + 0.8 = 49.57$ [kVA]이므로 단상 변압기 용량은 50 [kVA]가 된다.

답 50 [kVA]

(5) 동계동력과 하계동력 중 큰 부하를 기준하고 상용동력과 합산하여

$\dfrac{(25.8 + 52.0) \times 0.55}{0.7} = 62.13$ [kVA]이므로 3상 변압기 용량은 75 [kVA]가 된다.

답 75 [kVA]

(6) ① 3상 변압기 1차 측 변류기 $I = \dfrac{75 \times 10^3}{\sqrt{3} \times 6 \times 10^3} \times 1.2 = 8.66$ [A]

답 10 [A] 선정

② 단상 변압기 1차 측 변류기 $I = \dfrac{50 \times 10^3}{6 \times 10^3} \times 1.2 = 10$ [A]

답 10 [A] 선정

10

그림과 같이 고저차가 없고 같은 경간에 전선이 가설되어 있다. 지금 가운데 지지점 B에서 전선이 지지점으로부터 떨어졌다고 하면 전선의 딥(Dip)은 전선이 떨어지기 전의 몇 배로 되는지 구하시오.

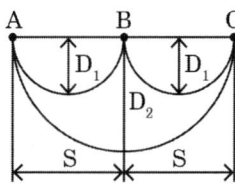

정답

■ 계산과정

전선이 떨어진 후에도 실제길이에는 변화가 없으므로

$$2\left(S + \frac{8D_1^2}{3S}\right) = 2S + \frac{8D_2^2}{3 \times 2S}$$

$$2S + 2 \times \frac{8D_1^2}{3S} = \left(2S + \frac{8D_2^2}{3 \times 2S}\right)$$

따라서 $D_2^2 = 4D_1^2$ 이므로 $D_2 = 2D_1$

답 2배

11

다음은 PLC 명령어 중 접점명령에 대한 것이다. 접점의 명칭 및 기능을 쓰시오.

명칭	심벌	접점의 명칭 및 기능
LOAD	─┤ ├─	
LOAD NOT	─┤/├─	

명칭	심벌	접점의 명칭 및 기능
LOAD	⊣ ⊢	시작점 A접점 : 상시개로 순시폐로
LOAD NOT	⊣/⊢	시작점 B접점 : 상시폐로 순시개로

12

어느 회사에서 한 부지에 A, B, C의 세 공장을 세워 3대의 급수 펌프 P_1(소형), P_2(중형), P_3(대형)로 다음 조건에 따라 급수계획을 세웠다. 조건과 미완성 시퀀스 도면을 보고 다음 각 물음에 답하시오.

[조건]
- 공장 A, B, C가 모두 휴무일 때 그중 한 공장만 가동할 때에는 펌프 P_1만 가동시킨다.
- 공장 A, B, C 중 어느 것이나 두 개의 공장만 가동할 때에는 P_2만 가동시킨다.
- 공장 A, B, C 모두를 가동할 때에는 P_3만 가동시킨다.

〈도면〉

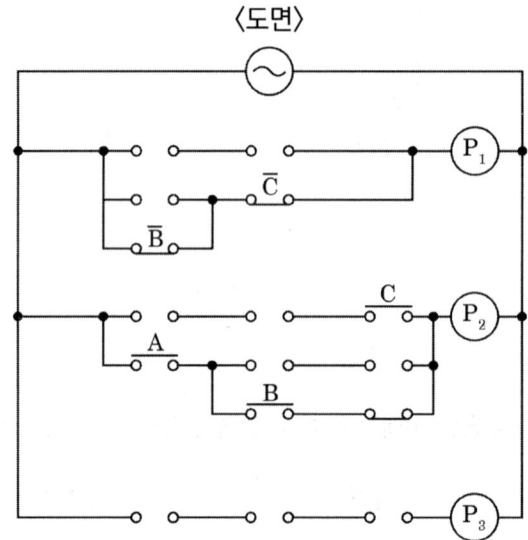

(1) 위의 조건에 대한 진리표를 작성하시오.

A	B	C	P₁	P₂	P₃
0	0	0			
1	0	0			
0	1	0			
0	0	1			
1	1	0			
1	0	1			
0	1	1			
1	1	1			

(2) 주어진 미완성 시퀀스 도면에 접점과 그 기호를 삽입하여 도면을 완성하시오.

(3) P_1, P_2, P_3의 출력식을 가장 간단한 식으로 표현하시오.
- P_1 :

- P_2 :

- P_3 :

정답

(1)

A	B	C	P₁	P₂	P₃
0	0	0	1	0	0
1	0	0	1	0	0
0	1	0	1	0	0
0	0	1	1	0	0
1	1	0	0	1	0
1	0	1	0	1	0
0	1	1	0	1	0
1	1	1	0	0	1

(2)
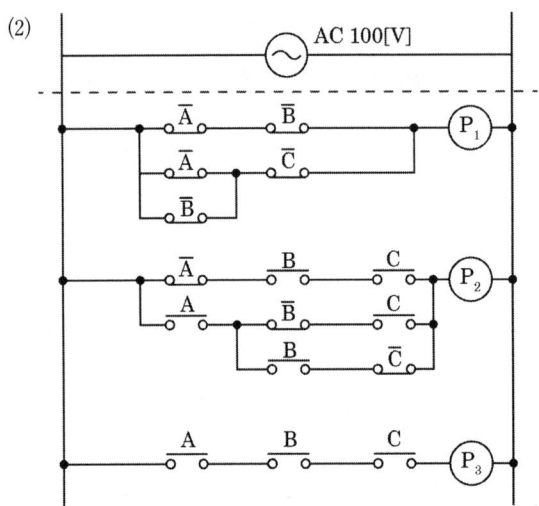

(3) • $P_1 = \overline{A}\,\overline{B}\,\overline{C} + \overline{A}\,\overline{B}C + \overline{A}B\overline{C} + A\overline{B}\,\overline{C}$
$= \overline{A}\,\overline{B}\,\overline{C} + \overline{A}\,\overline{B}C + \overline{A}B\overline{C} + A\overline{B}\,\overline{C} + \overline{A}\,\overline{B}\,\overline{C} + \overline{A}\,\overline{B}\,\overline{C}$
$= \overline{A}\,\overline{B}(C + \overline{C}) + \overline{A}\,\overline{C}(B + \overline{B}) + \overline{B}\,\overline{C}(A + \overline{A})$
$= \overline{A}\,\overline{B} + (\overline{A} + \overline{B})\overline{C}$

• $P_2 = \overline{A}BC + A\overline{B}C + AB\overline{C} = \overline{A}BC + A(\overline{B}C + B\overline{C})$

• $P_3 = ABC$

13 6점

수전 방식 중에서 1회선 수전 방식의 특징을 3가지만 쓰시오.

정답

• 설비가 간단하고 경제적이다.   • 소규모 용량에 사용한다.
• 선로 및 수전용 차단기 사고 시에는 고장파급이 크다.

14 5점

30 [kW], 역률 65 [%]의 부하를 역률 90 [%]로 개선하기 위한 콘덴서의 용량[kVA]을 구하시오.

정답

■ 계산과정

콘덴서 용량 $Q_c = P(\tan\theta_1 - \tan\theta_2)$
$$= 30 \times \left(\frac{\sqrt{1-0.65^2}}{0.65} - \frac{\sqrt{1-0.9^2}}{0.9}\right) = 20.54 \text{ [kVA]}$$

답 20.54 [kVA]

15

바닥 면적 200 [m²]의 교실에 전광속 2500 [lm]의 40 [W] 형광등을 시설하여 평균조도를 150 [lx]로 하려면 설치하여야 하는 전등 수는 몇 개인지 구하시오. (단, 조명률 50 [%], 감광보상률 1.25로 한다)

정답

■ 계산과정

$$N = \frac{EAD}{FU} = \frac{150 \times 200 \times 1.25}{2500 \times 0.5} = 30$$

답 30 [등]

16

전력시설물공사 감리업무 수행지침상에서 책임감리원이 최종감리보고서를 감리기간 종료 후 발주자에게 제출할 때 최종감리보고서에 포함되는 사항 중 안전관리 실적의 종류를 3가지만 쓰시오.

정답

안전관리조직, 교육실적, 안전점검실적, 안전관리비 사용실적

01

주어진 도면을 보고 다음 각 물음에 답하시오.

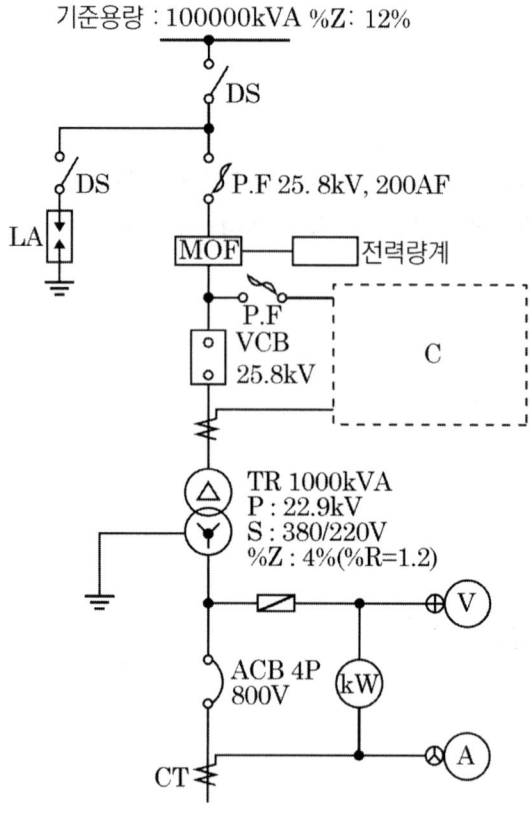

(1) LA의 명칭과 그 기능을 설명하시오.

(2) VCB의 필요한 최소 차단 용량[MVA]을 구하시오.

(3) 도면에서 C부분에 그려져야 할 것들 중 5가지만 쓰시오.

(4) ACB의 최소 차단전류[kA]를 구하시오.

(5) 최대 부하 800 [kVA], 역률 80 [%]인 경우 변압기에 의한 전압변동률[%]을 구하시오.

정답

(1) • 명칭 : 피뢰기
   • 기능 : 이상전압이 내습하면 대지로 방전시키고, 속류를 차단한다.

(2) 전원 측 %Z가 100 [MVA]에 대하여 12 [%]이므로

$P_s = \dfrac{100}{\%Z} \times P_n$ [MVA]에서

$P_s = \dfrac{100}{12} \times 100 = 833.33$ [MVA]

답 833.33 [MVA]

(3) ① 계기용 변압기
   ② 전압계용 전환 개폐기
   ③ 전압계
   ④ 과전류 계전기
   ⑤ 전류계용 전환 개폐기
   ⑥ 전류계
   ⑦ 역률계
   ⑧ 지락 과전류 계전기

(4) 변압기 %Z를 기준 용량의 %Z로 환산하면

$\%Z_T = \dfrac{100000}{1000} \times 4 = 400$ [%]

합성 $\%Z = 12 + 400 = 412$ [%]

단락전류 $I_s = \dfrac{100}{\%Z} I_n = \dfrac{100}{412} \times \dfrac{100 \times 10^6}{\sqrt{3} \times 380} \times 10^{-3} = 36.88$ [kA]

답 36.88 [kA]

(5) • %저항 강하 $p = 1.2 \times \dfrac{800}{1000} = 0.96$ [%]

   • %리액턴스 강하 $q = \sqrt{4^2 - 1.2^2} \times \dfrac{800}{1000} = 3.05$ [%]

   • 전압변동률 $\epsilon = p\cos\theta + q\sin\theta = 0.96 \times 0.8 + 3.05 \times 0.6 = 2.598$ [%]

답 2.6 [%]

02

전력시설물공사 감리업무 수행 시 비상주 감리원의 업무를 5가지만 쓰시오.

> 정답
- 설계도서 등의 검토
- 시공상의 문제점에 대한 기술 검토와 민원사항에 대한 현지조사 및 해결방안 검토
- 중요한 설계변경에 대한 기술 검토
- 설계변경 및 계약금액 조정의 심사
- 기성 및 준공검사
- 감리업무 추진 시 기술지원

03 6점

40 [kVA], 3상 380 [V], 60 [Hz]용 전력용 콘덴서의 결선 방식에 따른 용량을 [μF]으로 구하시오.

(1) △결선인 경우 C_1 [μF]

(2) Y결선인 경우 C_2 [μF]

> 정답

(1) $Q = 3\omega C_1 E^2 = 3\omega C_1 V^2$

$$C_1 = \frac{Q}{3\omega V^2} = \frac{Q}{3 \times 2\pi f \times V^2} = \frac{40 \times 10^3}{3 \times 2\pi \times 60 \times 380^2} \times 10^6 = 244.93 \, [\mu F]$$

답 244.93 [μF]

(2) $Q = 3\omega C_2 E^2 = 3\omega C_2 \left(\dfrac{V}{\sqrt{3}}\right)^2 = \omega C_2 V^2$

$$C_2 = \frac{Q}{\omega V^2} = \frac{Q}{2\pi f \times V^2} = \frac{40 \times 10^3}{2\pi \times 60 \times 380^2} \times 10^6 = 734.79 \, [\mu F]$$

답 734.79 [μF]

> 핵심이론

□ 전력용 콘덴서의 용량
- Y결선 : $Q_Y = 3\omega C E^2 = 3\omega C \left(\dfrac{V}{\sqrt{3}}\right)^2 = \omega C V^2$
- Δ결선 : $Q_\Delta = 3\omega C E^2 = 3\omega C V^2$

E : 상전압, V : 선간전압

04

다음 주어진 전동기 정·역 운전회로의 주 회로에 알맞은 제어회로를 주어진 설명과 같은 시퀀스도로 완성하시오.

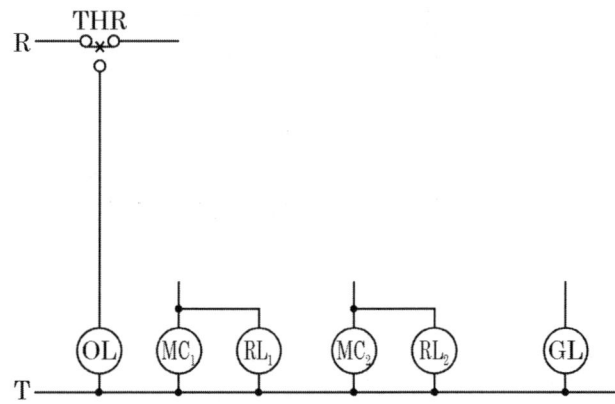

[제어회로 동작 설명]
1. 제어회로에 전원이 인가되면 GL 램프가 점등된다.
2. 푸시버튼(BS_1)을 누르면 MC_1이 여자되고 회로가 자기유지되며, RL_1 램프가 점등된다.
3. MC_1의 동작에 따라 전동기는 정회전을 하고 GL 램프는 소등된다.
4. 푸시버튼(BS_3)을 누르면 전동기가 정지하고 GL 램프가 점등된다.
5. 푸시버튼(BS_2)을 누르면 MC_2가 여자되고 회로가 자기유지되며, RL_2 램프가 점등된다.
6. MC_2의 동작에 따라 전동기는 역회전을 하고 GL 램프는 소등된다.
7. 푸시버튼(BS_3)을 누르면 전동기가 정지하고 GL 램프가 점등된다.
8. MC_1, MC_2는 동시 작동하지 않도록 MC b접점을 이용하여 상호 인터록 회로로 구성되어 있다.
9. 과전류가 흘러 열동형 계전기가 작동하면, 제어회로에 전원이 차단되고 OL 램프가 점등된다.

정답

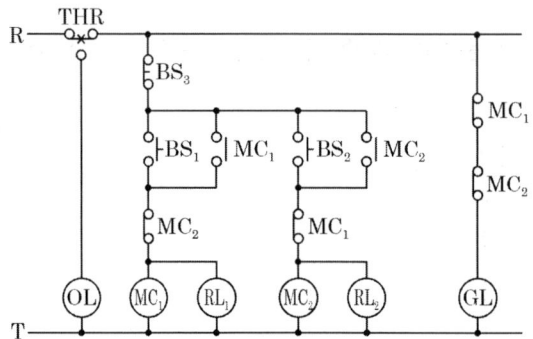

05

부하율을 식으로 표현하고 부하율이 높다는 의미에 대해 설명하시오.

정답

- 부하율 = $\dfrac{평균전력}{최대전력} \times 100$ [%]

- '부하율이 높다'의 의미
  ① 전기설비를 유용하게 사용한다.
  ② 첨두 부하설비가 감소된다.

06

변류비 30/5 [A]인 CT 2개를 그림과 같이 접속하였을 때 전류계에 2 [A]가 흐른다고 하면 CT 1차 측에 흐르는 전류는 몇 [A]인지 구하시오.

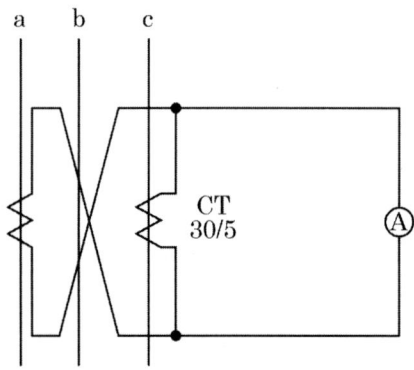

정답

■ 계산과정

$CT비 = \dfrac{I_1}{I_2} = \dfrac{30}{5}$ 이고 차동결선이므로

CT 1차 측 전류 $I_1 = I_2 \times \dfrac{1}{\sqrt{3}} \times CT비 = 2 \times \dfrac{1}{\sqrt{3}} \times \dfrac{30}{5} = 6.93$ [A]

답 6.93 [A]

핵심이론

□ CT의 1차전류
- 가동접속 : $I_1 = I_2 \times CT비$
- 차동접속 : $I_1 = I_2 \times CT비 \times \dfrac{1}{\sqrt{3}}$

07 5점

다음 조건에 맞는 콘센트의 그림 기호를 그리시오.

(1) 벽붙이용	(2) 천장에 부착하는 경우	(3) 바닥에 부착하는 경우
(4) 방수형	(5) 2구용	

정답

(1) 벽붙이용	(2) 천장에 부착하는 경우	(3) 바닥에 부착하는 경우
⊙	⊙	⊙
(4) 방수형	(5) 2구용	
⊙WP	⊙₂	

08

500 [kVA]의 변압기가 그림과 같은 부하로 운전되고 있다. 오전에는 역률을 85 [%]로, 오후에는 100 [%]로 운전된다고 할 때 전일효율[%]을 구하시오. (단, 이 변압기의 철손은 6 [kW], 전부하의 동손은 10 [kW]라고 한다)

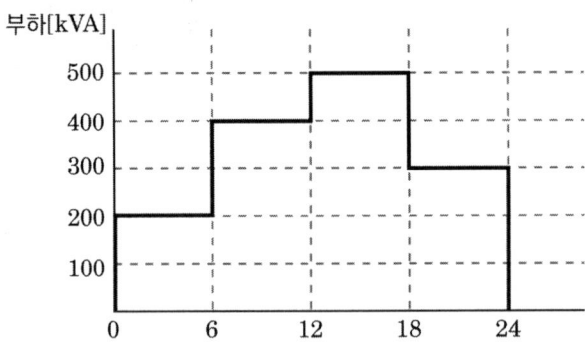

정답

■ 계산과정

- 출력량 : $P = [(200 \times 6 \times 0.85) + (400 \times 6 \times 0.85) + (500 \times 6 \times 1) + (300 \times 6 \times 1)]$
  $= 7860 \text{ [kWh]}$

- 동손량 : $P_c = 10 \times \left\{ \left(\frac{200}{500}\right)^2 \times 6 + \left(\frac{400}{500}\right)^2 \times 6 + \left(\frac{500}{500}\right)^2 \times 6 + \left(\frac{300}{500}\right)^2 \times 6 \right\}$
  $= 129.6 \text{ [kWh]}$

- 철손량 : $P_i = 24 \times 6 = 144 \text{ [kW]}$

- 전일효율 : $\eta = \dfrac{7860}{7860 + 129.6 + 144} \times 100 = 96.64 \text{ [%]}$

답 96.64 [%]

09

역률 과보상 시 발생하는 현상 3가지를 쓰시오.

정답

- 역률의 저하 및 전력손실의 증가
- 단자전압 상승
- 계전기 오동작
- 설비 용량 감소
- 고조파 증대

10

단상 2선식 220 [V] 배전선로에 소비전력 40 [W], 역률 80 [%]의 형광등 180개를 설치할 때 16 [A] 분기회로의 최소 회선수를 구하시오. (단, 한 회로의 부하전류는 분기회로의 80 [%]로 한다)

정답

■ 계산과정

- 부하전류 $I = \dfrac{P}{V\cos\theta} = \dfrac{40 \times 180}{220 \times 0.8} = 40.91$ [A]

- 분기회로 수 $= \dfrac{40.91}{16 \times 0.8} = 3.2$ 회로

답 16 [A] 분기 4회로

11

그림과 같은 논리회로를 유접점 회로로 변환하여 그리시오.

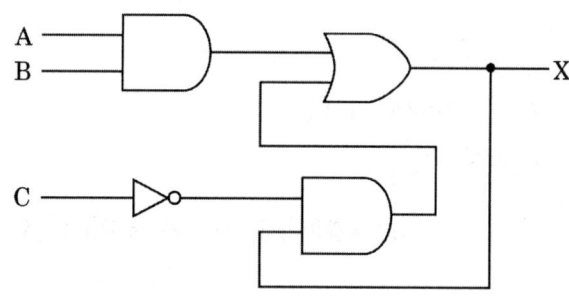

정답

- 유접점 회로

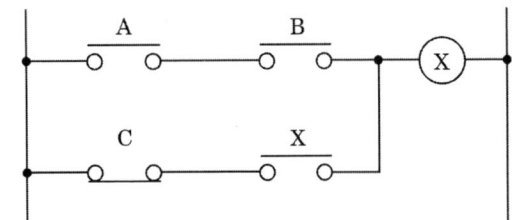

12   6점

지상 7 [m]에 있는 300 [m³]의 저수조에 양수하는 데 30 [kW]의 전동기를 사용할 경우 저수조에 물을 가득 채우는 데 소용되는 시간[분]을 구하시오. (단, 펌프의 효율은 80 [%], K = 1.2이다)

정답

■ 계산과정

- 펌프용 전동기 용량 $P = \dfrac{9.8qHK}{\eta} = \dfrac{QHK}{6.12 \times \eta}$

- $30\,[kW] = \dfrac{\frac{300}{t} \times 7 \times 1.2}{6.12 \times 0.8}$

- $t = \dfrac{300 \times 7 \times 1.2}{6.12 \times 0.8 \times 30} = 17.15\,[분]$

답 17.15 [분]

핵심이론

□ 발전기 용량

(1) 수력발전기 용량 $P_a = 9.8qHK\eta\,[kW]$

(2) 펌프 용량 $P = \dfrac{9.8qHK}{\eta}\,[kW]$

q : 유량[m³/s], H : 낙차 높이[m], K : 여유계수, η : 효율

13

피뢰기의 정기점검 항목을 4가지만 쓰시오.

정답

- 피뢰기 애자 부분 손상 여부 점검
- 피뢰기 접지선 접선상태의 이상 유무 점검
- 피뢰기 절연저항 측정
- 피뢰기 접지저항 측정

14

분전반에서 30 [m]인 거리에 5 [kW]의 단상교류(2선식) 200 [V]의 전열기용 아웃렛을 설치하여 그 전압강하를 4 [V] 이하가 되도록 하려고 한다. 배선방법을 금속관공사로 한다고 할 때 필요한 전선의 굵기를 계산하고 실제 사용되는 전선의 굵기(실제 사용 규격)를 선정하시오.

정답

■ 계산과정

- $I = \dfrac{5 \times 10^3}{200} = 25$ [A]

- 전선의 굵기 $A = \dfrac{35.6\,LI}{1000e} = \dfrac{35.6 \times 30 \times 25}{1000 \times 4} = 6.68$ [mm^2] 　답 10 [mm^2]

> **핵심이론**
>
> ▫ 전기방식별 전압강하
>
> | 배전방식 | 전압강하 | 측정 기준 |
> |---|---|---|
> | 단상 2선식 | $e = \dfrac{35.6LI}{1000A}$ | 선간 |
> | 3상 3선식 | $e = \dfrac{30.8LI}{1000A}$ | 선간 |
> | 단상 3선식
3상 4선식 | $e = \dfrac{17.8LI}{1000A}$ | 대지간 |

15

수전전압 3000 [V], 역률 0.8의 부하에 지름 5 [mm]의 경동선으로 20 [km]의 거리에 10 [%] 이내의 손실률로 보낼 수 있는 3상 전력[kW]을 구하시오.

정답

■ 계산과정

- $K = \dfrac{P_\ell}{P} = \dfrac{\dfrac{P^2 \rho \ell}{V^2 \cos^2\theta \times A}}{P} = \dfrac{P\rho\ell}{V^2 \cos^2\theta \times A}$

$\therefore P = \dfrac{V^2 \cos^2\theta \times A \times K}{\rho \times \ell} = \dfrac{3000^2 \times 0.8^2 \times \dfrac{\pi}{4} \times 5^2 \times 0.1}{\dfrac{1}{55} \times 20 \times 10^3} \times 10^{-3} = 31.1 \text{ [kW]}$

답 31.1 [kW]

16

전기사업자는 그가 공급하는 전기의 품질(표준전압, 표준주파수)을 허용오차 범위 안에서 유지하도록 전기사업법에 규정되어 있다. 다음 표의 괄호 안에 표준전압 또는 표준주파수에 대한 허용오차를 정확하게 쓰시오.

표준전압 또는 표준주파수	허용 오차
110볼트	110볼트의 상하로 (　　) 볼트 이내
220볼트	220볼트의 상하로 (　　) 볼트 이내
380볼트	380볼트의 상하로 (　　) 볼트 이내
60헤르츠	60헤르츠 상하로 (　　) 헤르츠 이내

정답

표준전압 또는 표준주파수	허용 오차
110볼트	110볼트의 상하로 (6) 볼트 이내
220볼트	220볼트의 상하로 (13) 볼트 이내
380볼트	380볼트의 상하로 (38) 볼트 이내
60헤르츠	60헤르츠 상하로 (0.2) 헤르츠 이내

2017년 제2회

01 [5점]

부하 용량이 300 [kW]이고 전압이 3상 380 [V]인 전기설비의 계기용 변류기의 1차 전류를 계산하고 그 값을 기준으로 변류기의 1차 전류를 다음 규격에서 선정하시오.

[조건]
- 수용가의 인입 회로나 전력용 변압기의 1차 측에 설치
- 실제 사용하는 정도의 1차 전류 용량을 산정
- 부하 역률은 1로 계산
- 계기용 변류기 1차 전류[A] 규격은 300, 400, 600, 800, 1000 중에서 선정

정답

■ 계산과정

$$I = \frac{300 \times 10^3}{\sqrt{3} \times 380} = 455.8 \text{ [A]}$$

답 600 [A]

02 [5점]

200 [kW] 설비 용량 수용가의 부하율 70 [%], 수용률 80 [%]라면 1개월(30일) 동안의 사용 전력량[kWh]을 계산하시오.

정답

■ 계산과정

사용전력량 = 최대수용전력 × 부하율 × 시간
         = 설비 용량 × 수용률 × 부하율 × 시간
         = 200 × 0.8 × 0.7 × 30 × 24 = 80640 [kWh]

답 80640 [kWh]

03 5점

전력계통에 이용되는 리액터의 분류에 따른 설치 목적을 적으시오.

구분	설치 목적
분로(병렬) 리액터	
직렬 리액터	
소호 리액터	
한류 리액터	

정답

구분	설치 목적
분로(병렬) 리액터	페란티 현상의 방지
직렬 리액터	제5고조파의 제거
소호 리액터	지락전류의 제한
한류 리액터	단락전류의 제한

04

축전지를 충전하는 방식을 3가지만 적고 충전 방식에 대하여 설명하시오.

정답

- 보통 충전 : 필요할 때마다 표준 시간율로 소정의 충전을 하는 방식
- 급속 충전 : 비교적 단시간에 보통 전류의 2~3배의 전류로 충전하는 방식
- 부동 충전 : 축전지의 자기 방전을 보충함과 동시에 상용 부하에 대한 전력 공급은 충전기가 부담하도록 하되, 충전기가 부담하기 어려운 일시적인 대전류 부하는 축전지로 하여금 부담하게 하는 방식

핵심이론

□ 축전기의 충전 방식

(1) 초기 충전 : 전해액을 넣지 않은 미충전 상태의 축전지에 전해액을 주입하여 처음으로 행하는 충전, 비교적 소전류로 장시간 통전하여 축전지를 활성화함
(2) 보통 충전 : 필요할 때마다 표준 시간율로 소정의 충전을 하는 방식
(3) 급속 충전 : 비교적 단시간에 보통 전류의 2~3배의 전류로 충전하는 방식
(4) 부동 충전 : 축전지의 자기 방전을 보충함과 동시에 상용 부하에 대한 전력 공급은 충전기가 부담하도록 하되, 충전기가 부담하기 어려운 일시적인 대전류 부하는 축전지로 하여금 부담하게 하는 방식
(5) 세류 충전 : 자기가 방전한 만큼의 양만 다시 충전하는 방식
(6) 회복 충전 : 방전된 축전지를 용량이 충분히 회복될 때까지 충전하는 방식
(7) 균등 충전 : 부동 충전 방식을 사용하여 다수의 전지를 충전하면 전압이 서로 불균일하게 충전되어 서로 전위가 다를 수 있는데 이를 보정해주는 방식, 약 1~3개월에 한 번씩 실시

05

어느 변압기의 2차 정격전압은 2300 [V], 2차 정격전류는 43.5 [A], 2차 측으로부터 본 합성저항이 0.66 [Ω], 무부하손이 1000 [W]이다. 전부하 시 역률이 100 [%] 및 80 [%]일 때의 효율을 각각 계산하시오.

(1) 전부하 시 역률 100 [%]일 때의 효율[%]
(2) 전부하 시 역률 80 [%]일 때의 효율[%]

정답

(1) $\eta = \dfrac{P_n \cos\theta}{P_n \cos\theta + P_i + P_c} \times 100$

$= \dfrac{2300 \times 43.5 \times 1}{2300 \times 43.5 \times 1 + 1000 + 43.5^2 \times 0.66} \times 100 = 97.8 \, [\%]$

답 97.8 [%]

(2) $\eta = \dfrac{P_n \cos\theta}{P_n \cos\theta + P_i + P_c} \times 100$

$= \dfrac{2300 \times 43.5 \times 0.8}{2300 \times 43.5 \times 0.8 + 1000 + 43.5^2 \times 0.66} \times 100 = 97.27 \, [\%]$

답 97.27 [%]

06

폭 5 [m], 길이 7.5 [m], 천장 높이 3.5 [m]의 방에 형광등 40 [W] 4등을 설치하니 평균조도가 100 [lx]가 되었다. 40 [W] 형광등 1등의 광속이 3000 [lm], 조명률이 0.5일 때 감광보상률을 계산하시오.

정답

■ 계산과정

$D = \dfrac{FUN}{EA} = \dfrac{3000 \times 0.5 \times 4}{100 \times 5 \times 7.5} = 1.6$

답 1.6

핵심이론

□ 광속의 결정

$FUN = EAD$

- E : 평균조도 · A : 실내의 면적 · U : 조명률 · D : 감광보상률
- N : 소요 등수 · F : 1등당 광속 · M : 보수율(감광보상률의 역수)

07

3상 4선식 송전선에 1선의 저항이 10 [Ω], 리액턴스가 20 [Ω]이고, 송전단 전압이 6600 [V], 수전단 전압이 6100 [V]이었다. 수전단의 부하를 끊은 경우 수전단 전압이 6300 [V], 부하 역률이 0.8일 때 다음 질문에 답하시오.

(1) 전압강하율[%]을 계산하시오.

(2) 전압변동률[%]을 계산하시오.

(3) 이 송전선로의 수전 가능한 전력[kW]을 계산하시오.

정답

(1) 전압강하율 : $\delta = \dfrac{V_s - V_r}{V_r} \times 100 = \dfrac{6600 - 6100}{6100} \times 100 = 8.2$ [%]

답 8.2 [%]

(2) 전압변동률 : $\epsilon = \dfrac{V_{r0} - V_r}{V_r} \times 100 = \dfrac{6300 - 6100}{6100} \times 100 = 3.28$ [%]

답 3.28 [%]

(3) 전압강하 $e = V_s - V_r = 6600 - 6100 = 500$ [V]

$e = \dfrac{P(R + X\tan\theta)}{V_r}$ 에서

수전전력 $P = \dfrac{eV_r}{R + X\tan\theta} = \dfrac{500 \times 6100}{10 + 20 \times \dfrac{0.6}{0.8}} \times 10^{-3} = 122$ [kW]

답 122 [kW]

08

부하설비의 역률이 90 [%] 이하로 낮아지는 경우 수용가가 볼 수 있는 손해를 4가지만 적으시오. (단, 역률은 지상역률이다)

정답

- 전력손실이 증가
- 전압강하가 증가
- 전기 요금이 증가
- 설비 용량의 여유분 감소

09

다음 그림과 같은 배전 방식의 명칭과 이 배전 방식의 특징을 4가지 적으시오. (단, 특징은 배전용 변압기 1대 단위로 저압 배전선로를 구성하는 방식과 비교한 경우이다)

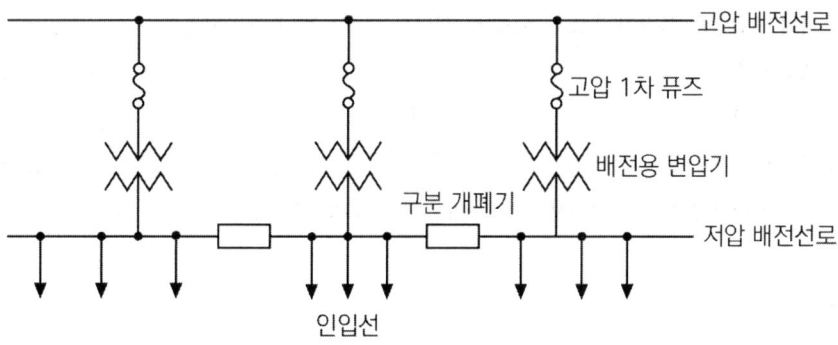

(1) 명칭 :

(2) 특징 :

정답

(1) 명칭 : 저압뱅킹 방식

(2) 특징
- 전압강하가 작다.
- 플리커 현상이 적다.
- 전력손실이 작다.
- 전압변동이 적다.
- 저압선의 동량이 절감되고, 변압기의 용량이 저감된다.
- 부하 증가에 대한 공급 탄력성이 있다.

10

다음 표 안의 시설 조건에 맞는 고압가공인입선의 높이를 적으시오. (단, 내선규정을 따른다)

시설 조건	전선의 높이[m]
도로(농로 기타의 교통이 복잡하지 않는 도로 및 횡단보도교는 제외)의 노면상	① 이상
철도 또는 레일면상	② 이상
횡단보도교의 노면상	③ 이상
상기 이외의 지표상	④ 이상
공장 구내 등에서 해당 전선(가공케이블은 제외)의 아래쪽에 위험하다는 표시를 할 때의 지표상	⑤ 이상

정답

시설 조건	전선의 높이[m]
도로(농로 기타의 교통이 복잡하지 않는 도로 및 횡단보도교는 제외)의 노면상	① 6 [m] 이상
철도 또는 레일면상	② 6.5 [m] 이상
횡단보도교의 노면상	③ 3.5 [m] 이상
상기 이외의 지표상	④ 5 [m] 이상
공장 구내 등에서 해당 전선(가공케이블은 제외)의 아래쪽에 위험하다는 표시를 할 때의 지표상	⑤ 3.5 [m] 이상

핵심이론

□ 고압 가공전선의 높이(KEC 332.5)

구분	이격거리
도로	도로[농로 기타 교통이 번잡하지 아니한 도로 및 횡단 보도교(도로·철도·레일 등의 위를 횡단하여 시설하는 다리모양의 시설물로서 보행용으로만 사용되는 것을 말한다)를 제외한다. 이하 같다]를 횡단하는 경우는 지표상 6 [m] 이상
철도 또는 궤도를 횡단	레일면상 6.5 [m] 이상
횡단보도교의 위쪽	횡단보도교의 노면상 3.5 [m] 이상
상기 이외의 경우	지표상 5 [m] (다만 고압 가공인입선이 케이블 이외의 것인 때는 그 전선의 아래쪽에 위험 표시를 할 경우에 3.5 [m]까지 감할 수 있다)

11

책임 설계 감리원이 설계 감리의 기성 및 준공을 처리한 때에 발주자에게 제출하는 준공서류 중 감리기록서류 5가지를 적으시오. (단, 설계감리업무 수행지침을 따른다)

정답

① 설계감리일지
② 설계감리지시부
③ 설계감리기록부
④ 설계감리요청서
⑤ 설계자와 협의사항 기록부

12

다음 그림은 154 [kV]를 수전하는 어느 공장의 수전설비 도면의 일부분이다. 이 도면을 보고 다음 각 질문에 답하시오.

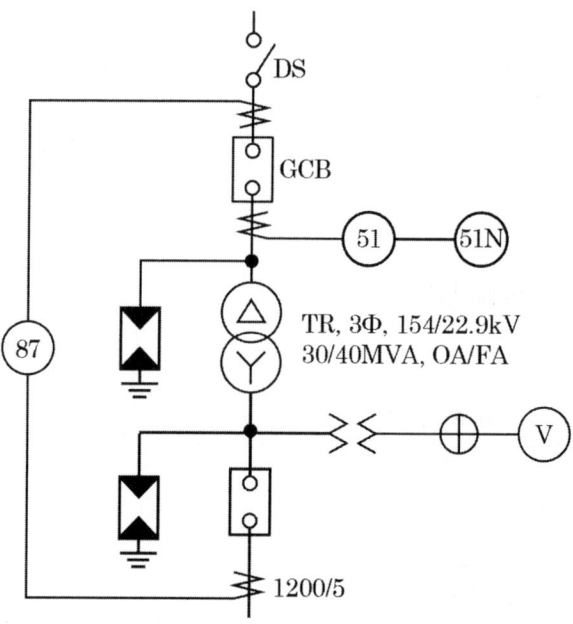

(1) 그림에서 87과 51N의 명칭을 적으시오.
 • 87 :
 • 51N :

(2) 154/22.9 [kV] 변압기에서 FA 용량 기준으로 154 [kV] 측의 전류와 22.9 [kV] 측의 전류는 몇 [A]인지 계산하시오.

⟨154 [kV] 측⟩

⟨22.9 [kV] 측⟩

(3) GCB에는 주로 절연재료로 어떤 가스를 사용하는지 적으시오.

(4) △ - Y 변압기의 복선도를 그려 완성하시오.

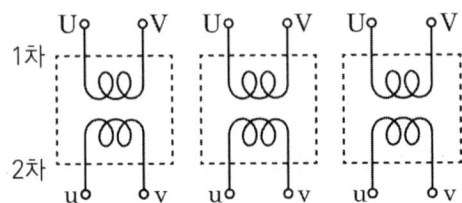

> **정답**

(1) • 87 : 비율 차동 계전기
 • 51N : 중성점 과전류 계전기

(2) ⟨154 [kV] 측⟩

$I = \dfrac{40000}{\sqrt{3} \times 154} = 149.96$ [A]   답 149.96 [A]

⟨22.9 [kV] 측⟩

$I = \dfrac{40000}{\sqrt{3} \times 22.9} = 1008.47$ [A]   답 1008.47 [A]

(3) SF_6 (육불화황)가스

(4)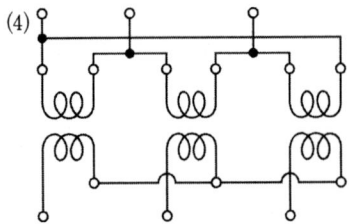

13

비상용 조명 부하 110 [V]용 100 [W] 58등, 60 [W] 50등이 있다. 방전 시간 30분 축전지 HS형 54 [cell]. 허용 최저 전압 100 [V], 최저 축전지 온도 5 [℃]일 때 축전지 용량은 몇 [Ah]인지 계산하시오. (단, 경년 용량 저하율 0.8, 용량환산시간 K = 1.2이다)

정답

■ 계산과정

- 부하전류 $I = \dfrac{P}{V} = \dfrac{100 \times 58 + 60 \times 50}{110} = 80$ [A]

- 축전지 용량 $C = \dfrac{1}{L}KI = \dfrac{1}{0.8} \times 1.2 \times 80 = 120$ [Ah]

답 120 [Ah]

14

변압기의 병렬운전 조건을 4가지 적으시오.

정답

(1) 극성이 일치할 것
(2) 정격전압(권수비)이 같은 것
(3) %임피던스 강하(임피던스 전압)가 같을 것
(4) 내부저항과 누설 리액턴스의 비가 같을 것

15

다음 그림은 특고압 수변전설비 중 지락보호회로 복선도의 일부분이다. ① ~ ⑤까지에 해당되는 부분의 각 명칭을 적으시오.

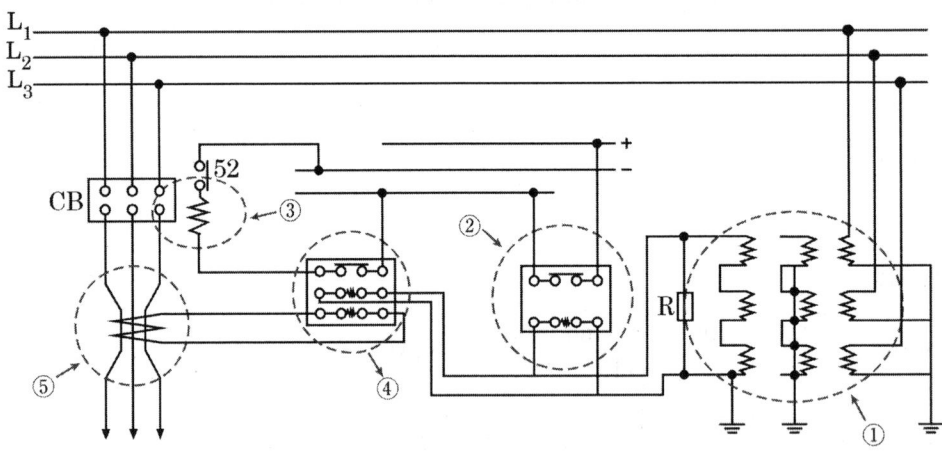

①
③
⑤

②
④

정답

① 접지형 계기용 변압기(GPT) ② 지락 과전압 계전기(OVGR) ③ 트립코일(TC)
④ 선택 지락 계전기(SGR) ⑤ 영상 변류기(ZCT)

16

역률개선용 콘덴서의 주파수를 50 [Hz]에서 60 [Hz]로 변경하였을 때 콘덴서에 흐르는 전류비를 계산하시오. (단, 인가전압 변동은 없다)

정답

■ 계산과정

$$I_C = \frac{V}{X_C} = \frac{V}{\frac{1}{jwC}} = jwCV = j2\pi fCV$$ 에서 $I_C \propto f = \frac{60}{50} = \frac{6}{5}$

답 6/5

17

다음의 표와 같이 어느 수용가 A, B, C에 공급하는 배전선로의 최대전력은 600 [kW]이다. 이때 수용가의 부등률을 계산하시오.

수용가	설비 용량[kW]	수용률[%]
A	400	70
B	400	60
C	500	60

정답

■ 계산과정

$$부등률 = \frac{(400 \times 0.7) + (400 \times 0.6) + (500 \times 0.6)}{600} = 1.37$$

답 1.37

18

다음 그림과 같은 시퀀스 회로를 보고 각 질문에 답하시오. (단, R_1, R_2, R_3는 보조 릴레이이다)

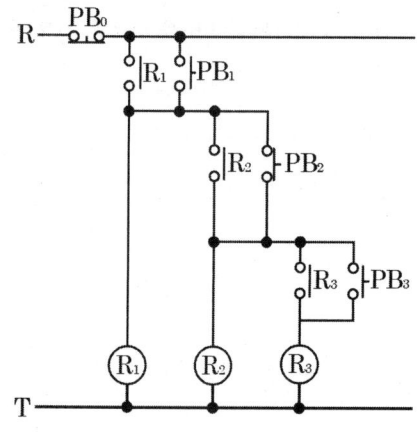
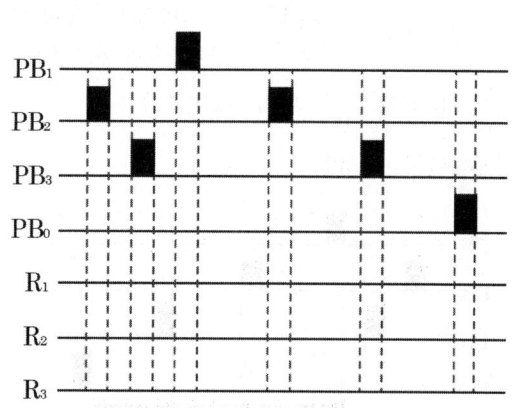

(1) 전원 측의 가장 가까운 누름버튼스위치 PB_1으로부터 PB_2, PB_3, PB_0까지 ON 조작할 경우의 동작사항을 설명하시오. (단, 여기에서 ON 조작은 누름버튼스위치를 눌러주는 역할을 말한다)

동작 조건	동작사항 설명
PB_1 ON	
PB_2 ON	
PB_3 ON	
PB_0 ON	

(2) 최초에 PB_2를 ON 조작한 경우의 동작사항을 설명하시오.

(3) 타임차트의 누름버튼스위치 PB_1, PB_2, PB_3, PB_0와 같은 타이밍으로 ON 조작하였을 때 타임차트의 R_1, R_2, R_3의 동작상태를 그림으로 완성하시오.

정답

(1)

동작 조건	동작사항 설명
PB_1 ON	R_1 여자
PB_2 ON	처음 PB_2를 누르면 동작하지 않으나 PB_1을 눌러 R_1이 여자된 후 두 번째 PB_2를 누르면 R_2가 여자
PB_3 ON	처음 PB_3를 누르면 동작하지 않으나 PB_1을 눌러 R_1이 여자된 후 PB_2를 누르면 R_2가 여자된 후 두 번째 PB_3를 누르면 R_3가 여자
PB_0 ON	R_1, R_2, R_3 모두 소자

(2) 동작하지 않는다.

(3)

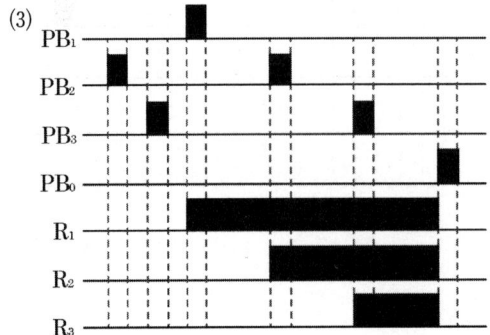

01

그림과 같은 부하곡선을 보고 다음 각 질문에 답하시오.

(1) 일 공급전력량은 몇 [kWh]인지 계산하시오.

(2) 일부하율은 몇 [%]인지 계산하시오.

> 정답

(1) $P = 2000 \times 8 + 2500 \times 2 + 3000 \times 11 + 4000 \times 3$
   $= 66000 \ [kWh]$

답 66000 [kW]

(2) 부하율 $= \dfrac{66000/24}{4000} \times 100 = 68.75 \ [\%]$

답 68.75 [%]

02

옥내배선용 그림 기호에 대한 다음 각 질문에 답하시오.

(1) 콘센트의 그림 기호 ⓑ은 어떤 경우에 사용되는지 적으시오.

(2) 점멸기의 그림 기호 ●2P, ●3는 각각 어떤 의미인지 적으시오.

　① ●2P :　　　　　　　　　② ●3 :

(3) 배선용 차단기, 누전 차단기의 그림 기호를 그리시오.
- 배선용 차단기 :
- 누전 차단기 :

(4) HID등으로서 M400, N400의 의미를 적으시오.
- M400 :
- N400 :

정답

(1) 벽붙이용

(2) ① 2극 스위치　　② 3로 스위치

(3) • 배선용 차단기 : B　　• 누전 차단기 : E

(4) • M400 : 400 [W] 메탈 할라이트등　　• N400 : 400 [W] 나트륨등

03

다음 용어에 대하여 서술하시오.

(1) 변전소 :
(2) 개폐소 :
(3) 급전소 :

정답

(1) 변전소 : 발전소에서 생산한 전력을 송전선로나 배전선로를 통하여 수요자에게 보내는 과정에서 전압이나 전류의 성질을 바꾸기 위하여 설치하는 시설

(2) 개폐소 : 개폐소 안에 시설한 개폐기 및 기타 장치에 의하여 전로를 개폐하는 곳으로서 발전소·변전소 및 수용장소 이외의 곳을 말한다.

(3) 급전소 : 전력계통의 운용에 관한 지시 및 급전조작을 하는 곳을 말한다.

04

그림은 어느 생산 공장의 수전설비의 계통도이다. 이 계통도를 보고 다음 각 질문에 답하시오.
(단, 용량 및 변류비 산출 시 주어지지 않은 조건은 반영하지 않는다)

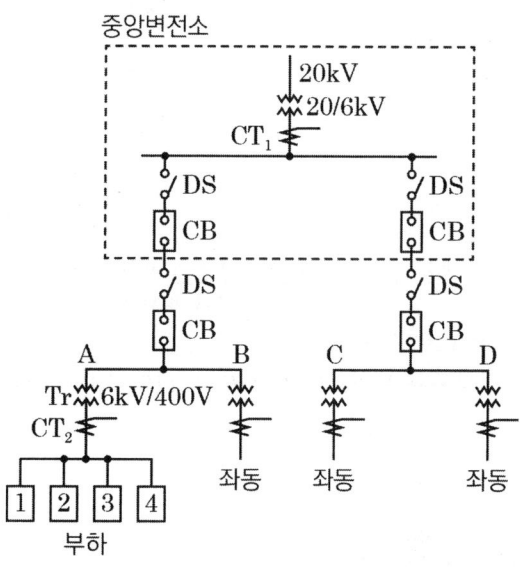

〈뱅크의 부하 용량표〉

Feeder	부하설비 용량[kW]	수용률[%]
1	125	80
2	125	80
3	500	70
4	600	84

〈변류기 규격표〉

항목	변류기
정격 1차 전류[A]	5, 10, 15, 20, 30, 40, 50, 75, 100, 150, 200, 300, 400, 500, 600, 750, 1000, 1500, 2000, 2500
정격 2차 전류[A]	5

(1) A, B, C, D 뱅크에 같은 부하가 걸려 있으며, 각 뱅크의 부등률은 1.1이고, 전부하 합성 역률은 0.8이다. 중앙변전소의 변압기 용량을 구하시오.

(2) 변류기 CT₁, CT₂의 변류비를 계산하시오. (단, 변류기 1차 전류의 예비율은 25 [%]를 반영한다)

① CT₁

② CT₂

> 정답

(1) A뱅크의 최대 수요전력 $= \dfrac{125 \times 0.8 + 125 \times 0.8 + 500 \times 0.7 + 600 \times 0.84}{1.1 \times 0.8}$

$= 1197.73$ [kVA]

A, B, C, D 각 뱅크 간의 부등률은 없으므로 $ST_r = 1197.73 \times 4 = 4790.92$ [kVA]

답 5000 [kVA]

(2) ① CT_1

$I_1 = \dfrac{4790.92}{\sqrt{3} \times 6} \times 1.25 = 576.26$

답 600/5

② CT_2

$I_1 = \dfrac{1197.73}{\sqrt{3} \times 0.4} \times 1.25 = 2160.97$

답 2500/5

05 4점

계전기에 최소 동작값을 넘는 전류를 인가하였을 때부터 그 접점을 닫을 때까지 요하는 시간, 즉 동작시간을 한시 또는 시한이라고 한다. 다음 그림은 계전기를 한시 특성으로 분류하여 그린 것이다. 특성에 맞는 곡선에 해당하는 계전기의 명칭을 적으시오.

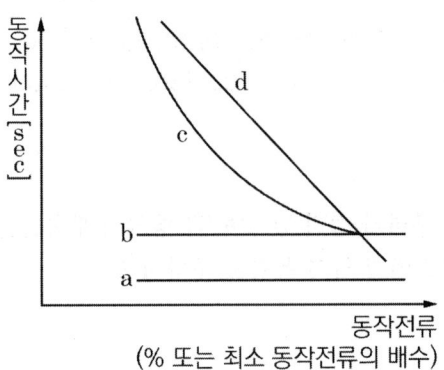

특성 곡선	계전기 명칭
A	
B	
C	
D	

정답

특성 곡선	계전기 명칭
A	순한시 계전기
B	정한시 계전기
C	반한시성 정한시 계전기
D	반한시 계전기

06

차단기에 비하여 전력퓨즈의 이용 시 장점 4가지만 적으시오.

정답

- 소형, 경량이다.
- 차단 용량이 크다.
- 유지, 보수가 간단하다.
- 고속도 차단이 가능하다.
- 가격이 저렴하다.
- 추가적인 계전기가 필요 없다.

07

다음 그림은 PT와 CT를 사용하여 3상 전압 및 전류를 측정하는 결선도이다. 누락된 부분의 그림 기호와 약호를 기입하고 미완성된 결선도를 완성하시오. (단, 접지표시를 한다)

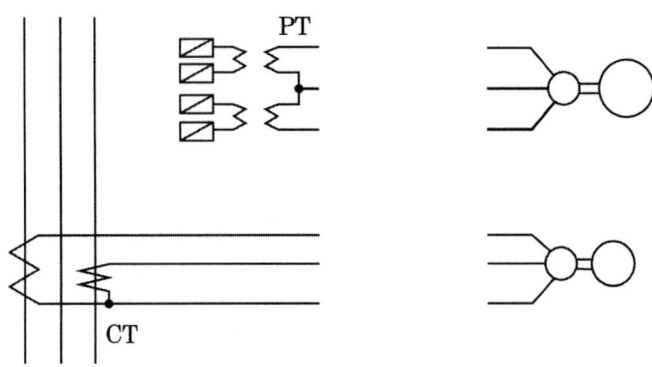

정답

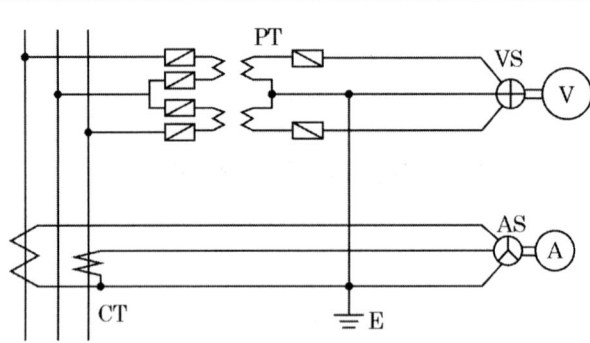

08

전기안전관리자에게 감리 업무를 수행하게 하는 공사를 2가지 적으시오. (단, 관계 법령은 전기사업법 및 전력기술 관리법을 따른다)

정답

- 비상용예비발전설비의 설치, 변경공사로서 총공사비가 1억 원 미만인 공사
- 전기수용설비의 증설 또는 변경공사로서 총공사비가 5천만 원 미만인 공사

09

그림은 발전기의 상간 단락보호 계전 방식을 도면화한 것이다. 이 도면을 보고 다음 각 질문에 답하시오.

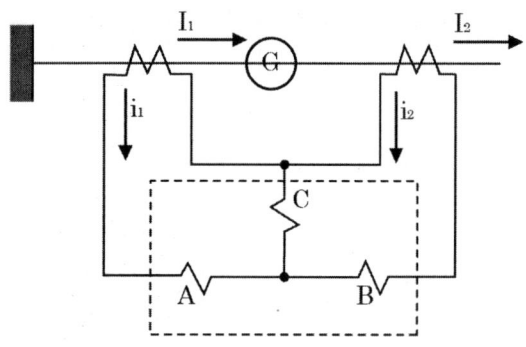

(1) 점선 안의 계전기 명칭은 무엇인지 적으시오.

(2) 동작코일은 A, B, C의 코일 중 어느 것인지 적으시오.

(3) 발전기 내에서 상간 단락이 발생했을 때 코일 C의 전류(i_d)는 어떻게 표현되는지 적으시오.

(4) 동기 발전기를 병렬운전하기 위한 조건 3가지만 적으시오.

정답

(1) 비율차동 계전기

(2) C 코일

(3) $i_d = |i_1 - i_2|$

(4) • 기전력의 파형이 같을 것
　• 기전력의 주파수가 같을 것
　• 기전력의 위상이 같을 것
　• 기전력의 크기가 같을 것

10

다음은 최대사용전압 6900 [V]인 변압기의 절연내력 시험도이다. 각 질문에 답하시오.

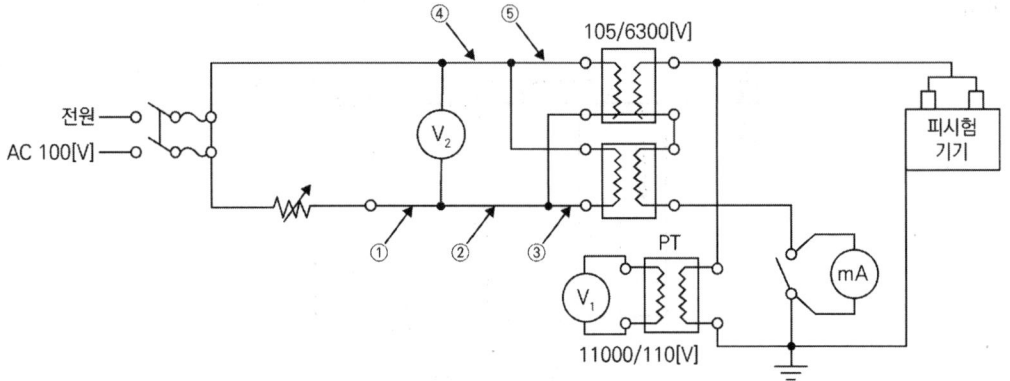

(1) 전원 측 회로에 전류계를 설치하고자 할 때 ① ~ ⑤번 중 어느 곳이 적당한지 쓰시오.

(2) 시험 시 전압계 V_1로 측정되는 전압(V)을 구하시오.

(3) 시험 시 전압계 V_2로 측정되는 전압(V)을 구하시오.

(4) PT의 설치 목적을 쓰시오.

(5) 전류계는 어떤 전류를 측정하기 위함인지 쓰시오.

정답

(1) ①

(2) 시험전압은 $6900 \times 1.5 = 10350\,[V]$

전압계 V_1로 측정되는 2차 측 전압 $V_2 = \dfrac{1}{a}V_1 = \dfrac{110}{11000} \times 10350 = 103.5\,[V]$

(3) 전압계 V_2로 측정되는 1차 측 전압 $V_1 = aV_2 = \dfrac{105}{6300} \times 10350 \times \dfrac{1}{2} = 86.25\,[V]$

(4) 피시험기기의 절연내력전압 측정

(5) 누설전류의 측정

핵심이론

□ 전로의 절연저항 및 절연내력(KEC 132)

구분	최대사용전압	시험전압	최소전압
비접지	7 [kV] 이하	1.5배	500 [V]
	7 [kV] 초과	1.25배	10.5 [kV]
중성선 다중접지	7 [kV] ~ 25 [kV]	0.92배	-
중성점 접지식	60 [kV] 초과	1.1배	75 [kV]
중성점 직접접지식	60 [kV] ~ 170 [kV]	0.72배	-
	170 [kV] 초과	0.64배	-

11

주어진 도면과 동작설명을 보고 다음 각 질문에 답하시오.

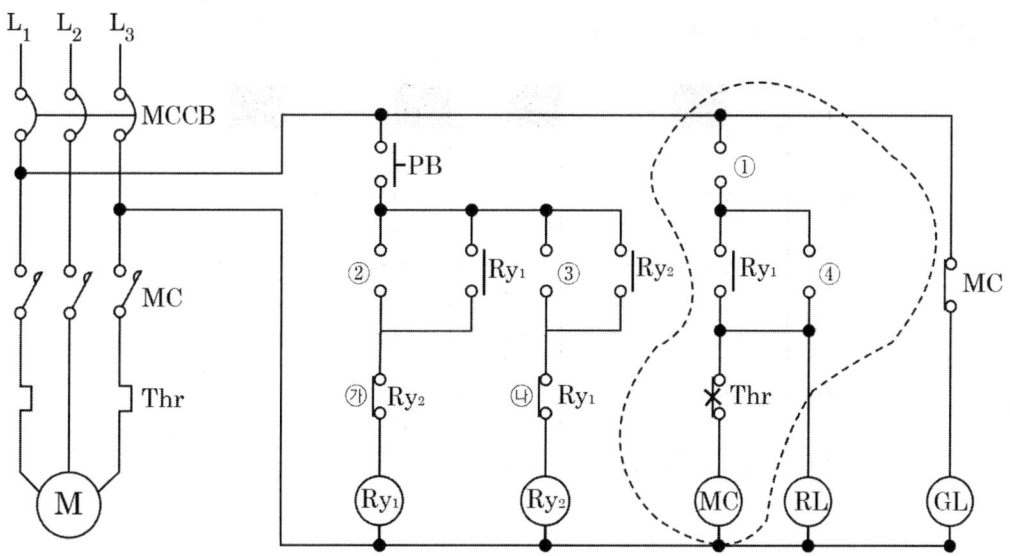

[동작설명]

- 누름버튼 스위치 PB를 누르면 릴레이 Ry_1이 여자되어 MC를 여자시켜 기동되며, PB에서 손을 떼어도 전동기는 계속 운전된다.
- 다시 PB를 누르면 릴레이 Ry_2가 여자되어 MC는 소자되며, 전동기는 정지한다.
- 다시 PB를 누름에 따라서 위의 동작을 반복하게 된다.

(1) ①~④에 해당하는 접점 기호와 명칭을 적으시오.

①	②	③	④

(2) ㉮, ㉯의 릴레이 b접점이 서로 작용하는 역할에 대하여 이것을 무슨 접점이라 하는지 적으시오.

(3) 운전 중에 과전류로 인하여 Thr이 작동되면 점등되는 램프는 어떤 램프인지 적으시오.

(4) 그림의 점선 부분을 논리식(출력식)과 무접점 논리회로로 표시하시오.
- 논리식 :

- 논리회로 :

(5) 동작에 관한 타임차트를 완성하시오.

정답

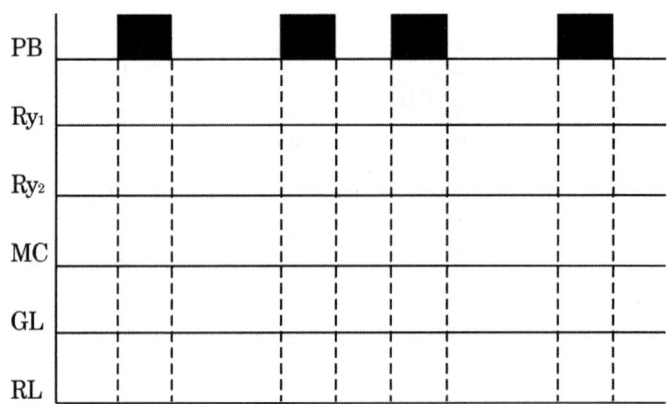

(2) 인터록접점

(3) GL램프

(4) • 논리식 : $MC = \overline{Ry_2}(Ry_1 + MC) \cdot \overline{Thr}$

• 논리회로 :

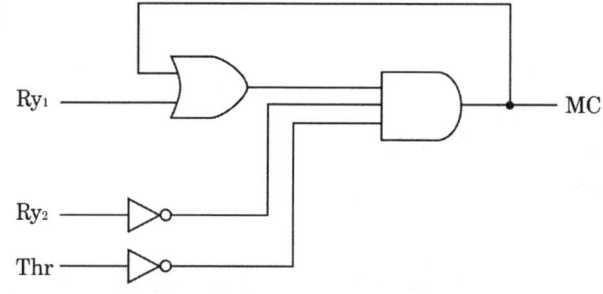

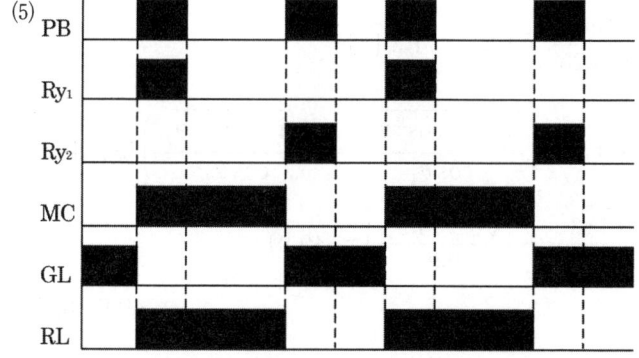

12　　　　　　　　　　　　　　　　　　　　　　　　　　　　　　　　　　6점

어떤 공장에서 지상역률 80 [%]로 60 [kW]의 부하를 사용 중 지상역률 60 [%]인 40 [kW]의 부하를 증설하였다. 진상용 콘덴서를 설치하여 전체 역률을 지상 90 [%]로 개선하고자 한다. 필요한 콘덴서 용량[kVA]을 계산하시오.

정답

■ 계산과정

- 유효전력 $P = P_1 + P_2 = 60 + 40 = 100$ [kW]

- 무효전력 $Q = Q_1 + Q_2 = P_1 \tan\theta_1 + P_2 \tan\theta_2$
  $= 60 \times \dfrac{0.6}{0.8} + 40 \times \dfrac{0.8}{0.6} = 98.33$ [kVar]

- 합성 용량 $P_a = \sqrt{P^2 + Q^2} = \sqrt{100^2 + 98.33^2} = 140.25$ [kVA]

- 합성 역률 $\cos\theta = \dfrac{P}{P_a} \times 100 = \dfrac{100}{140.25} \times 100 = 71.3$ [%]

- 콘덴서 용량 $Q_c = P(\tan\theta_1 - \tan\theta_2) = P\left(\dfrac{\sqrt{1-\cos^2\theta_1}}{\cos\theta_1} - \dfrac{\sqrt{1-\cos^2\theta_2}}{\cos\theta_2}\right)$ [kVA]
  $= 100 \times \left(\dfrac{\sqrt{1-0.713^2}}{0.713} - \dfrac{\sqrt{1-0.9^2}}{0.9}\right) = 49.91$

답 49.91 [kVA]

13

특고압 가공전선과 저고압 가공전선 등의 접근 또는 교차할 경우 질문에 답하시오. (단, 아래 (1), (2)의 사항은 전기설비기술기준에 따른다)

(1) 특고압 가공전선로는 제 (①)종 특고압 보안공사에 의할 것
(2) 특고압 가공전선과 저고압 가공전선 등 또는 이들의 지지물이나 지주 사이의 이격거리는 60000 [V] 이하의 것은 (②) [m] 이상, 60000 [V]를 초과하는 것은 (②) [m]에 10000 [V] 또는 그 단수마다 (③) [m]를 더한 값 이상일 것

정답

① 3 ② 2 ③ 0.12

핵심이론

□ 특고압 가공전선과 저고압 가공전선 등의 접근 또는 교차(KEC 333.26)
 (1) 특고압 가공전선이 삭도와 제1차 접근상태로 시설되는 경우
  ① 특고압 가공전선로는 제3종 특고압 보안공사
  ② 특고압 가공전선과 저고압 가공전선 등 또는 이들의 지지물이나 지주 사이의 이격거리는 표에서 정한 값 이상일 것

사용전압의 구분	이격거리
60 [kV] 이하	2 [m]
60 [kV] 초과	2 [m]에 사용전압이 60 [kV]를 초과하는 10 [kV] 또는 그 단수마다 0.12 [m]을 더한 값

14

매분 12 [m³]의 물을 높이 15 [m]인 탱크에 양수하는 데 필요한 전력을 V결선한 변압기로 공급한다면, 여기서 필요한 단상 변압기 1대의 용량은 몇 [kVA]인지 구하시오. (단, 펌프와 전동기의 합성 효율은 65 [%]이고, 전동기의 전부하 역률은 80 [%]이며, 펌프의 축동력은 15 [%]의 여유를 준다)

정답

■ 계산과정

$$P = \frac{QHK}{6.12\eta} = \frac{12 \times 15 \times 1.15}{6.12 \times 0.65} = 52.04 \text{ [kW]}$$

[kVA]로 환산하면

• 부하 용량 $= \dfrac{52.04}{0.8} = 65.05$ [kVA]

• V결선 시 용량 $P_V = \sqrt{3}\,P_1$

• 단상 변압기 1대의 용량 $P_1 = \dfrac{P_V}{\sqrt{3}} = \dfrac{65.05}{\sqrt{3}} = 37.55$ [kVA]

답 37.55 [kVA]

15   5점

12 [m] × 24 [m]의 방에 대한 평균조도를 150 [lx]로 하려면 150 [W]의 LED 전구를 몇 개 시설하여야 하는지 계산하시오. (단, 감광보상률은 1.4, 조명률은 70 [%]이며, LED 전구의 광속은 2450 [lm]이다)

정답

■ 계산과정

$FUN = EAD$에서 $N = \dfrac{EAD}{FU} = \dfrac{150 \times 12 \times 24 \times 1.4}{2450 \times 0.7} = 35.27$ [등]

답 36 [등]

핵심이론

□ 광속의 결정

$FUN = EAD$

- E : 평균조도
- A : 실내의 면적
- U : 조명률
- D : 감광보상률
- N : 소요 등수
- F : 1등당 광속
- M : 보수율(감광보상률의 역수)

16

변전소에 200 [Ah]의 연축전지가 55개 설치되어 있다. 이때 다음 각 질문에 답하시오.

(1) 묽은 황산의 농도는 표준이고 액면이 저하하여 극판이 노출되어 있다면 어떤 조치를 하여야 하는지 쓰시오.

(2) 부동 충전 시 알맞은 전압은 몇 [V]인지 계산하시오.

(3) 충전 시 발생하는 가스의 종류는 무엇인지 쓰시오.

(4) 충전이 부족할 때 극판에 발생하는 현상을 무엇이라고 하는지 쓰시오.

정답

(1) 증류수를 보충한다.

(2) 부동 충전 전압은 2.15 [V/cell]
∴ $V = 2.15 \times 55 = 118.25$ [V]

답 118.25 [V]

(3) 수소가스

(4) 설페이션 현상

17

전력용 몰드변압기의 이상 현상 중 절연파괴 원인 4가지만 적으시오.

정답

- 낙뢰의 침투
- 전원 재투입 및 순간정전에 의한 개폐서지
- 콘덴서의 개폐 또는 이상
- 지속적인 과부하 운전 및 외부 단락사고

18

다음은 자동 제어의 분류 방법 중에서 제어기의 구성에 따른 분류이다. 해당하는 제어 방식을 적어 넣으시오.

① ( ) 제어 : 기준신호와 피드백신호 사이의 오차신호에 적당한 비례상수 이득을 곱해서 제어하는 방식으로 정상적인 오차를 수반한다.

② ( ) 제어 : 편차의 변화속도에 비례하여 조작량을 조절하고 오차가 커지는 것을 미리 방지한다.

③ ( ) 제어 : 제어대상에 주어지는 조작량의 변화속도가 동작신호에 비례하여 동작하고 잔류오차가 없도록 제어할 수 있다.

④ ( ) 제어 : 미분 제어를 비례 제어에 병렬로 연결하여 제어결과에 빠르게 도달할 수 있으며 응답속응성의 개선에 사용된다.

⑤ ( ) 제어 : 정상상태 응답과 과도상태응답 모두 개선할 수 있으며, 연속 선형 제어로는 가장 큰 장점을 가진 제어 방식이다.

정답

① 비례

② 미분동작 제어

③ 적분동작 제어

④ 비례미분 제어

⑤ 비례미분적분 제어

2016년 제1회

01

폐쇄용 수배전반(Metal Clad Switchgear)의 특징과 장점을 3가지만 쓰시오.

- 특징 :
- 개방형 수배전반과 비교할 때 폐쇄형 수배전반의 장점(3가지) :

정답

- 특징 : 수전설비를 구성하는 기기를 단위폐쇄 배전반이라 불리는 금속제 외함(函)에 넣어서 수전설비를 구성하는 것
- 개방형 수배전반과 비교할 때 폐쇄형 수배전반의 장점(3가지)
  ① 안정성이 우수
  ② 단위회로로 제작소에서 표준화할 수 있으므로 장치에 호환성이 있어 증설이나 보수에 편리
  ③ 현지공사의 단축

02

감리원은 공사시작 전에 설계도서의 적정 여부를 검토하여야 한다. 설계도서 검토 시 포함하여야 하는 주요 검토 내용을 5가지만 쓰시오.

정답

- 현장 조건에 부합 여부
- 시공의 실제 가능 여부
- 타사업 또는 타공정과의 상호 부합 여부
- 설계도면, 시방서, 구조계산서, 산출내역서 등의 내용에 대한 상호 일치 여부
- 설계서에 누락, 오류 등 불명확한 부분의 존재 여부

03

아래 그림과 같은 3상 교류회로에서 차단기 A, B, C의 차단 용량을 각각 구하시오.

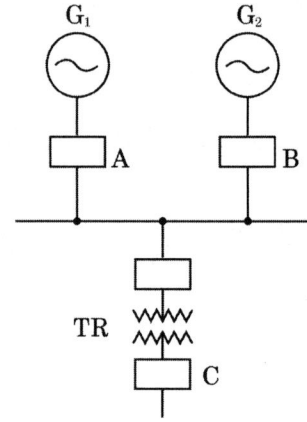

[조건]
- %리액턴스 : 발전기 10 [%], 변압기 7 [%]
- 발전기 용량 : G1 - 18000 [kVA], G2 - 30000 [kVA], 변압기 T는 40000 [kVA]이다.

(1) 차단기 A의 차단 용량을 구하시오.

(2) 차단기 B의 차단 용량을 구하시오.

(3) 차단기 C의 차단 용량을 구하시오.

정답

(1) %X 계산 (기준 용량 40000 [kVA]로 환산)

$\%X_{G1} = 10 \times \dfrac{40000}{18000} = 22.22\ [\%]$

$\%X_{G2} = 10 \times \dfrac{40000}{30000} = 13.33\ [\%]$

$\%X_T = 7 \times \dfrac{40000}{40000} = 7\ [\%]$

$P_S = \dfrac{100}{\%Z_A} \times P_n = \dfrac{100}{22.22} \times 40000 \times 10^{-3} = 180.02\ [\text{MVA}]$

답 180.02 [MVA]

(2) $P_S = \dfrac{100}{\%Z_B} \times P_n = \dfrac{100}{13.33} \times 40000 \times 10^{-3} = 300.08\ [\text{MVA}]$

답 300.08 [MVA]

(3) $P_S = \dfrac{100}{\%Z_c} \times P_n$

$\%Z_c = \dfrac{22.22 \times 13.33}{22.22 + 13.33} + 7 = 15.33\ [\%]$

$P_S = \dfrac{100}{15.33} \times 40000 \times 10^{-3} = 260.93\ [\text{MVA}]$

답 260.93 [MVA]

04

어떤 인텔리전트 빌딩에 대한 등급별 추정 전원 용량에 대한 다음 표를 이용하여 각 물음에 답하시오.

내용＼등급별	등급별 추전 전원 용량[VA/m²]			
	0등급	1등급	2등급	3등급
조명	22	22	22	30
콘센트	5	13	5	5
사무자동화(OA)기기	-	5	34	36
일반동력	38	45	45	45
냉방동력	40	43	43	43
사무자동화(OA)동력	-	2	8	8
합계	105	127	157	167

(1) 연면적 10000 [m²]인 인텔리전트 빌딩 2등급인 사무실 빌딩의 전력설비 부하 용량을 다음 표에 의하여 구하시오.

부하 내용	면적을 적용한 부하 용량[kVA]	
	계산	부하 용량[kVA]
조명		
콘센트		
OA 기기		
일반동력		
냉방동력		
OA 동력		
합계		

(2) 물음 (1)에서 조명, 콘센트, 사무자동화기기의 적정 수용률은 0.75, 일반동력 및 사무자동화 동력의 적정 수용률은 0.5, 냉방동력의 적정 수용률은 0.9이고, 주 변압기 부등률은 1.3으로 적용한다. 이때 전압 방식을 2단 강압 방식으로 채택할 경우 변압기의 용량에 따른 변전설비의 용량을 산출하시오. (단, 조명, 콘센트 사무자동화기기를 3상 변압기 1대로, 일반동력 및 사무자동화동력을 3상 변압기 1대로, 냉방동력을 3상 변압기 1대로 구성하고, 상기 부하에 대한 주 변압기 1대를 사용하도록 하며, 변압기 용량은 아래 표의 표준 용량을 활용하여 선정한다)

〈표〉

변압기 표준 용량[kVA]	10, 15, 20, 30, 50, 75, 100, 150, 200, 300, 500, 750, 1000

① 조명, 콘센트, 사무자동화기기에 필요한 변압기 용량 산정

② 일반동력, 사무자동화 동력에 필요한 변압기 용량 산정

③ 냉방동력에 필요한 변압기 용량 산정

④ 주 변압기 용량 산정

(3) 주 변압기에서부터 각 부하에 이르는 변전설비의 단선 계통도를 간략하게 그리시오.

(1)

부하 내용	면적을 적용한 부하 용량[kVA]	
	계산	부하 용량[kVA]
조명	$22 \times 10000 \times 10^{-3} = 220$	220
콘센트	$5 \times 10000 \times 10^{-3} = 50$	50
OA 기기	$34 \times 10000 \times 10^{-3} = 340$	340
일반동력	$45 \times 10000 \times 10^{-3} = 450$	450
냉방동력	$43 \times 10000 \times 10^{-3} = 430$	430
OA 동력	$8 \times 10000 \times 10^{-3} = 80$	80
합계	$157 \times 10000 \times 10^{-3} = 1570$	1570

(2) ① 조명, 콘센트, 사무자동화기기에 필요한 변압기 용량 산정

$T_{r_1} = (220 + 50 + 340) \times 0.75 = 457.5 \ [\text{kVA}]$ 답 500 [kVA]

② 일반동력, 사무자동화 동력에 필요한 변압기 용량 산정

$T_{r_2} = (450 + 80) \times 0.5 = 265 \ [\text{kVA}]$ 답 300 [kVA]

③ 냉방동력에 필요한 변압기 용량 산정

$T_{r_3} = 430 \times 0.9 = 387 \ [\text{kVA}]$ 답 500 [kVA]

④ 주 변압기 용량 산정

$ST_r \ [\text{kVA}] = \dfrac{457.5 + 265 + 387}{1.3} = 853.46 \ [\text{kVA}]$ 답 1000 [kVA]

(3)

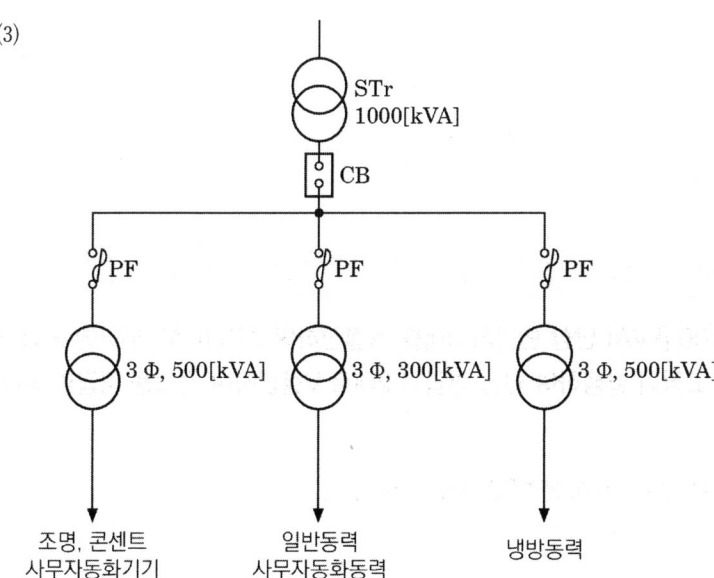

05

다음 ( ) 안의 알맞은 내용을 답란에 쓰시오.

> 저압옥내전선로의 경우는 수용가의 인입구에 가까운 곳에 쉽게 개폐할 수 있는 개폐기 및 과전류 차단기 등의 인입구장치를 시설하여야 한다. 인입구장치를 시설하는 장소에서 개폐기의 합계가 ( )개 이하이고, 또한 이들 개폐기를 집합하여 시설하는 경우는 전용의 인입 개폐기를 생략할 수 있다.

정답

6 [개]

06

전기설비로 유입되는 뇌서지를 피보호물의 절연내력 이하로 제한함으로써 기기를 안전하게 보호하기 위해서 전기기기 전단에 설치되며, 과도적인 과전압을 제한하고 서지전류를 분류하는 것을 목적으로 설치하는 장치를 쓰시오.

정답

서지흡수기(SA)

07

어느 공장의 수전설비에서 100 [kVA] 단상 변압기 3대를 △결선하여 273 [kW] 부하에 공급하고 있다. 단상 변압기 1대가 고장이 발생하여 단상 변압기 2대로 V결선하여 전력을 공급할 경우 다음 물음에 답하시오.

(1) V결선으로 하여 공급할 수 있는 최대전력[kW]을 구하시오.

(2) V결선된 상태에서 273 [kW] 부하 전체를 연결할 경우 과부하율[%]을 구하시오.

정답

(1) 부하 역률 $\dfrac{P}{P_a} \times 100 = \dfrac{273}{300} \times 100 = 91\ [\%]$

- V결선 시 3상 용량 $P_V = \sqrt{3}\,K = \sqrt{3} \times 100 = 173.21\ [\text{kVA}]$
- 공급 최대 용량 $P = 173.21 \times 0.91 = 157.62\ [\text{kW}]$

답 157.62 [kW]

(2) 과부하율 $= \dfrac{273}{157.62} \times 100 = 173.2\ [\%]$

답 173.2 [%]

08 3점

그림과 같은 수전설비에서 변압기나 부하설비에서 사고가 발생하였을 때 가장 먼저 개로하여야 하는 기기의 명칭을 쓰시오.

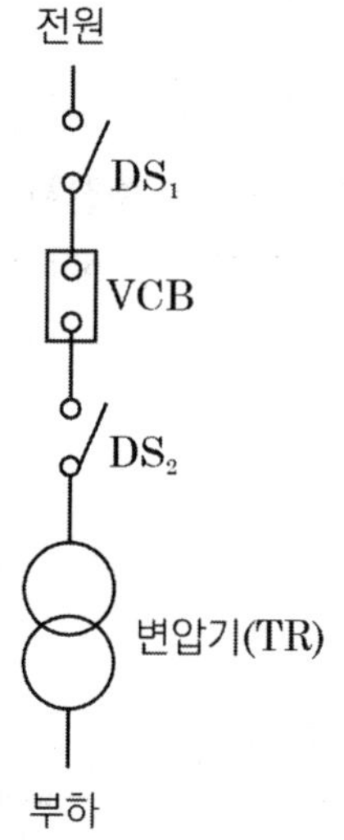

정답

진공 차단기(VCB)

09

3상 전원에 접속된 △결선의 콘덴서를 성형(Y)결선으로 바꾸면 진상 용량은 어떻게 되는지 관계식을 나타내어 설명하시오.

정답

△결선의 콘덴서를 Y결선으로 접속하면

$$\frac{Q_Y}{Q_\Delta} = \frac{3\omega C \left(\frac{V}{\sqrt{3}}\right)^2}{3\omega CV^2} = \frac{\omega CV^2}{3\omega CV^2} = \frac{1}{3}$$

△결선에 비해 Y결선 시의 콘덴서 용량이 $\frac{1}{3}$으로 작아진다.

10

다음과 같은 특성의 축전지 용량 C를 구하시오. (단, 축전지 사용 시의 보수율은 0.8, 축전지 온도 5 [℃], 허용 최저전압은 90 [V], 셀당 전압 1.06 [V/cell], K_1 = 1.15, K_2 = 0.92이다)

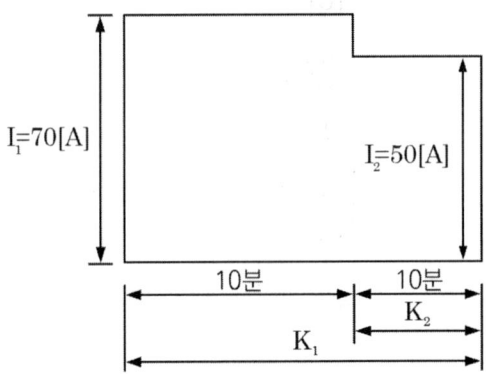

정답

■ 계산과정

$C = \frac{1}{L}KI = \frac{1}{0.8}[1.15 \times 70 + 0.92 \times (50 - 70)] = 77.63$

답 77.63 [Ah]

11

PLC 프로그램 작도 시 주의사항 중 출력 뒤에 접점을 사용할 수 없다. 문제의 도면을 바르게 고쳐 그리시오.

[정답]

12

그림과 같은 직류 분권전동기가 있다. 단자전압 220 [V], 보극을 포함한 전기자 회로 저항이 0.06 [Ω], 계자 회로 저항이 180 [Ω], 무부하 공급전류가 4 [A], 전부하 시 공급전류가 40 [A], 무부하 시 회전속도가 1800 [rpm]이라고 한다. 이 전동기에 대하여 다음 각 물음에 답하시오.

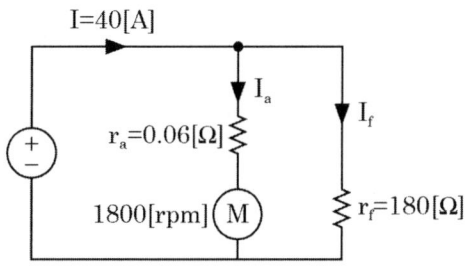

(1) 전부하 시의 출력은 몇 [kW]인지 구하시오.

(2) 전부하 시 효율[%]을 구하시오.

(3) 전부하 시 회전속도[rpm]을 구하시오.

(4) 전부하 시 토크[N·m]를 구하시오.

> 정답

(1) 계자전류 $I_f = \dfrac{V}{r_f} = \dfrac{220}{180} = 1.22 \,[\text{A}]$

 • 전기자 전류 $I_a = I - I_f = 40 - 1.22 = 38.78 \,[\text{A}]$
 • 역기전력 $E_c = V - I_a r_a = 220 - 38.78 \times 0.06 = 217.67 \,[\text{V}]$

따라서 전부하 시의 출력 $P = E_c I_a = 217.67 \times 38.78 \times 10^{-3} = 8.44 \,[\text{kW}]$

> 답 8.44 [kW]

(2) $\eta = \dfrac{\text{출력}}{\text{입력}} \times 100 = \dfrac{8.44 \times 10^3}{220 \times 40} \times 100 = 95.91 \,[\%]$

> 답 95.91 [%]

(3) ① 무부하 시 전기자 전류 $I_a' = I_0 - I_f = 4 - 1.22 = 2.78 \,[\text{A}]$

 • 무부하 시 역기전력 $E_0 = V - I_a' r_a = 220 - 2.78 \times 0.06 = 219.83 \,[\text{V}]$

② 무부하 시 회전속도를 N_0, 부하 시의 회전속도를 N이라고 하면,

 • 회전속도(N)은 역기전력(E_c)에 비례하므로

$$\therefore N = \dfrac{E_c}{E_0} N_0 = \dfrac{217.67}{219.83} \times 1800 = 1782.31 \,[\text{rpm}]$$

> 답 1782.31 [rpm]

(4) $T = 9.55 \dfrac{P}{N} = 9.55 \times \dfrac{8.44 \times 10^3}{1782.31} = 45.22 \,[\text{N} \cdot \text{m}]$

> 답 45.22 [N·m]

13

수전단 전압이 3000 [V]인 3상 3선식 배전선로의 수전단에 역률 0.8(지상)인 520 [kW]의 부하가 접속되어 있다. 이 부하에 동일 역률의 부하 80 [kW]를 추가하여 600 [kW]로 증가시키되 부하의 병렬로 전력용 콘덴서를 설치하여 수전단 전압 및 선로 전류를 일정하게 불변으로 유지하고자 할 때 이 경우에 필요한 콘덴서 용량[kVar]을 구하시오.

■ 계산과정

부하 증가 후의 역률 $\cos\theta_2$는 수전단 전압 및 선로 전류를 일정하게 불변으로 유지하여야 하므로

$$\frac{P_1}{\sqrt{3}\,V\cos\theta_1} = \frac{P_2}{\sqrt{3}\,V\cos\theta_2} \text{에서 } \cos\theta_2 = \frac{P_2}{P_1}\cos\theta_1 = \frac{600}{520} \times 0.8 = 0.9231$$

∴ 콘덴서 용량 $Q_c = P(\tan\theta_1 - \tan\theta_2)$

$$Q_c = 600 \times \left(\frac{0.6}{0.8} - \frac{\sqrt{1-0.9231^2}}{0.9231}\right) = 200.04 \text{ [kVar]}$$

답 200.04 [kVar]

14

도면은 3상 유도전동기의 Y-△ 기동회로이다. 도면을 보고 다음 각 물음에 답하시오.

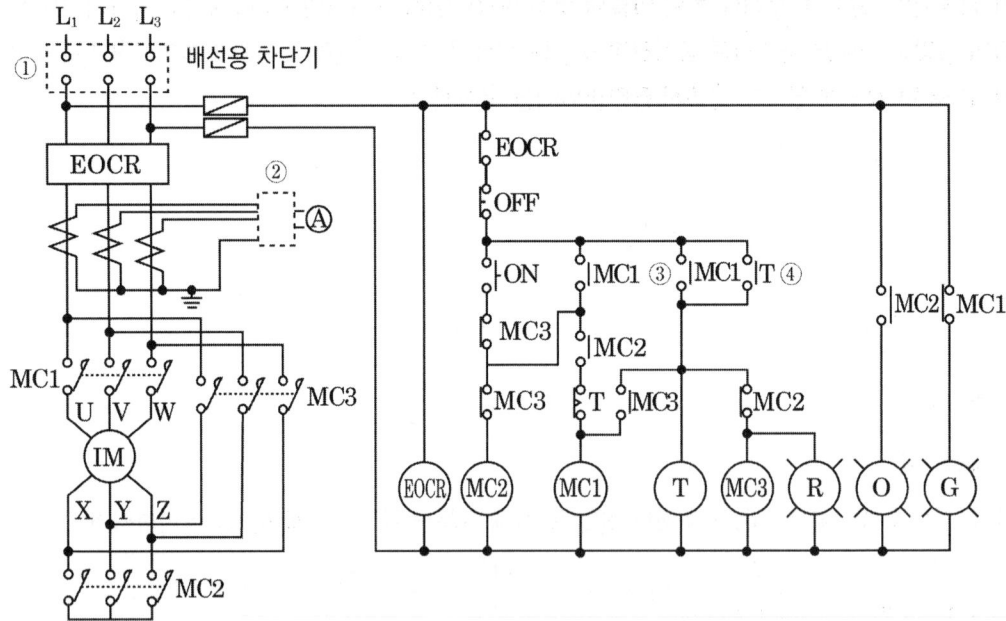

(1) 3상 유도전동기를 Y-△ 기동회로로 사용하는 주된 이유를 설명하시오.
(2) 회로에서 ①의 배선용 차단기 그림 기호를 3상 복선도용으로 나타내시오.
(3) 회로의 ②에 들어갈 장치의 명칭과 단선도용 그림 기호를 그리시오.
(4) 회로에서 사용된 EOCR의 명칭과 어떨 때 동작하는지를 설명하시오.
(5) 회로에서 MC_2가 여자될 때에는 MC_3는 여자될 수 없으며, 또한 MC_3가 여자될 때에는 MC_2는 여자될 수 없다. 이러한 회로를 무슨 회로라 하는지 쓰시오.
(6) 회로에서 표시등 ⓡ, ⓞ, ⓖ의 용도를 각각 쓰시오.
(7) 회로에서 ③번 접점과 ④번 접점이 동작하여 이루는 회로를 자기유지회로라 한다. 다음의 유접점 자기유지회로를 무접점 자기유지회로로 바꾸어 그리시오. (단, OR, AND, NOT 게이트 각 1개씩만 사용한다)

〈유접점 회로〉   〈무접점 회로〉

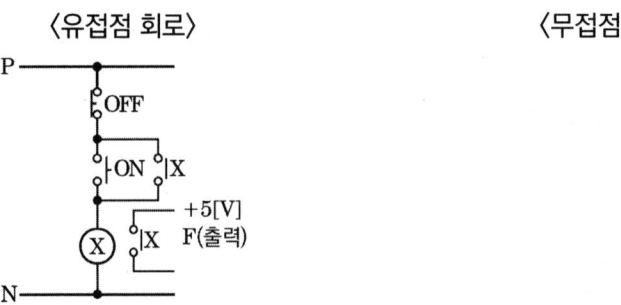

> 정답

(1) 기동 전류를 제한하기 위하여

(2)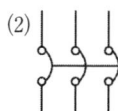

(3) • 명칭 : 전류계용 전환 개폐기
    • 기호 : Ⓐ

(4) • 명칭 : 전자식 과전류 계전기
    • 전동기에 과전류가 흐르면 동작하여 MC를 트립시켜 전동기를 정지시켜 전동기를 보호한다.

(5) 인터록 회로(동시투입 방지)

(6) Ⓡ : △운전 표시등, Ⓞ : Y기동 표시등, Ⓖ : 전동기 정지 표시등

(7) 무접점 회로 :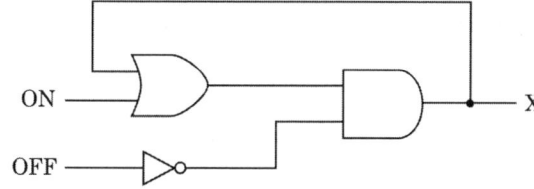

15

10 [kW] 전동기를 사용하여 지상 5 [m], 용량 500 [m³]의 저수조에 물을 가득 채우려면 시간은 몇 분이 소요되는지 구하시오. (단, 펌프의 효율은 70 [%], 여유계수 K = 1.2이다)

> 정답

■ 계산과정

펌프용 전동기 용량 $P = \dfrac{9.8QHK}{\eta}$

$10\,[kW] = \dfrac{9.8 \times \dfrac{500}{60t} \times 5 \times 1.2}{0.7}$

$t = \dfrac{9.8 \times 500 \times 5 \times 1.2}{60 \times 0.7 \times 10} = 70\,[분]$

답 70 [분]

> **핵심이론**
>
> □ 발전기 용량
>
> (1) 수력발전기 용량 $P_a = 9.8QHK\eta$ [kW]
>
> (2) 펌프 용량 $P = \dfrac{9.8\,QHK}{\eta}$ [kW]
>
> Q : 유량[m³/s], H : 낙차 높이[m], K : 여유계수, η : 효율

16

폭 24 [m]의 도로 양쪽에 30 [m]의 간격으로 지그재그식으로 가로등을 배열하여 도로의 평균조도를 5 [lx]로 하고자 한다. 각 가로등의 광속[lm]을 구하시오. (단, 가로면에서의 광속 이용률은 35 [%]이고, 감광보상률은 1.3이다)

> **정답**
>
> ■ 계산과정
>
> $$F = \frac{EAD}{UN} = \frac{5 \times \dfrac{24 \times 30}{2} \times 1.3}{0.35 \times 1} = 6685.71 \text{ [lm]}$$
>
> 답 6685.71 [lm]
>
> **핵심이론**
>
> □ 광속의 결정
>
> $FUN = EAD$
>
> - E : 평균조도   • A : 실내의 면적   • U : 조명률   • D : 감광보상률
> - N : 소요 등수   • F : 1등당 광속   • M : 보수율(감광보상률의 역수)

17

22.9 [kV – Y] 수전설비의 부하전류가 40 [A]이다. 변류기 (CT) 60/5 [A]의 2차 측에 과전류 계전기를 시설하여 120 [%]의 과부하에서 부하를 차단시키고자 한다. 과전류 계전기의 탭 설정 값을 구하시오.

정답

■ 계산과정

$$I_{Tap} = 40 \times \frac{5}{60} \times 1.2 = 4 \text{ [A]}$$

답 4 [A]

18

변압기 2차 측 단락전류 억제 대책을 고압회로와 저압회로로 나누어서 간략하게 쓰시오.

(1) 고압회로의 억제 대책(2가지)

(2) 저압회로의 억제 대책(3가지)

정답

(1) ① 계통의 분리
    ② 변압기 임피던스 제어

(2) ① 한류리액터 사용
    ② 캐스케이딩 방식(후비보호) 채택
    ③ 계통연계기 사용

2016년 제2회

01

접지공사에서 접지저항을 저감시키는 방법을 5가지 쓰시오.

정답

- 접지극의 길이를 길게 한다.
- 접지봉의 매설깊이를 깊게 한다.
- 심타공법으로 시공한다.
- 접지극을 병렬접속한다.
- 접지저항 저감제를 사용한다.

02

다음 그림에서 AD는 간선이다. A, B, C, D 중에서 어느 점에 전원을 공급하면 간선의 전력손실이 최소로 될 수 있는지 계산하여 공급점을 선정하시오. (단, 각 점 간의 저항은 각각 $R[\Omega]$로 한다)

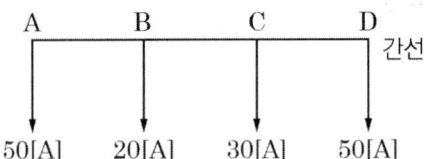

정답

■ 계산과정

- A점 $P = (50 + 30 + 20)^2 R + (50 + 30)^2 R + 50^2 R = 18900R$
- B점 $P = 50^2 R + (50 + 30)^2 R + 50^2 R = 11400R$
- C점 $P = (50 + 20)^2 R + 50^2 R + 50^2 R = 9900R$
- D점 $P = (50 + 20 + 30)^2 R + (50 + 20)^2 R + 50^2 R = 17400R$

답 C점이 전력손실 최소

03

주어진 조건에 의하여 1년 이내 최대전력 3000 [kW], 월 기본요금 6490 [원/kW], 월간 평균역률이 95 [%]일 때 1개월의 기본요금을 구하시오. 또한 1개월의 사용 전력량이 54만 [kWh], 전력요금 89 [원/kWh]라 할 때 1개월의 총 전력요금은 얼마인지를 계산하시오.

[조건]
역률의 값에 따라 전력요금은 할인 또는 할증되며, 역률 90 [%]를 기준으로 하여 역률이 1 [%] 늘 때마다 기본요금 또는 수요전력요금이 1 [%] 할인되며, 1 [%] 나빠질 때마다 1 [%]의 할인요금을 지불해야 한다.

(1) 기본요금을 구하시오.

(2) 1개월의 총 전력요금을 구하시오.

정답

(1) 기본요금 = 3000 × 6490 × 0.95 = 18496500 [원]

답 18496500 [원]

(2) 18496500 + 540000×89 = 66556500 [원]

답 66556500 [원]

04

서지흡수기(Surge Absorber)의 주요 기능에 대하여 설명하시오.

정답

구내선로에서 발생할 수 있는 개폐서지, 순간과도전압 등으로 2차기기에 악영향을 주는 것을 방지

05

그림의 회로는 농형 유도전동기의 직류여자 방식 제어기기의 접속도이다. 회로도 동작 설명을 참고하여 다음 각 물음에 대한 알맞은 내용을 답란에 쓰시오.

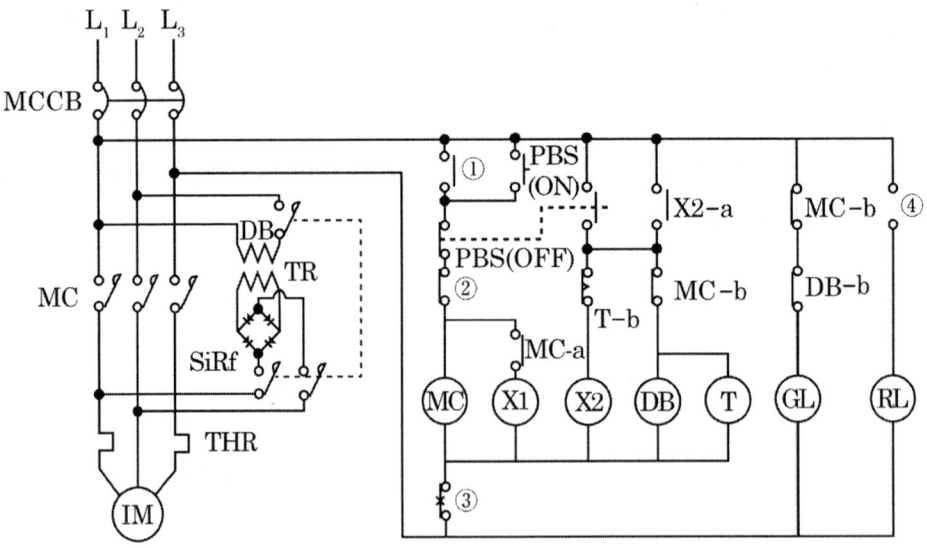

[동작설명]
- 운전용 푸시버튼 스위치 PBS(ON)을 눌렀다 놓으면 MC가 여자되어 주 접점 MC가 투입, 전동기는 기동하기 시작하며 운전을 계속한다.
- 운전을 정지하기 위하여 정지용 푸시버튼 스위치 PBS(OFF)를 눌렀다 놓으면 MC가 소자되어 주접점 MC가 떨어지고, 직류 제동용 전자 접촉기 DB가 투입되어 전동기에는 직류가 흐른다.
- 타이머 T에 설정한 시간만큼 직류 제동 전류가 흐른 후 직류가 차단되고 각 접점은 운전 전의 상태로 복귀되고 전동기는 정지하게 된다.

(1) ①번 접점의 약호를 쓰시오.
(2) ②번 접점의 약호를 쓰시오.
(3) 정지용 푸시버튼 PBS(OFF)를 누르면 타이머 T에 전하여 설정(Set)한 시간만큼 타이머 T가 동작하여 직류 제어용 직류 전원을 차단하게 된다. 타이머 T에 의해 조작 받는 계전기 혹은 전자접촉기의 그림 기호 2가지를 도면 중에서 선택하여 그리시오.
(4) ③번 그림 기호(접점)의 약호를 쓰시오.
(5) RL은 운전 중 점등하는 램프이다. ④는 어느 보조 계전기의 어느 접점을 사용하는지 운전 중의 접점 상태를 그리시오.

정답

(1) ① MC - a

(2) ② DB - b

(3)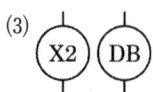

(4) Thr - b

(5) ⏀X1-a

06

지표면상 5 [m] 높이에 수조가 있다. 이 수조에 초당 1 [m³]의 물을 양수하는 데 펌프 효율이 70 [%]이고, 펌프 축동력에 20 [%]의 여유를 줄 경우 펌프용 전동기의 용량[kW]을 구하시오. (단, 펌프용 3상 농형 유도전동기의 역률을 100 [%]로 한다)

정답

■ 계산과정

$$P = \frac{9.8\,QHK}{\eta} = \frac{9.8 \times 1 \times 5 \times 1.2}{0.7} = 84 \text{ [kW]}$$

답 84 [kW]

핵심이론

□ 발전기 용량

(1) 수력발전기 용량 $P_a = 9.8QHK\eta$ [kW]

(2) 펌프 용량 $P = \dfrac{9.8\,QHK}{\eta}$ [kW]

Q : 유량[m³/s], H : 낙차 높이[m], K : 여유계수, η : 효율

07

설계감리업무 수행지침의 용어 정의 중 전력시설물의 현장적용 적합성 및 생애주기비용 등을 검토하는 것을 무엇이라 하는지 쓰시오.

정답

설계의 경제성 검토

08

도면은 고압수전설비의 단선결선도이다. 이 도면을 보고 다음 각 물음에 답하시오. (단, 인입선은 케이블이다)

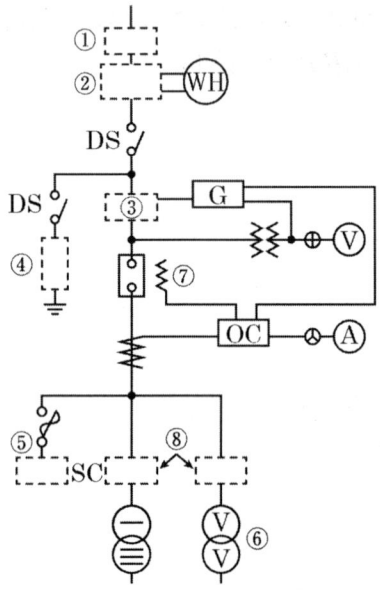

(1) ① ~ ③까지의 그림기호를 단선도로 그리고, 그림기호에 대한 우리말 명칭을 쓰시오.

(2) ④ ~ ⑥까지의 그림기호를 복선도로 그리고, 그림기호에 대한 우리말 명칭을 쓰시오.

(3) 장치 ⑦의 약호와 이것을 설치하는 목적을 쓰시오.

(4) ⑧번에 사용되는 보호장치로는 어떤 것이 가장 적당한지 쓰시오.

정답

(1)
구분	①	②	③
그림기호	(기호)	(기호)	(기호)
명칭	케이블헤드	전력수급용 계기용 변성기	영상변류기

(2)
구분	④	⑤	⑥
그림기호	(기호)	(기호)	(기호)
명칭	피뢰기	전력용 콘덴서	V-V결선

(3) • 약호 : TC
  • 설치하는 목적 : 보호 계전기 신호에 의해 차단기 개로

(4) COS(컷아웃스위치)

09   5점

공장조명 설계 시 에너지 절약대책을 4가지만 쓰시오.

정답

(1) 고효율 등기구 채용
(2) 고조도 저휘도 반사갓 채용
(3) 슬림라인 형광등 및 전구식 형광등 채용
(4) 창 측 조명 기구 개별 점등
(5) 재실감지기 및 카드키 채용
(6) 적절한 조광 제어 실시
(7) 전반조명과 국부조명(TAL 조명)을 적절히 병용하여 이용
(8) 고역률 등기구 채용

10
4점

콘덴서 회로에 직렬 리액터를 반드시 넣어야 하는 경우를 2가지 쓰고, 그 이유를 설명하시오.

정답

- 콘덴서 투입 시(돌입전류 억제) : 돌입전류가 흐르면 변류기(CT) 2차 회로에 섬락이 생기거나 계전기가 소손됨에 따라, 개폐기(차단기)의 접점 돌입전류에 의해 이상 마모됨
- 파형의 개선(고조파를 줄이기 위해) : 대용량의 진상용 콘덴서를 설치하면 고조파 전류(특히 5 고조파)에 의해 회로전압이나 전류파형의 왜곡을 일으킴

11
5점

바닥 면적이 400 [m²]인 사무실의 조도를 300 [lx]로 할 경우 광속 2400 [lm], 램프 전류 0.4 [A], 36 [W]인 형광 램프를 사용할 경우 이 사무실에 대한 최소 전등수를 구하시오. (단, 감광보상률은 1.2, 조명률은 70 [%]이다)

정답

■ 계산과정

전등수 $N = \dfrac{EAD}{FU} = \dfrac{300 \times 400 \times 1.2}{2400 \times 0.7} = 85.71$

답 86 [등]

핵심이론

□ 광속의 결정

$FUN = EAD$

- E : 평균조도
- A : 실내의 면적
- U : 조명률
- D : 감광보상률
- N : 소요 등수
- F : 1등당 광속
- M : 보수율(감광보상률의 역수)

12

다음 그림 기호의 정확한 명칭을 쓰시오.

그림 기호	명칭(구체적으로 기록)	그림 기호	명칭(구체적으로 기록)
CT		⊣⊦	
TS		Wh	
⊥			

정답

그림 기호	명칭(구체적으로 기록)	그림 기호	명칭(구체적으로 기록)
CT	변류기(상자)	⊣⊦	축전지
TS	타임스위치	Wh	전력량계 (상자들이 또는 후드붙이)
⊥	콘덴서		

13

경간 200 [m]인 가공 송전선로가 있다. 전선 1 [m]당 무게는 2.0 [kg]이고 풍압하중은 없다고 한다. 인장강도 4000 [kg]의 전선을 사용할 때 이도(처짐정도)와 전선의 실제 길이를 구하시오. (단, 전선의 안전율은 2.2로 한다)

(1) 이도(Dip)

(2) 전선의 실제 길이

정답

(1) $D = \dfrac{WS^2}{8T} = \dfrac{2 \times (200)^2}{8 \times \dfrac{4000}{2.2}} = 5.5\,[\text{m}]$

답 5.5 [m]

(2) $L = S + \dfrac{8D^2}{3S} = 200 + \dfrac{8 \times (5.5)^2}{3 \times 200} = 200.403$

답 200.4 [m]

핵심이론

□ 전선의 이도

- 이도 계산 $D = \dfrac{WS^2}{8T}\,[\text{m}]$

  T : 수평장력$\left(= \dfrac{\text{인장하중}}{\text{안전율}}\right)$[kg], W : 전선 자체 중량[kg], S : 경간[m]

- 전선 실제 길이 $L = S + \dfrac{8D^2}{3S}\,[\text{m}]$

- 전선 평균 높이 $H_0 = H - \dfrac{2}{3}D\,[\text{m}]$

14
7점

단상 변압기 3대를 △-△결선으로 완성하고, 단상 변압기 1대 고장으로 2대를 V결선하여 사용할 때의 장점과 단점을 각각 2가지만 쓰시오.

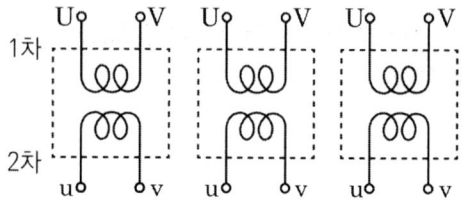

(1) △-△결선도

(2) 장점(2가지)

(3) 단점(2가지)

> 정답

(1) 결선도

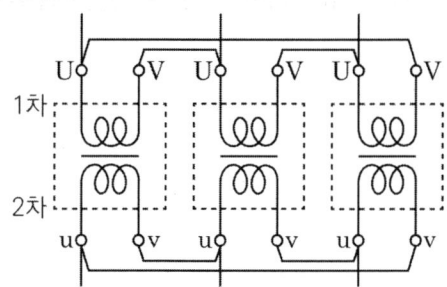

(2) ① 단상 변압기 2대로 3상 부하에 전력을 공급 가능   ② 설치 방법이 간단, 가격이 저렴
(3) ① △결선에 비해 출력이 57.74 [%]로 저하   ② 설비의 이용률이 86.6 [%]로 저하

15

부하개폐기(LBS : Load Breaker Switch)의 기능을 설명하시오.

> 정답

부하전류는 개폐할 수 있으나 고장전류는 차단할 수 없음

16

변류기의 1차 측에 전류가 흐르는 상태에서 2차 측을 개방하면 어떤 문제점이 있는지 2가지를 쓰시오.

> 정답

- 변류기 2차 측에 고전압이 유기되어 감전사고 위험
- 변류기 2차 측에 고전압이 유기되어 변류기 절연파괴 위험

17

4극 60 [Hz] 볼류트 펌프 전동기를 회전계로 측정한 결과 1710 [rpm]이었다. 이 전동기의 슬립은 몇 [%]인지 구하시오.

정답

■ 계산과정

- 고정자속도 $N_s = \dfrac{120 \times 60}{4} = 1800$ [rpm]

- 슬립 $s = \dfrac{1800 - 1710}{1800} \times 100 = 5$ [%]

답 5 [%]

핵심이론

□ 유도 전동기의 슬립 및 동기속도

- $s = \dfrac{N_s - N}{N_s} = 1 - \dfrac{N}{N_s}$
- 동기 속도 $N_s = \dfrac{120f}{p}$

18

총설비 부하가 250 [kW], 수용률 65 [%], 부하역률 85 [%]인 수용가에 전력을 공급하기 위한 변압기 용량[kVA]을 구하시오.

정답

■ 계산과정

변압기 용량 $= \dfrac{250 \times 0.65}{1 \times 0.85} = 191.18$ [kVA]

답 191.18 [kVA]

19

발전기시설 위치 선정 시 고려하여야 하는 사항을 5가지만 쓰시오.

정답

- 기기의 반입, 반출 및 운전보수에서 편리할 것
- 배기배출구에 가급적 가까이 위치할 것
- 실내 환기를 충분히 할 수 있을 것
- 급배수가 용이할 것
- 연료유의 보급이 용이할 것

01

( ) 안에 공통으로 들어갈 내용을 쓰시오.

- 감리원은 공사업자로부터 ( )을(를) 사전에 제출받아 다음 각 호의 사항을 고려하여 공사업자가 제출한 날부터 7일 이내에 검토·확인하여 승인한 후 시공할 수 있도록 하여야 한다. 다만 7일 이내에 검토·확인이 불가능한 때에는 사유 등을 명시하여 통보하고, 통보사항이 없는 때에는 승인한 것으로 본다.
  1. 설계도면, 설계설명서 또는 관계 규정에 일치하는지 여부
  2. 현장의 시공기술자가 명확하게 이해할 수 있는지 여부
  3. 실제 시공 가능 여부
  4. 안정성의 확보 여부
  5. 계산의 정확성
  6. 제도의 품질 및 선명성, 도면작성 표준에 일치 여부
  7. 도면으로 표시 곤란한 내용은 시공 시 유의사항으로 작성되었는지 등의 검초
- ( )은(는) 설계도면 및 설계설명서 등에 불명확한 부분을 명확하게 해줌으로써 시공상의 착오방지 및 공사의 품질을 확보하기 위한 수단으로 사용한다.

정답

시공상세도

02

송전계통의 중성점을 접지하는 목적을 3가지만 쓰시오.

정답

- 1선 지락 시 건전상의 전위상승을 억제하여 선로 및 기기의 절연레벨을 낮춘다.
- 과도 안정도가 증진되고, 보호 계전기의 동작을 확실(고속 차단)하게 한다.
- 지락 아크를 소멸시키고 이상전압을 방지한다.

03

다음 전선 약호의 품명을 쓰시오.

약호	품명
ASCR	
CN-CV-W	
FR CNCO-W	
LPS	
VCT	

정답

약호	품명
ASCR	강심 알루미늄 연선
CN-CV-W	동심 중성선 수밀형 전력케이블
FR CNCO-W	동심 중성선 수밀형 저독성 난연 전력케이블
LPS	300/500 [V] 연질 비닐 시스케이블
VCT	0.6/1 [kV] 비닐 절연 비닐 캡타이어케이블

04

다음 그림은 TN계통의 TN-C 방식 저압배전선로 접지계통이다. 중성선(N), 보호선(PE) 등의 범례기호를 활용하여 노출 도전성 부분의 접지계통 결선도를 완성하시오.

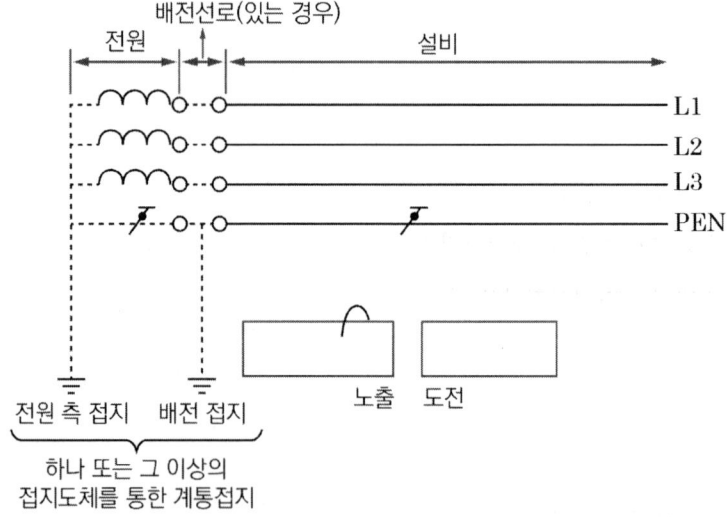

정답

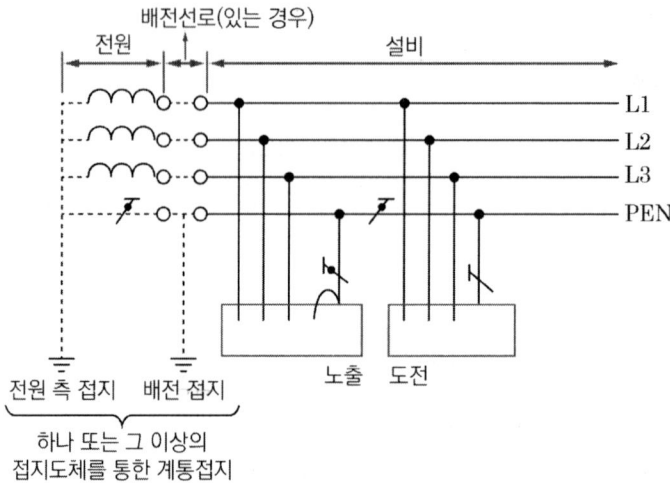

〈TN-C 계통〉

05

그림은 고압 수전설비의 단선결선도이다. 다음 각 물음에 답하시오.

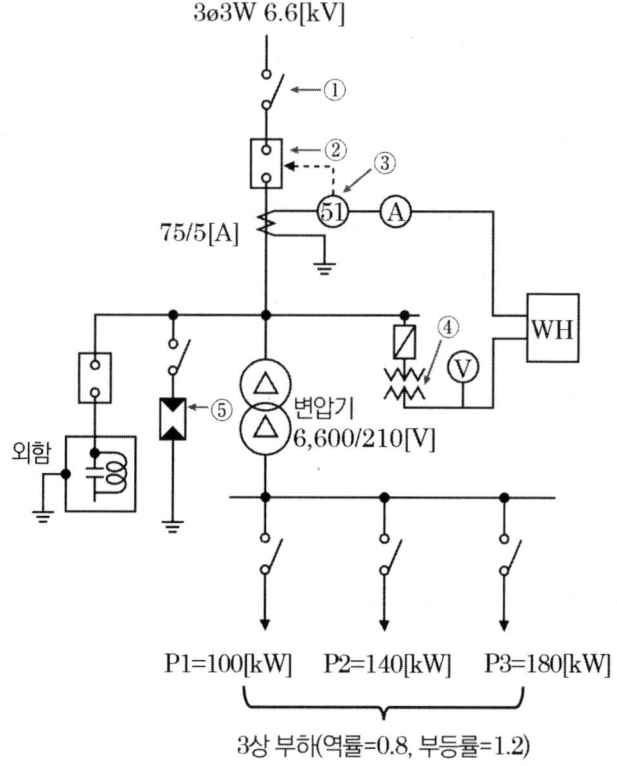

(1) 그림에서 ① ~ ⑤의 명칭을 한글로 쓰시오.

(2) 각 부하의 최대전력이 그림과 같고, 역률 0.8, 부등률 1.2일 때
  ① 변압기 1차 측의 전류계 Ⓐ에 흐르는 전류의 최댓값을 구하시오.

  ② 동일한 조건에서 합성 역률을 0.9 이상으로 유지하기 위한 전력용 콘덴서의 최소 용량 [kVar]을 구하시오.

(3) 단선도상의 피뢰기 정격전압과 방전전류는 얼마인지 쓰시오.

(4) DC(방전코일)의 설치 목적을 쓰시오.

정답

(1) ① 단로기　　② 차단기　　③ 과전류 계전기
　　④ 계기용 변압기　　⑤ 피뢰기

(2) ① 최대전력[kW] = $\dfrac{100+140+180}{1.2}$ = 350 [kW]

　　• 변류기 1차 전류 $I_1 = \dfrac{P}{\sqrt{3}\,V\cos\theta} = \dfrac{350\times 10^3}{\sqrt{3}\times 6600\times 0.8}$ = 38.27 [A]

　　• 전류계 = $I_1 \times \dfrac{1}{CT비} = 38.27 \times \dfrac{5}{75}$ = 2.55　　답 2.55 [A]

② 최대전력[kW] = $\dfrac{100+140+180}{1.2}$ = 350 [kW]

　　• 콘덴서의 용량 $Q_c = P(\dfrac{\sqrt{1-\cos^2\theta_1}}{\cos\theta_1} - \dfrac{1-\cos^2\theta_2}{\cos\theta_2})$

　　　　$350 \times (\dfrac{\sqrt{1-0.8^2}}{0.8} - \dfrac{\sqrt{1-0.9^2}}{0.9})$ = 92.99 [kVar]

　　　　　　　　　　　　　　　　　　　　답 92.99 [kVar]

(3) 정격전압 : 7.5 [kV], 방전전류 : 2500 [A]

(4) 잔류전하 방전

06

그림과 같은 저압 배선 방식의 명칭과 특징을 4가지만 쓰시오.

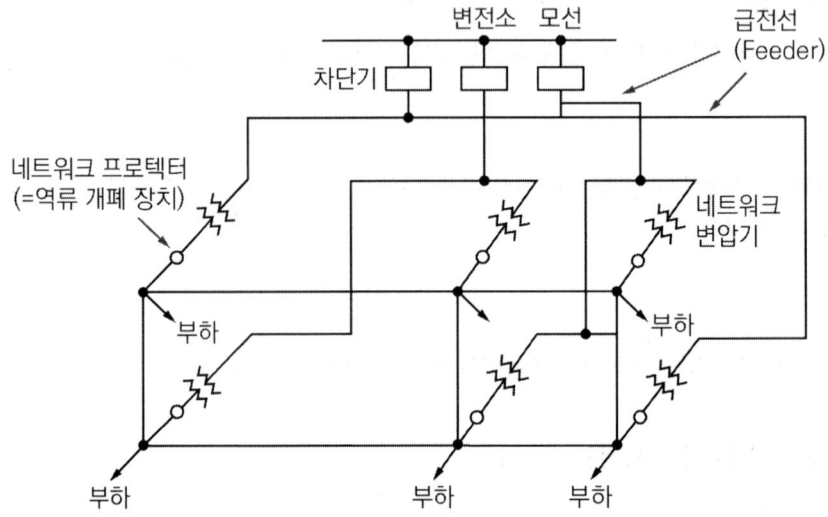

(1) 명칭 :

(2) 특징(4가지) :

> 정답

(1) 명칭 : 저압 네트워크 방식
(2) 특징(4가지) ① 무정전공급이 가능하다(공급신뢰성이 가장 우수).
　　　　　　　② 전압강하가 작다.
　　　　　　　③ 플리커 현상이 적다.
　　　　　　　④ 전력손실이 작다.

07 5점

부하 용량이 900 [kW]이고, 전압이 3상 380 [V]인 수용가 전기설비의 계기용 변류기를 결정하고자 한다. 다음 조건에 알맞은 변류기를 주어진 표에서 찾아 선정하시오.

[조건]
- 수용가의 인입 회로에 설치하는 것으로 한다.
- 부하 역률은 0.9로 계산한다.
- 실제 사용하는 정도의 1차 전류 용량으로 하며 여유율은 1.25배로 한다.

〈변류기의 정격〉

1차 정격전류[A]	400	500	600	750	1000	1500	2000	2500
2차 정격전류[A]	5							

> 정답

■ 계산과정

$P = \sqrt{3}\ VI\cos\theta$

$I = \dfrac{P}{\sqrt{3}\ V\cos\theta} = \dfrac{900 \times 10^3}{\sqrt{3} \times 380 \times 0.9} = 1519.34\ [A]$

변류기 1차 전류 $I_1 \times 1.25 = 1899.18\ [A]$　　　답 2000/5 선정

08

단상 2선식 220 [V]의 옥내배선에서 소비전력 40 [W], 역률 85 [%]의 LED 형광등 85등을 설치할 때 16 [A]의 분기회로 수는 최소 몇 회로인지 구하시오. (단, 한 회선의 부하전류는 분기회로 용량의 80 [%]로 하고 수용률은 100 [%]로 한다)

■ 계산과정

$$\text{분기회로 수} = \frac{85 \times \frac{40}{0.85}}{0.8 \times 16 \times 220} = 1.42$$

답 16 [A] 분기 2회로

09

10 [kVar]의 전력용 콘덴서를 설치하고자 할 때 필요한 콘덴서의 정전 용량[μF]을 각각 구하시오. (단, 사용전압은 380 [V]이고, 주파수는 60 [Hz]이다)

(1) 단상 콘덴서 3대를 Y결선할 때 콘덴서의 정전 용량[μF]

(2) 단상 콘덴서 3대를 △결선할 때 콘덴서의 정전 용량[μF]

(3) 콘덴서는 어떤 결선으로 하는 것이 유리한지 설명하시오.

(1) $Q = 3EI_c = 3 \times E \times \dfrac{E}{\dfrac{1}{\omega C}} = 3\omega CE^2 = 3\omega C(\dfrac{V}{\sqrt{3}})^2 = \omega CV^2$

$C = \dfrac{Q}{\omega V^2} = \dfrac{Q}{2\pi f \times V^2} = \dfrac{10 \times 10^3}{2\pi \times 60 \times 380^2} \times 10^6 = 183.7 \, [\mu F]$

답 187.7 [μF]

(2) $Q = 3EI_c = 3 \times E \times \dfrac{E}{\dfrac{1}{\omega C}} = 3\omega CE^2 = 3\omega CV^2$

$C = \dfrac{Q}{3\omega V^2} = \dfrac{Q}{3 \times 2\pi f \times V^2} = \dfrac{10 \times 10^3}{3 \times 2\pi \times 60 \times 380^2} \times 10^6 = 61.23\ [\mu F]$

답 61.23 [μF]

(3) 콘덴서의 결선은 Y결선에 비해 △결선이 같은 용량에서는 정전 용량이 적으므로 유리하다.

10

폭 8 [m]의 2차선 도로에 가로등을 도로 한쪽 배열로 50 [m] 간격으로 설치하고자 한다. 도면의 평균조도를 5 [lx]로 설계할 경우 가로등 1등당 필요한 광속을 구하시오. (단, 감광보상률은 1.5, 조명률은 0.43으로 한다)

정답

■ 계산과정

$F = \dfrac{EAD}{UN} = \dfrac{5 \times 8 \times 50 \times 1.5}{0.43 \times 1} = 6976.74\ [\text{lm}]$

답 6976.74 [lm]

핵심이론

□ 광속의 결정

$FUN = EAD$

- E : 평균조도
- A : 실내의 면적
- U : 조명률
- D : 감광보상률
- N : 소요 등수
- F : 1등당 광속
- M : 보수율(감광보상률의 역수)

11

그림과 같은 분기회로의 전선 굵기를 표준 공칭단면적으로 산정하여 쓰시오. (단, 전압강하는 2 [V] 이하이고, 배선 방식은 교류 220 [V], 단상 2선식이며, 후강전선관공사로 한다)

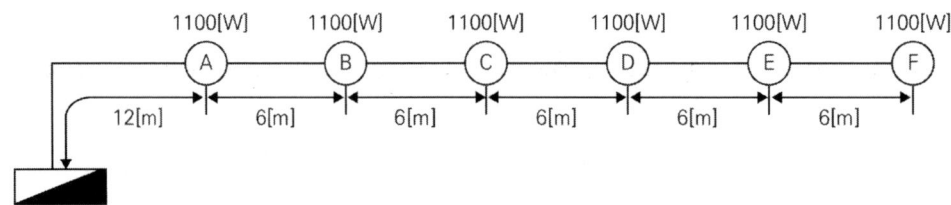

정답

■ 계산과정

- 개별 부하전류 $I = \dfrac{P}{V} = \dfrac{1100}{220} = 5$ [A]

- 부하 중심점까지의 거리
$$L = \dfrac{5 \times 12 + 5 \times 18 + 5 \times 24 + 5 \times 30 + 5 \times 36 + 5 \times 42}{5+5+5+5+5+5} = 27 \text{ [m]}$$

- 부하전류 $I = \dfrac{1100 \times 6}{220} = 30$ [A]

- 단면적 $A = \dfrac{35.6LI}{1000e} = \dfrac{35.6 \times 27 \times 30}{1000 \times 2} = 14.42 \text{ [mm}^2\text{]}$ 따라서 16 [mm²]으로 선정

답 16 [mm²]

12

다음 진리표(Truth Table)는 어떤 논리회로를 나타낸 것인지 명칭과 논리기호로 나타내시오.

입력		출력
A	B	
0	0	0
0	1	0
1	0	0
1	1	1

정답

- 명칭 : AND회로
- 기호 :

13

다음과 같은 전등 부하 계통에 전력을 공급하고 있다. 다음 각 물음에 답하시오.

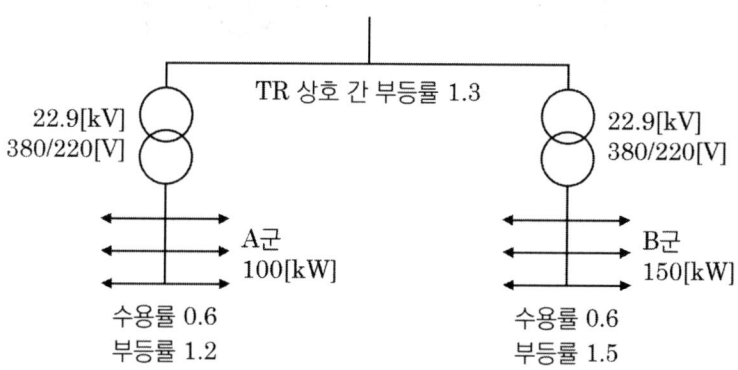

(1) 수용가의 변압기 용량을 각각 구하시오.

① A군 수용가

② B군 수용가

(2) 고압간선에 걸리는 최대 부하[kW]를 구하시오.

> 정답

(1) ① A군 수용가 $T_{rA} = \dfrac{100 \times 0.6}{1.2} = 50$ [kVA] 　답 50 [kVA]

　② B군 수용가 $T_{rB} = \dfrac{150 \times 0.6}{1.5} = 60$ [kVA] 　답 60 [kVA]

(2) $\dfrac{50 + 60}{1.3} = 84.62$ [kW] 　답 84.62 [kW]

14   5점

그림과 같은 시퀀스회로에서 접점 "A"가 닫혀서 폐회로가 될 때 표시등 PL의 동작사항을 설명하시오. (단, X는 보조릴레이, $T_1 \sim T_2$는 타이머(On Delay)이며 설정시간은 1초이다)

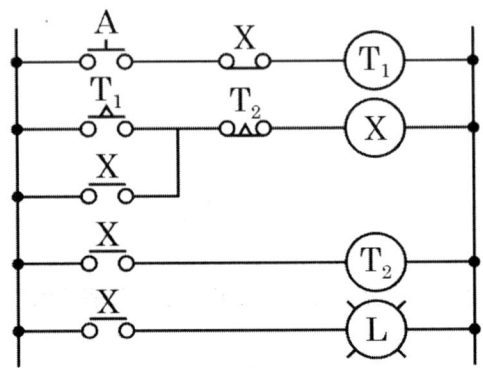

> 정답

- 접점 A가 닫히면 T_1이 여자되고 T_1의 설정시간 1초 후 접점 T_1이 닫히면 X가 여자된다.
- 접점 X - a가 모두 닫히고 T_2 여자, 표시등 PL ON, 접점 X - b가 열리면서 T_1이 소자된다.
- T_2의 설정시간 1초 후 접점 T_2 - b가 열리면서 X가 소자되고, 표시등 PL이 OFF된다.
- 접점 X - a가 모두 열리고 접점 X - b가 닫히면서 T_1이 여자된다.
- 따라서 표시등 PL은 1초 간격으로 깜빡이게 된다.

15

조명설비의 광원으로 활용되는 할로겐램프의 장점(3가지)과 용도(2가지)를 각각 쓰시오.

정답

- 장점 ① 백열전구에 비해 소형이다.
  ② 수명이 길다.
  ③ 배광 제어가 용이하다.
- 용도 ① 옥외의 투광조명
  ② 고천장조명

16

부하의 허용 최저전압이 DC 115 [V]이고, 축전지와 부하 간의 전선에 의한 전압강하가 5 [V]이다. 직렬로 접속한 축전지가 55셀일 때 축전지 셀당 허용 최저전압을 구하시오.

정답

■ 계산과정

$$V = \frac{V_a + V_e}{n} = \frac{115 + 5}{55} = 2.18 \text{ [V/cell]}$$

답 2.18 [V/cell]

17

다음은 수용률, 부등률 및 부하율을 나타낸 것이다. (   ) 안의 알맞은 내용을 쓰시오.

(1) 수용률 = $\dfrac{\text{최대수용전력}}{(\text{①})} \times 100\,[\%]$

(2) 부등률 = $\dfrac{(\text{②})}{\text{합성 최대수용전력}}$

(3) 부하율 = $\dfrac{\text{부하의 평균수용전력}}{(\text{③})} \times 100\,[\%]$

정답

① 총 부하설비 용량   ② 수용설비 각각의 최대수용전력의 합   ③ 합성 최대수용전력

18

축전지를 사용 중 충전하는 방식을 4가지만 쓰시오.

정답

① 보통 충전   ② 급속 충전   ③ 부동 충전   ④ 세류 충전

2015년 제1회

01

길이 24 [m], 폭 12 [m], 천장 높이 5.5 [m], 조명률 50 [%]의 어떤 사무실에서 전광속 6000 [lm]의 32 [W] × 2등용 형광등을 사용하여 평균조도가 300 [lx]가 되려면, 이 사무실에 필요한 형광등 수량을 구하여라. (단, 유지율은 80 [%]로 계산한다)

정답

■ 계산과정

$$N = \frac{EAD}{FU} = \frac{300 \times (24 \times 12) \times \frac{1}{0.8}}{6000 \times 0.5} = 36 \text{ [등]}$$

답 36 [등]

02

그림과 같은 22 [kV], 3상 1회선 선로의 F점에서 3상 단락고장이 발생하였다면 고장전류[A]는 얼마인지 구하여라.

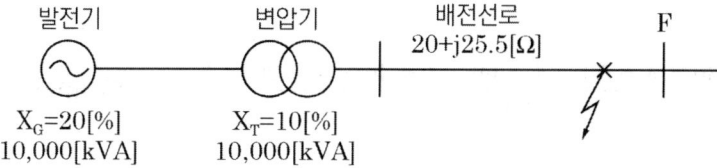

정답

- 배전선로 $\%Z = \dfrac{PZ}{10V^2} = \dfrac{10000(20+j25.5)}{10 \times (22)^2} = 41.32 + j52.69$

- 발전기 $X_G = 20$ [%]

- 변압기 $X_T = 10$ [%]

$\therefore \%Z_T = 41.32 + j(52.69 + 20 + 10) = 41.32 + j82.69 = \sqrt{41.32^2 + 82.69^2} = 92.44$

단락전류 $I_s = \dfrac{100}{\%Z_T} I_n = \dfrac{100}{92.44} \times \dfrac{10000 \times 10^3}{\sqrt{3} \times 22 \times 10^3} = 283.89$ [A]

답 283.89 [A]

03

그림은 어느 공장의 하루 전력 부하곡선이다. 다음 그림을 보고 각 질문에 답하여라. (단, 설비 용량은 80 [kW]이다)

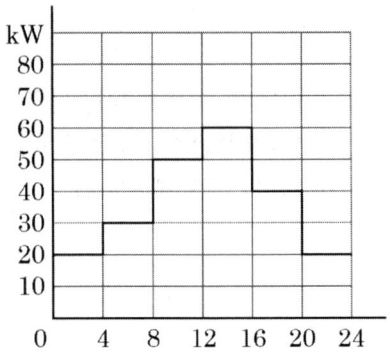

(1) 이 공장의 평균전력은?

(2) 이 공장의 일부하율은?

(3) 이 공장의 수용률은?

정답

(1) $\dfrac{20 \times 4 + 30 \times 4 + 50 \times 4 + 60 \times 4 + 40 \times 4 + 20 \times 4}{24} = 36.67 \ [\text{kW}]$

답 36.67 [kW]

(2) 일부하율 $= \dfrac{36.67}{60} \times 100 = 61.12 \ [\%]$

답 61.12 [%]

(3) 수용률 $= \dfrac{60}{80} \times 100 = 75 \ [\%]$

답 75 [%]

04

다음 그림 기호의 명칭을 써 넣어라.

(1)    (2)    (3)    (4)    (5) ▨

정답

(1) 배전반   (2) 분전반   (3) 제어반

(4) 재해 방지 전원 회로용 배전반   (5) 재해 방지 전원 회로용 분전반

05

그림과 같은 교류 3상 3선식 전로에 연결된 3상 평형 부하가 있다. 이때 C상의 X점이 단선된 경우, 이 부하의 소비전력은 단선 전 소비전력에 비하여 어떻게 되는지 계산식을 이용하여 서술하여라. (단, 선간 전압은 E [V]이며, 부하의 저항은 R [Ω]이다)

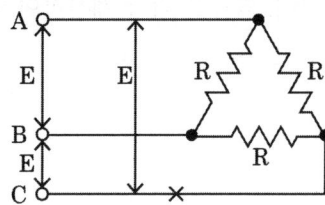

정답

- 단선 전 소비전력

$$P = 3I_p^2 R$$

$$I_p = \frac{V_p}{R} = \frac{E}{R}$$

$$\therefore P = 3 \times \left(\frac{E}{R}\right)^2 \times R = \frac{3E^2}{R}$$

- 단선 후 소비전력

$$P' = \frac{E^2}{R} + \frac{E^2}{2R} = \frac{3E^2}{2R}$$

$$\therefore \frac{P'}{P} = \frac{\frac{3}{2}\frac{E^2}{R}}{3\frac{E^2}{R}} = \frac{1}{2}$$

답 $\frac{1}{2}$배로 감소

06

그림과 같은 대칭 3상 회로에서 운전되는 유도전동기에 전력계, 전압계, 전류계를 접속하고 각 계기의 지시를 측정하니 전력계 W_1 = 6.57 [kW], W_2 = 4.38 [kW], 전압계 V = 220 [V], 전류계 I = 30.41 [A]이었다. 다음 각 질문에 답하시오. (단, 전압계와 전류계는 회로에 정상적으로 연결된 상태이다)

〈회로도〉

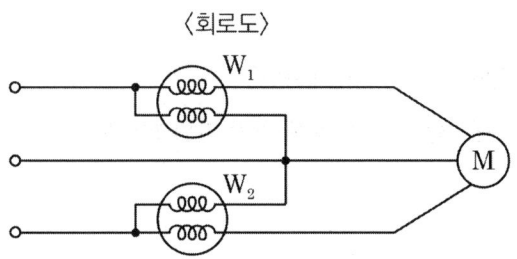

(1) 전압계와 전류계를 설치하여 전압, 전류를 측정하기 위한 적당한 위치를 회로도에 직접 그려 넣어라.

(2) 피상전력[kVA]과 유효전력[kW], 역률을 각각 계산하여라.
  ① 피상전력

  ② 유효전력

  ③ 역률

(3) 이 유도전동기로 30 [m/min]의 속도로 물체를 권상한다면 몇 [kg]까지 가능한지 계산하여라. (단, 종합 효율은 85 [%]로 한다)

정답

(1)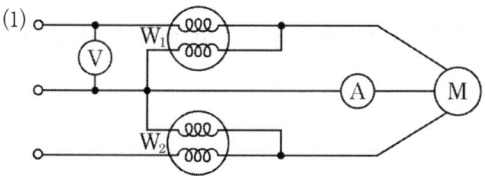

(2) ① 피상전력

$$P_a = \sqrt{3}\,VI = \sqrt{3} \times 220 \times 30.41 = 11587.77\,[\text{VA}] = 11.59\,[\text{kVA}]$$

답 11.59 [kVA]

② 유효전력 $P = W_1 + W_2 = 6.57 + 4.38 = 10.95\,[\text{kW}]$

답 10.95 [kW]

③ 역률 $\cos\theta = \dfrac{P}{P_a} \times 100 = \dfrac{10.95}{11.59} \times 100 = 94.48\,[\%]$

답 94.48 [%]

(3) $W = \dfrac{6.12 P\eta}{V}\,[\text{ton}] = \dfrac{6.12 \times 10.95 \times 0.85}{30} \times 1000 = 1893.73\,[\text{kg}]$

답 1898.73 [kg]

핵심이론

□ 권상용 전동기의 출력

$P = \dfrac{WV}{6.12\eta}\,[\text{kW}]$

W : 권상하중[ton], V : 분당 권상높이, η : 효율

---

07   4점

피뢰기 속류와 제한전압에 대하여 서술하시오.

정답

- 속류 : 방전 이후에 전원으로부터 공급되어 피뢰기에 흐르는 전류
- 제한전압 : 피뢰기 방전 중 피뢰기 단자 간에 남게 되는 충격전압(피뢰기가 처리하고 남은 전압)

08

200 [kVA]의 단상 변압기가 있다. 철손은 1.5 [kW]이고, 전부하 동손은 2.5 [kW]이다. 역률 80 [%]에서의 최대 효율을 계산하시오.

정답

- 최대 효율을 가지는 부하 $\dfrac{1}{m} = \sqrt{\dfrac{P_i}{P_c}} = \sqrt{\dfrac{1.5}{2.5}} = 0.775$

- 효율 $\eta = \dfrac{\dfrac{1}{m}P}{\dfrac{1}{m}P + P_i + \left(\dfrac{1}{m}\right)^2 P_c} \times 100 = \dfrac{0.775 \times 200 \times 0.8}{0.775 \times 200 \times 0.8 + 2 \times 1.5} \times 100 = 97.64$ [%]

답 97.64 [%]

09

다음과 같이 주어진 동작설명과 보기를 이용하여 3상 유도전동기의 직입 기동 제어회로의 미완성 부분을 주어진 보기의 명칭 및 접점수를 준수하여 회로를 완성하시오.

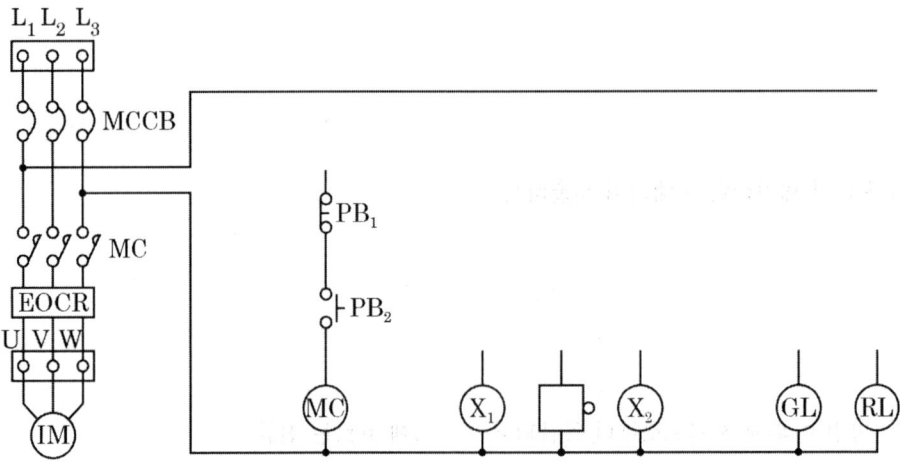

[동작설명]
- PB$_2$(기동)를 누른 후 놓으면 MC는 자기유지되며, MC에 의하여 전동기가 운전된다.
- PB$_1$(정지)을 누르면 MC는 소자되며, 운전 중인 전동기는 정지된다.
- 과부하에 의하여 전자식 과전류 계전기(EOCR)가 동작되면 운전 중인 전동기는 동작을 멈추며, X$_1$ 릴레이가 여자되고, X$_1$ 릴레이 접점에 의하여 경보벨이 동작한다.
- 경보벨 동작 중 PB$_3$을 눌렀다 놓으면 X$_2$ 릴레이가 여자되어 경보벨의 동작은 멈추지만 전동기는 기동되지 않는다.
- 전자식 과전류 계전기(EOCR)가 복귀되면 X$_1$, X$_2$ 릴레이가 소자된다.
- 전동기가 운전 중이면 RL(적색), 정지되면 GL(녹색) 램프가 점등된다.

〈보기〉

약호	명칭	약호	명칭
MCCB	배선용 차단기(3P)	PB$_1$	누름버튼 스위치(전동기 정지용, 1b)
MC	전자개폐기(주접점 3a, 보조접점 2a1b)	PB$_2$	누름버튼 스위치(전동기 기동용, 1a)
EOCR	전자식 과전류 계전기(보조접점 1a1b)	PB$_3$	누름버튼 스위치(경보벨 정지용, 1a)
X$_1$	경보 릴레이(1a)	RL	적색 표시등
X$_2$	경보 정지 릴레이(1a1b)	GL	녹색 표시등
M	3상 유도전동기	B	경보벨

정답

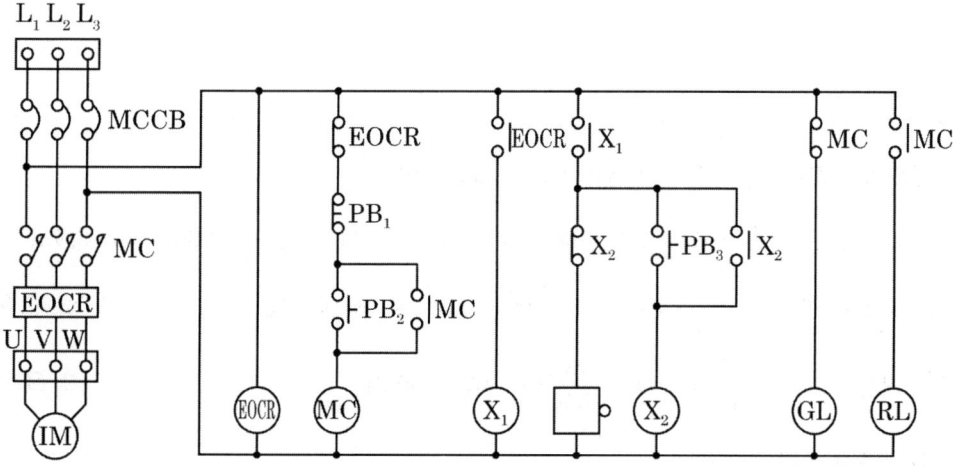

10

정격 용량 500 [kVA]의 변압기에서 배전선의 전력손실을 40 [kW]로 유지하면서 부하 L_1, L_2에 전력을 공급하고 있다. 지금 그림과 같이 전력용 콘덴서를 기존 부하와 병렬로 연결하여 합성 역률을 90 [%]로 개선하려고 할 때 다음 각 질문에 답하시오. (단, 여기서 부하 L_1은 역률 60 [%], 180 [kW]이고, 부하 L_2의 전력은 120 [kW], 160 [kVar]이다)

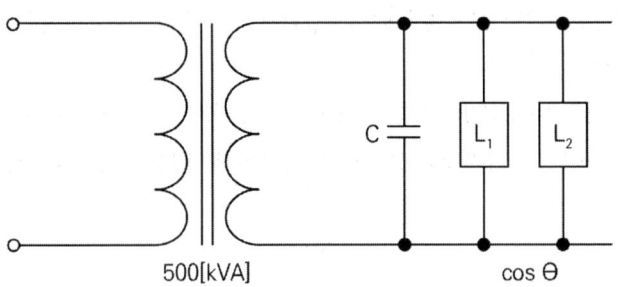

(1) 부하 L_1과 L_2의 합성 용량[kVA]을 구하시오.

(2) 부하 L_1과 L_2의 합성 역률을 구하시오.

(3) 합성 역률을 90 [%]로 개선하는 데 필요한 콘덴서 용량(Q_c)[kVA]을 구하시오.

정답

(1) • 유효전력 $P = P_1 + P_2 = 180 + 120 = 300$ [kW]

• 무효전력 $Q = Q_1 + Q_2 = P_1 \tan\theta_1 + P_2 \tan\theta_2 = 180 \times \dfrac{0.8}{0.6} + 160 = 400$ [kVar]

• 합성 용량 $P_a = \sqrt{P^2 + Q^2} = \sqrt{300^2 + 400^2} = 500$ [kVA]   답 500 [kVA]

(2) 합성 역률 $\cos\theta = \dfrac{P}{P_a} \times 100 = \dfrac{300}{500} \times 100 = 60$ [%]   답 60 [%]

(3) 역률 개선용 콘덴서 용량

$$Q_c = P(\tan\theta_1 - \tan\theta_2) = 300 \times \left(\dfrac{0.8}{0.6} - \dfrac{\sqrt{1-0.9^2}}{0.9}\right) = 254.7 \text{ [kVA]}$$

답 254.7 [kVA]

11

주어진 도면을 보고 다음 각 질문에 답하시오. (단, 변압기의 2차 측은 고압이다)

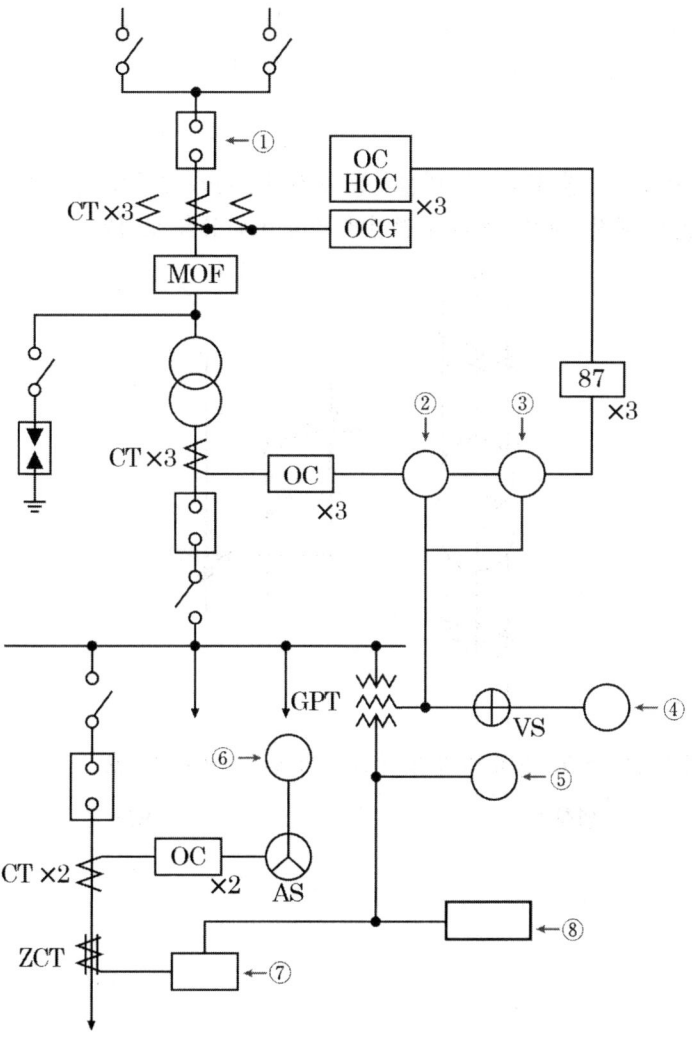

(1) 도면의 ① ~ ⑧까지의 약호와 우리말 명칭을 쓰시오.

번호	약호	명칭	번호	약호	명칭
①			⑤		
②			⑥		
③			⑦		
④			⑧		

(2) 변압기 결선이 △ - Y결선일 경우 비율차동 계전기(87)의 결선을 완성하시오. (단, 위상 보정이 되지 않는 계전기이며, 변류기 결선에 의하여 위상을 보정한다)

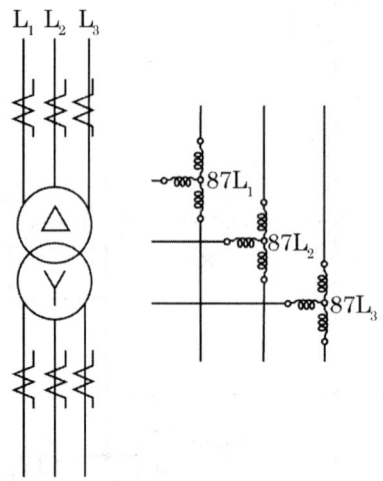

(3) 도면상의 약호 중 AS와 VS의 명칭 및 용도를 간단히 서술하시오.

약호	명칭	용도
AS		
VS		

정답

(1)

번호	약호	명칭	번호	약호	명칭
①	CB	차단기	⑤	V_0	영상 전압계
②	51V	전압억제과전류 계전기	⑥	A	전류계
③	TLR	한시 계전기	⑦	SGR	선택 지락 계전기
④	V	전압계	⑧	OVGR	지락 과전압 계전기

(2)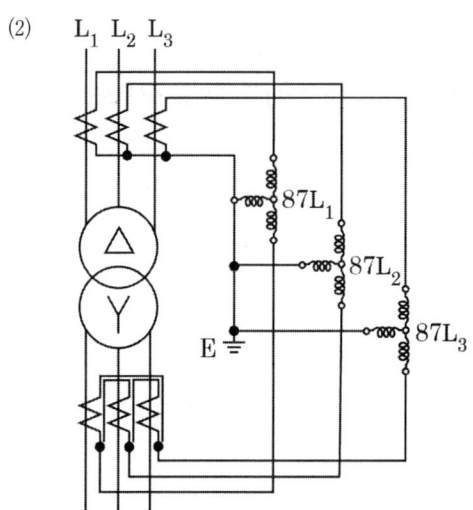

(3)

약호	명칭	용도
AS	전류계용 전환 개폐기	1대의 전류계로 3상 전류를 측정하기 위하여 사용하는 전환 개폐기
VS	전압계용 전환 개폐기	1대의 전압계로 3상 전압을 측정하기 위하여 사용하는 전환 개폐기

12

무접점 제어회로의 출력 Z에 대한 논리식을 입력요소가 모두 나타나도록 전개하시오. (단, A, B, C, D는 푸시버튼 스위치 입력이다)

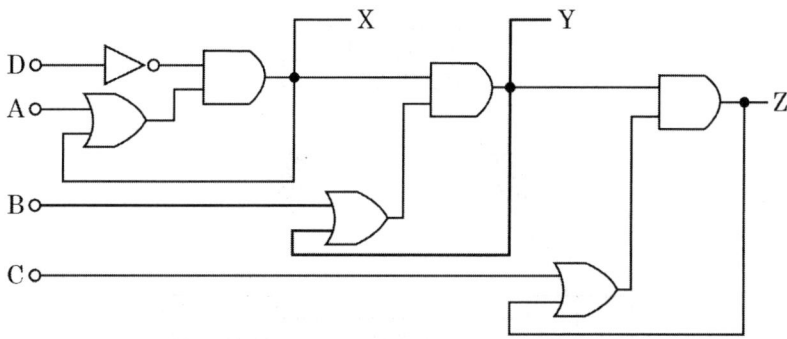

> 정답

$Z = \overline{D}(A+X)(B+Y)(C+Z)$

13

여러 설비의 접지를 공통으로 묶어서 사용하는 통합접지의 특징 중 장점 5가지를 쓰시오.

정답

- 접지극의 수량을 감소시킬 수 있다.
- 접지극의 연접으로 접지극의 신뢰도가 유지된다.
- 낮은 접지저항을 얻을 수 있다.
- 계통접지를 단순화시킬 수 있다.
- 건축구조물을 이용한 자연접지의 효과를 얻을 수 있다.

14

콜라우시 브리지에 의해 접지저항을 측정한 경우 접지판 상호 간의 저항이 그림과 같다면 G_3의 접지저항값은 몇 [Ω]인지 계산하시오.

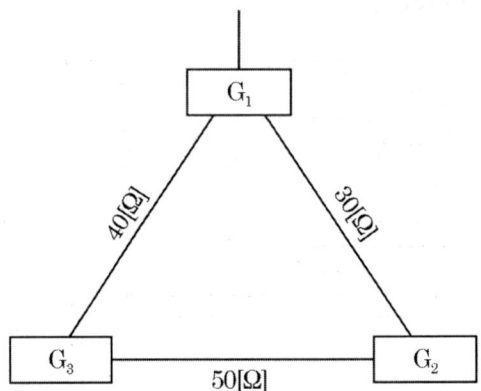

정답

$$G_3 = \frac{1}{2}(G_{13} + G_{23} - G_{12}) = \frac{50 + 40 - 30}{2} = 30 \, [\Omega]$$

답 30 [Ω]

15

비상용 조명 부하의 사용전압이 110 [V]인 100 [W]용 18등, 60 [W], 25등이 있다. 방전시간 30분, 축전지 HS형 54 [cell], 허용 최저 전압 100 [V], 최저 축전지 온도 5 [℃]일 때 축전지 용량은 몇 [Ah]인지 계산하여 구하여라. (단, 경년 용량 저하율이 0.8, 용량환산시간 K = 1.2이다)

■ 계산과정

$$I = \frac{P}{V} = \frac{100 \times 18 + 60 \times 25}{110} = 30 \,[\text{A}]$$

$$\therefore C = \frac{1}{L}KI = \frac{1}{0.8} \times 1.2 \times 30 = 45 \,[\text{Ah}]$$

답 45 [Ah]

01

다음은 특고압 계통에서 22.9 [kV-Y], 1000 [kVA] 이하를 시설하는 경우의 특고압 간이수전설비 결선도 주기사항이다. 다음 "① ~ ⑤"의 ( )에 알맞은 내용을 답란에 적으시오.

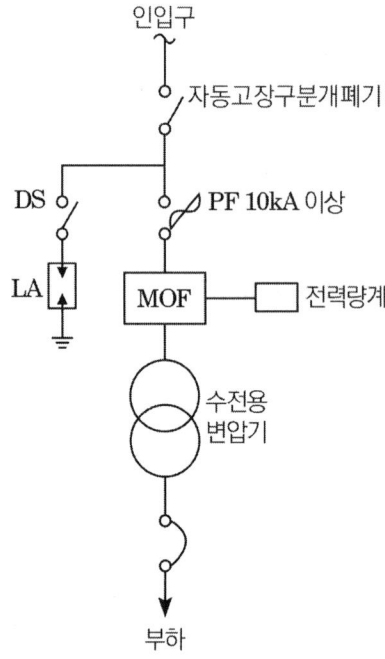

주1. LA용 DS는 생략할 수 있으며, 22.9 [kV - Y]용의 LA는 (①) (또는 Isolator) 붙임형을 사용하여야 한다.

주2. 인입선을 지중선으로 시설하는 경우로 공동주택 등 고장 시 정전 피해가 큰 경우는 예비 지중선을 포함하여 (②) 회선으로 시설하는 것이 바람직하다.

주3. 지중인입선의 경우에 22.9 [kV - Y] 계통은 CNCV - W 케이블(수밀형) 또는 TR CNCV - W(트리억제형)을 사용하여야 한다. 다만 전력구·공동구·덕트·건물구내 등 화재의 우려가 있는 장소에서는 (③) 케이블을 사용하는 것이 바람직하다.

주4. 300 [kVA] 이하의 경우는 PF 대신 (④)(비대칭 차단전류 10 [kA] 이상의 것)을 사용할 수 있다.

주5. 특고압 간이수전설비는 PF의 용단 등의 결상사고에 대한 대책이 없으므로 변압기 2차 측에 설치되는 주 차단기에는 (⑤) 등을 설치하여 결상사고에 대한 보호 능력이 있도록 함이 바람직하다.

정답

① Disconnector   ② 2회선   ③ FR CNCO - W(난연)   ④ COS   ⑤ 결상 계전기

02
5점

다음 내용에서 ① ~ ③에 알맞은 내용을 답란에 적으시오.

> "주로 변압기의 자기포화에 의하여 회로의 전압파형에 변형이 일어나는데 (①)을(를) 접속함으로써 이 변형이 확대되는 경우가 있다. 그로 인해 전동기, 변압기 등의 소음 증대, 계전기 오동작 또는 지시 기기의 오차 등의 장해를 일으키는 경우가 있는데, 이러한 장해의 발생 원인이 되는 전압파형의 찌그러짐을 개선할 목적으로 (①)와(과) (②)로(으로) (③)을(를) 설치한다."

정답

① 진상콘덴서   ② 직렬   ③ 리액터

03
5점

어느 수용가의 변압기 용량의 조합은 전등 600 [kW], 동력 1200 [kW]라고 한다. 수용률은 60 [%]이고, 부등률은 전등 1.2, 동력 1.6, 전등과 동력 상호 간은 1.4이다. 여기에 공급되는 변전시설 용량 [kVA]를 계산하여 구하시오. (단, 부하 전력손실은 5 [%]로 하며, 역률은 1로 계산한다)

정답

$$\text{변전시설 용량[kVA]} = \frac{\frac{600 \times 0.6}{1.2} + \frac{1200 \times 0.6}{1.6}}{1.4 \times 1} \times 1.05 = 562.5 \text{ [kVA]}$$

답 562.5 [kVA]

04

변류기(CT) 2대를 V결선하여 OCR 3대를 그림과 같이 연결하였다. 그림을 보고 다음 각 질문에 답하여라.

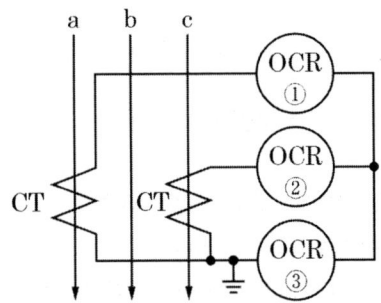

(1) 우리나라에서 사용하는 변류기(CT)의 극성은 일반적으로 어떤 극성을 사용하는지 적어라.

(2) 변류기 2차 측에 접속하는 외부 부하 임피던스를 무엇이라고 하는지 쓰시오.

(3) ③번 OCR에 흐르는 전류는 어떤 상의 전류인지 적으시오.

(4) OCR은 주로 어떤 사고가 발생하였을 때 작동하는지 쓰시오.

(5) 이 전로는 어떤 배전 방식을 취하고 있는지 쓰시오.

(6) 그림에서 CT의 변류비가 30/5이고, 변류기 2차 측 전류를 측정하였더니 3 [A]이었다면 수전전력은 약 몇 [kW]인지 구하시오. (단, 수전전압은 22900 [V]이고, 역률은 90 [%]이다)

정답

(1) 감극성

(2) 정격부담

(3) b상 전류

(4) 단락사고

(5) 3상 3선식 비접지 방식

(6) $P = \sqrt{3}\,VI\cos\theta \times 10^{-3} = \sqrt{3} \times 22900 \times (3 \times \dfrac{30}{5}) \times 0.9 \times 10^{-3} = 642.56$ [kW]

답 642.56 [kW]

> **핵심이론**
>
> □ CT의 1차전류
> - 가동접속 : $I_1 = I_2 \times CT$비
> - 차동접속 : $I_1 = I_2 \times CT$비 $\times \dfrac{1}{\sqrt{3}}$

05

접지저항을 측정하기 위하여 보조접지극 A, B와 접지극 E 상호 간에 접지저항을 측정한 결과 그림과 같은 저항값을 얻었다. E의 접지저항은 몇 [Ω]인지 계산하여 구하시오.

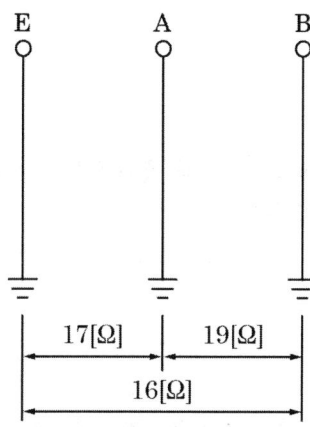

정답

$R_E = \dfrac{1}{2}(R_{EA} + R_{EB} - R_{AB}) = \dfrac{1}{2}(17 + 16 - 19) = 7\ [\Omega]$

답 11 [Ω]

06

농형 유도전동기의 일반적인 속도 제어 방법 3가지를 쓰시오.

정답

- 주파수 변환법
- 극수 변환법
- 전압 제어법

07

변압기의 임피던스 전압에 대하여 서술하시오.

정답

2차 측을 단락한 상태에서 1차 측에 정격전류를 흘려보낼 때 1차 측에 가한 전압
(정격 전류가 흐를 때 변압기 내 전압강하)

08

무게 3 [t]의 물체를 매분 25 [m]의 속도로 끌어올리는 권상용 전동기의 출력은 몇 [kW]로 하면 되는지 계산하시오. (단, 권상기 효율은 80 [%]로 하고 여유계수는 1.2로 한다)

정답

$$P = \frac{KWV}{6.12\eta} = \frac{1.2 \times 3 \times 25}{6.12 \times 0.8} = 18.38 \text{ [kW]}$$

답 18.38 [kW]

핵심이론

□ 권상용 전동기의 출력

$$P = \frac{WV}{6.12\eta} \text{ [kW]}$$

W : 권상하중[ton] , V : 분당 권상높이 , η : 효율

09

역률 개선에 대한 효과를 4가지를 쓰시오.

정답

- 설비 용량의 여유분 증가
- 전력손실의 감소
- 전압강하의 감소
- 전기요금의 절감

10

그림과 같은 단상 변압기에서 전압 V_1을 V_2로 승압하고자 한다. 다음 각 질문에 답하시오. (단, 탭(Tab)전압 1차 측은 3150 [V], 2차 측은 210 [V]이다)

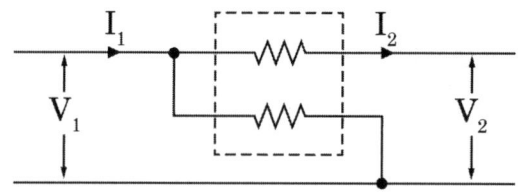

(1) V_1이 3000 [V]인 경우 V_2는 몇 [V]가 되는지 계산하시오.

(2) I_1이 25 [A]인 경우 I_2는 몇 [A]가 되는지 계산하시오. (단, 변압기의 임피던스, 여자전류 및 손실은 무시한다)

정답

(1) $V_2 = V_1\left(1 + \dfrac{1}{a}\right) = 3000 \times \left(1 + \dfrac{210}{3150}\right) = 3200$ [V]   **답** 3200 [V]

(2) 입력 $P_1 = V_1 I_1 = 3000 \times 25 = 75000$ [VA]

    이상 변압기 조건에서 입력 = 출력이므로

    출력 $P_2 = V_2 I_2$에서 $I_2 = \dfrac{P_2}{V_2} = \dfrac{75000}{3200} = 23.44$ [A]   **답** 23.44 [A]

11

그림과 같이 단상 변압기 3대가 있다. 다음 각 물음에 답하시오.

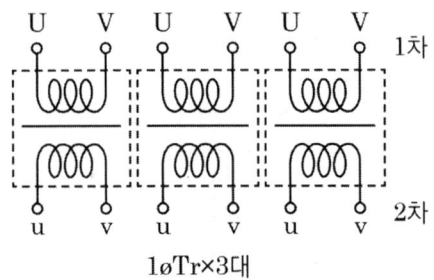

1øTr×3대

(1) 이 단상 변압기 3대를 △-△결선이 되도록 도면에 직접 그리시오.
(2) △-△결선으로 운전하던 중 한 상의 변압기(T1)에 고장이 생겨 이것을 분리하고 나머지 2대로 3상 전력을 공급하고자 한다. 이때 사용되는 결선의 명칭은 무엇이며, △결선에 대한 이 결선의 출력비는 몇 [%]가 되는지 계산하고 결선도를 완성하시오.
 ① 결선의 명칭 :
 ② △결선과의 출력비
 ③ 결선도(T1 변압기 고장 시)

정답

(1)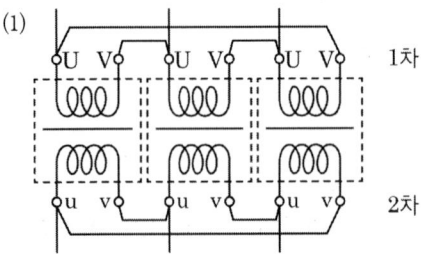

(2) ① 결선의 명칭 : V-V결선

② △결선과의 출력비 $= \dfrac{V\,결선\,출력}{3상\,출력} = \dfrac{\sqrt{3}\,VI}{3\,VI} = \dfrac{1}{\sqrt{3}} \times 100 = 57.74\,[\%]$

답 57.74 [%]

③ 결선도(T1 변압기 고장 시)

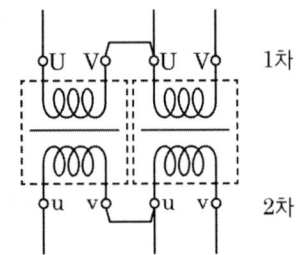

12

3상 유도전동기의 기동 회로이다. 무접점 회로를 보고 다음 각 질문에 답하시오.

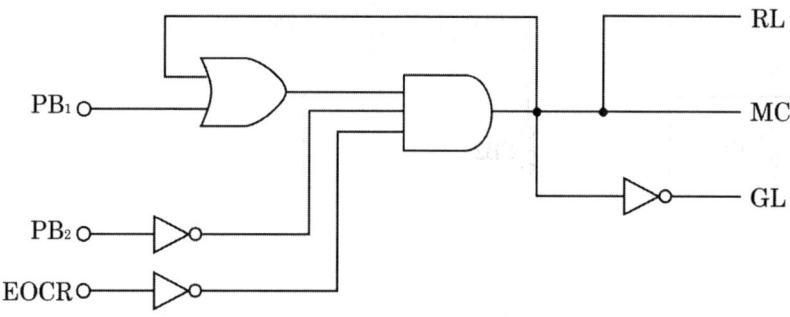

(1) 유접점 회로도를 완성하시오.

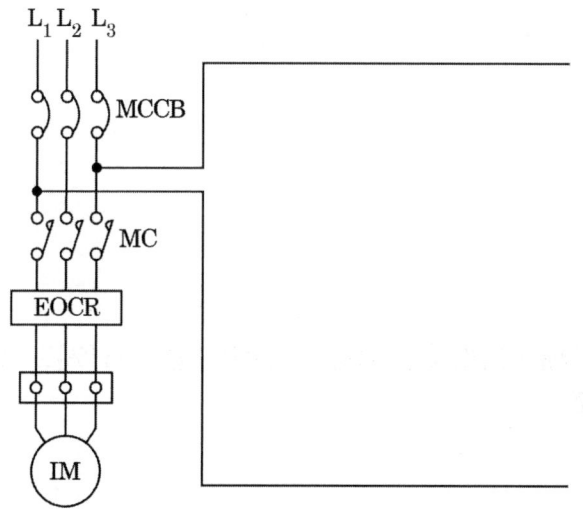

(2) MC, RL, GL의 논리식을 각각 나타내시오.
- MC =

- RL =

- GL =

> 정답

(1)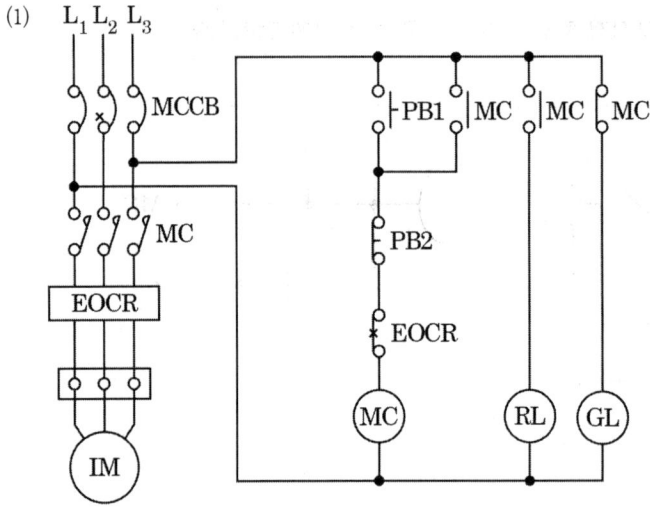

(2) • $MC = (PB_1 + MC) \cdot \overline{PB_2} \cdot \overline{EOCR}$
- $RL = MC$
- $GL = \overline{MC}$

13

실부하 6000 [kW], 역률 85 [%]로 운전하는 공장에서 역률을 95 [%]로 개선하는 데 필요한 콘덴서 용량을 구하시오.

> 정답

$$Q_c = P(\tan\theta_1 - \tan\theta_2) = 6000 \times \left(\frac{\sqrt{1-0.85^2}}{0.85} - \frac{\sqrt{1-0.95^2}}{0.95} \right) = 1746.36 \text{ [kVA]}$$

답 1746.36 [kVA]

14

변압기의 고장 원인에 대하여 5가지를 쓰시오.

정답

(1) 권선의 상간 단락 (2) 층간 단락 (3) 고·저압 혼촉
(4) 과부하 및 과전류 (5) 절연물 및 절연유의 열화 (6) 기계적 충격

15

5500 [lm]의 광속을 발산하는 전등 20개를 '가로 10 [m] × 세로 20 [m]'의 방에 설치하였다. 이 방의 평균조도를 구하시오. (단, 조명률은 0.5, 감광보상률은 1.30이다)

정답

$$E = \frac{FUN}{AD} = \frac{5500 \times 0.5 \times 20}{10 \times 20 \times 1.3} = 211.54 \text{ [lx]}$$

답 211.54 [lx]

16

전기기기 및 송·변전 선로의 고장 시 회로를 자동차단하는 고압 차단기의 종류 3가지와 각각의 소호 매체를 답란에 적으시오.

고압 차단기	소호 매체

정답

고압 차단기	소호 매체
진공 차단기(VCB)	진공
유입 차단기(OCB)	절연유
가스 차단기(GCB)	SF_6

> 핵심이론

□ 차단기의 소호 매질

차단기 종류	소호 매체
진공 차단기(VCB)	진공
유입 차단기(OCB)	절연유
가스 차단기(GCB)	SF_6
공기 차단기(ABB)	압축공기
자기 차단기(MBB)	전자력

17
7점

수전전압 22.9 [kV], 가공전선로의 %임피던스가 5 [%]일 때 수전점의 단락전류가 3000 [A]인 경우 기준 용량을 구하고, 다음 표에서 수전용 차단기의 정격 용량을 선정하여라.

〈차단기의 정격 용량[MVA]〉

| 50 | 75 | 100 | 150 | 250 | 300 | 400 | 500 |

(1) 기준 용량

(2) 차단기 정격 용량 선정

> 정답

■ 계산과정

(1) 기준 용량 $P_n = \sqrt{3}\, V_n I_n = \sqrt{3} \times 22.9 \times 10^3 \times \left(\dfrac{5}{100} \times 3000\right) \times 10^{-6} = 5.95$ [MVA]

답 5.95 [MVA]

(2) 단락비 $\dfrac{P_s}{P_n} = \dfrac{100}{\%Z}$ 에서

차단 용량 $P_s = \dfrac{100}{\%Z} \times P_n = \dfrac{100}{5} \times 5.95 = 119$ [MVA]

답 150 [MVA]

2015년 제3회

01

어떤 공장의 전기설비로 역률 0.8, 용량 200 [kVA]인 3상 평형 유도 부하가 사용되고 있다. 이 부하에 병렬로 전력용 콘덴서를 설치하여 합성 역률을 0.95로 개선하고자 할 경우 다음 각 물음에 답하시오.

(1) 전력용 콘덴서의 용량은 몇 [kVA]가 필요한지 구하시오.

(2) 전력용 콘덴서에 직렬 리액터를 설치할 때 용량은 몇 [kVA]를 설치하여야 하는지 구하시오.

정답

(1) 전력용 콘덴서

$$Q_c = P(\tan\theta_1 - \tan\theta_2) = 200 \times 0.8 \left(\frac{\sqrt{1-0.8^2}}{0.8} - \frac{\sqrt{1-0.95^2}}{0.95^2} \right) = 67.41 \text{ [kVA]}$$

답 67.41 [kVA]

(2) • 이론상 : $67.41 \times 0.04 = 2.7$ [kVA]
 • 실제상 : $67.41 \times 0.06 = 4.04$ [kVA]

답 4.04 [kVA]

02

정격 출력 37 [kW], 역률 0.8, 효율 0.82로 운전되는 3상 유도전동기가 있다. 여기에 V결선의 변압기로 전원을 공급하고자 할 때 변압기 1대의 최소 용량은 몇 [kVA]인지 구하시오.

정답

V결선으로 공급해야 할 용량[kVA] $= \dfrac{37}{0.8 \times 0.82} = 56.4$ [kVA]

$P_V = \sqrt{3}\, P_1$에서 변압기 1대 용량 $P_1 = \dfrac{P}{\sqrt{3}} = \dfrac{56.4}{\sqrt{3}} = 32.56$ [kVA]

답 32.56 [kVA]

03

LS, DS, CB가 그림과 같이 배열되어 있다. 전원을 공급(투입) 및 차단 시 조작하는 순서를 쓰시오.

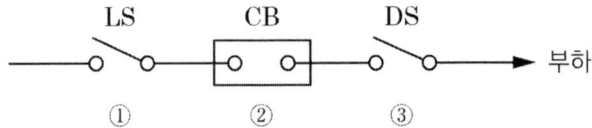

(1) 투입 시 :

(2) 차단 시 :

정답

(1) DS → LS → CB

(2) CB → DS → LS

04

변압기 절연유의 열화 방지를 위한 습기 제거 장치로서 실리카겔(흡습제)와 절연유가 주입되는 2개의 용기로 이루어져 있고, 변압기 절연유 탱크에 연결되어 있다. 하부에 부착된 용기는 외부 공기과 직접적인 접촉을 막아주기 위한 용기로 표시된 눈금(용기의 2/3 정도)까지 절연유를 채워 관리하는 아래 그림과 같은 변압기 부착물의 명칭을 쓰시오.

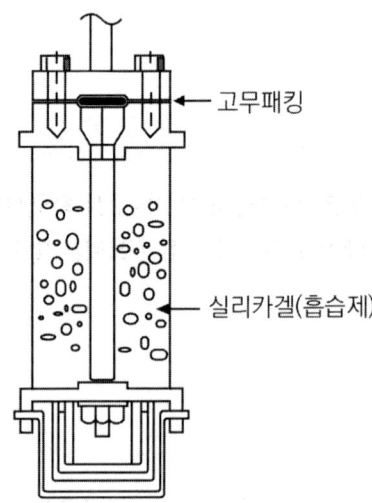

> 정답

흡습호흡기(브리더)

05

조명용 변압기의 주요 사양이 다음과 같을 때 변압기 2차 측의 단락전류[kA]를 구하시오. (단, 전원 측 %임피던스는 무시한다)

[조건]
- 상수 : 단상
- 용량 : 50 [kVA]
- 전압 : 3.3 [kV]/220 [V]
- %임피던스 : 3 [%]

> 정답

$$I_s = \frac{100}{\%Z} I_n = \frac{100}{\%Z} \times \frac{P}{V_2} = \frac{100}{3} \times \frac{50 \times 10^3}{220} \times 10^{-3} = 7.58 \text{ [kA]}$$

답 7.58 [kA]

06

건축 연면적인 350 [m²]의 주택에 다음 조건과 같은 전기설비를 시설하고자 할 때 분전반에 사용할 20 [A]와 30 [A]의 분기회로 수는 각각 몇 회로로 하여야 하는지를 결정하시오. (단, 분전반의 인입전압은 단상 220 [V]이며, 전등 및 전열의 분기회로는 20 [A], 에어컨은 30 [A] 분기회로이다)

[조건]
- 전등과 전열용 부하밀도는 30 [VA/m²]
- 2500 [VA] 용량의 에어컨 2대
- 예비 부하는 3500 [VA]

정답

- 전등 전열 분기회로 수 $= \dfrac{\text{부하전류}}{\text{분기회로전류}} = \dfrac{\dfrac{350 \times 30 + 3500}{220}}{20} = \dfrac{350 \times 30 + 3500}{220 \times 20} = 3.18$

- 에어컨 분기회로 수 $= \dfrac{\text{부하전류}}{\text{분기회로전류}} = \dfrac{\dfrac{2500 \times 2}{220}}{30} = \dfrac{2500 \times 2}{220 \times 30} = 0.76$

답 20 [A] 분기 4회로 선정, 에어컨은 30 [A] 분기 1회로 선정

07

욕실 등 인체가 물에 젖어 있는 상태에서 물을 사용하는 장소에 콘센트를 시설하는 경우에 설치해야 하는 인체 감전 보호용 누전 차단기의 정격감도전류와 동작시간은 얼마 이하를 사용하여야 하는지 쓰시오.

정답

- 정격감도전류 : 15 [mA] 이하
- 동작시간 : 0.03 [sec] 이하

08

소세력 회로의 정의와 최대사용전압, 최대사용전류를 구분하여 쓰시오.

(1) 소세력 회로 정의 :
(2) 최대사용전압 및 최대사용전류 :

정답

(1) 전자 개폐기의 조작회로 또는 초인벨·경보벨 등에 접속하는 전로
(2) ① 최대사용전압 : 60 [V] 이하
　② 최대사용전류
　　• 최대사용전압이 15 [V] 이하인 것은 5 [A] 이하
　　• 최대사용전압이 15 [V] 초과 30 [V] 이하인 것은 3 [A] 이하
　　• 최대사용전압이 30 [V] 초과 60 [V] 이하인 것은 1.5 [A] 이하

> 핵심이론

□ 소세력 회로(KEC 241.14)

전자 개폐기의 조작회로 또는 초인벨·경보벨 등에 접속하는 전로로서 최대사용전압이 60 [V] 이하인 것은 다음에 따라 시설
- 소세력 회로에 전기를 공급하기 위한 절연변압기의 사용전압은 대지전압 300 [V] 이하
- 소세력 회로에 전기를 공급하기 위한 변압기는 절연변압기이어야 한다.
- 절연변압기의 2차 단락전류는 소세력 회로의 최대사용전압에 따라 표에서 정한 값 이하의 것

소세력 회로의 최대사용전압의 구분	2차 단락전류	과전류 차단기의 정격전류
15 [V] 이하	8 [A]	5 [A]
15 [V] 초과 30 [V] 이하	5 [A]	3 [A]
30 [V] 초과 60 [V] 이하	3 [A]	1.5 [A]

09

다음은 컨베어시스템 제어회로 도면이다. A, B, C 3대의 컨베이어가 기동 시 A → B → C 순서로 동작하며, 정지 시 C → B → A 순서로 정지한다. 그림을 보고 입력 프로그램 ① ~ ⑤까지의 내용을 답란에 쓰시오.

〈시스템도〉

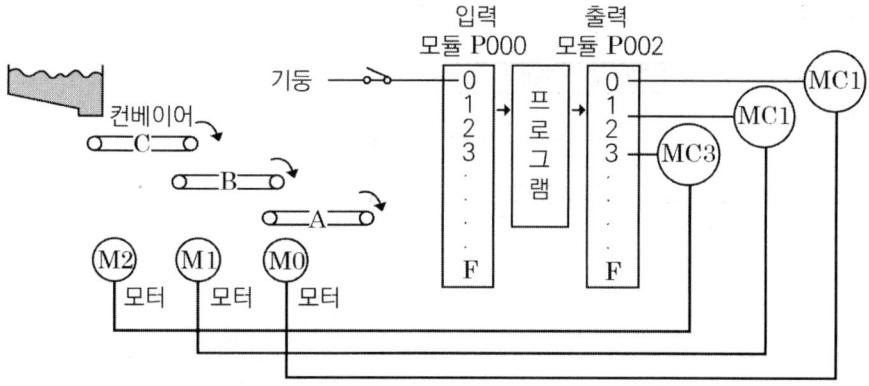

〈타임차트〉

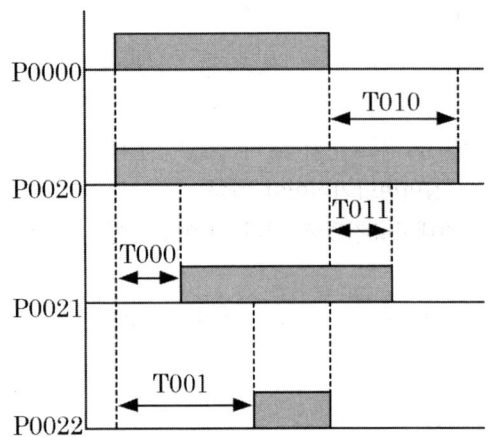

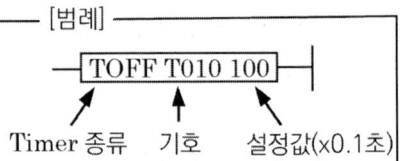

〈프로그램 입력〉

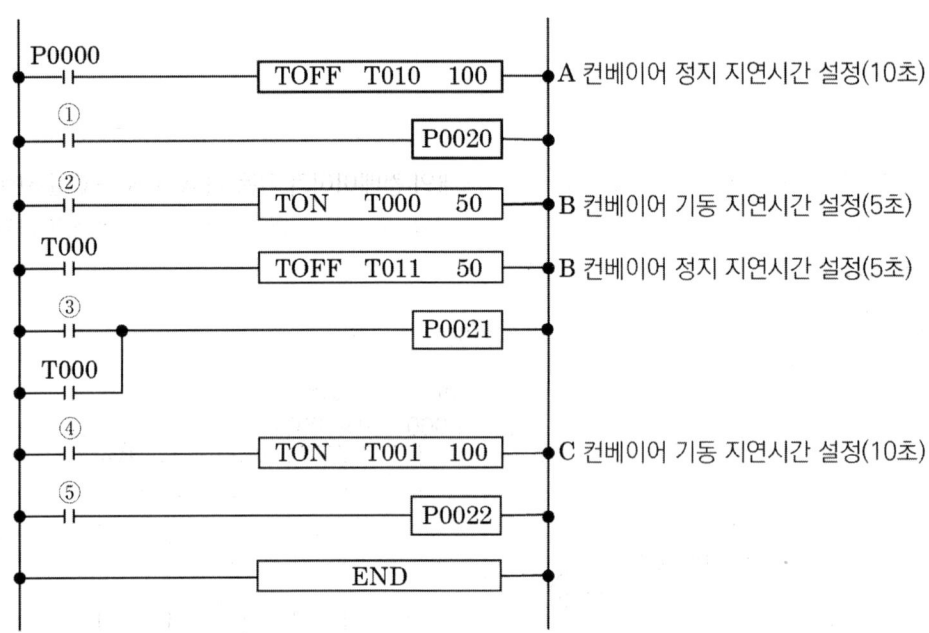

①	②	③	④	⑤

정답

①	②	③	④	⑤
T010	P0000	T011	P0000	T001

10

다음과 같은 사무실에 조명설계를 하고자 한다. 각 물음에 답하시오.

20[m](X)

10[m](Y)

[조건]
- 평균조도는 150 [lx]로 한다.
- 광속은 형광등 32 [W]일 때 2900 [lm]으로 한다.
- 조명률은 0.6, 감광보상률은 1.2로 한다.
- 건물 천장 높이는 3.85 [m], 작업면은 0.85 [m]로 한다.
- 가장 경제적인 설계를 한다.

(1) 형광등 수량을 구하시오.

(2) 실지수를 구하시오.

(3) 등 간격은 등 높이의 몇 배 이하로 하여야 하는지 쓰시오.

정답

(1) $FUN = EAD$에서 $N = \dfrac{EAD}{FU} = \dfrac{150 \times (20 \times 10) \times 1.2}{2900 \times 0.6} = 20.69$

答 21 [등]

(2) 실지수 $= \dfrac{XY}{H(X+Y)} = \dfrac{20 \times 10}{(3.85 - 0.85) \times (20 + 10)} = 2.22$

答 2.0

(3) 등기구와 등기구의 간격 $S \leq 1.5H$ (H : 작업면에서 광원까지의 높이)

答 1.5배 이하

> **핵심이론**

□ 실지수 표

기호	A	B	C	D	E	F	G	H	I	J
실지수	5.0	4.0	3.0	2.5	2.0	1.5	1.25	1.0	0.8	0.6
범위	4.5 이상	4.5~3.5	3.5~2.75	2.75~2.25	2.25~1.75	1.75~1.38	1.38~1.12	1.12~0.9	0.9~0.7	0.7 이하

11

13점

어느 공장에서 예비전원을 얻기 위하여 전기시동 방식 수동 제어장치의 디젤엔진 3상 교류발전기를 시설하였다. 발전기는 사이리스터식 정지 자여자 방식을 채택하고 전압은 자동과 수동으로 조정 가능하게 하였을 경우 다음 각 물음에 답하시오.

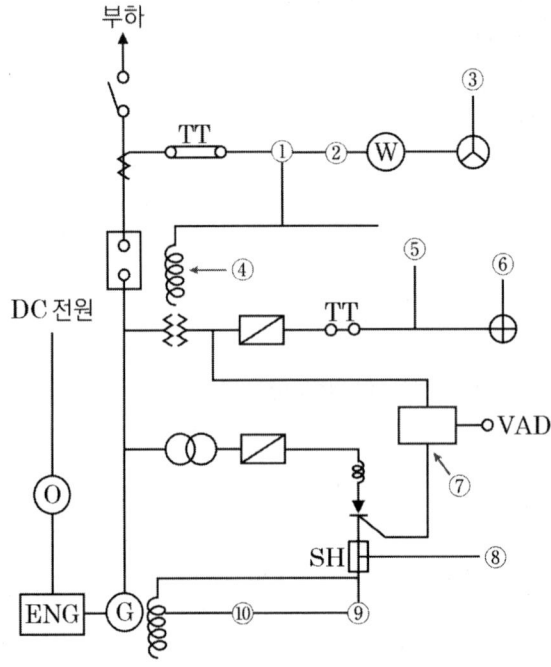

⟨약호⟩

약호	명칭	약호	명칭
ENG	전기 기동식 디젤엔진	G	정지 자여자식 교류발전기
AVR	자동전압조정기	VAD	전압조정기
CR	사이리스터 정류기	SR	가포화리액터
CT	변류기	PT	계기용 변압기
Fuse	퓨즈	F	주파수계
RPM	회전수계	CB	차단기
TC	트립코일	OC	과전류 계전기
Wh	전력량계	SH	분류기
TG	타코 제너레이터	TrE	여자용 변압기
AV	교류전압계	DA	직류전류계
AA	교류전류계	DS	단로기
W	지시전력계		

(1) 도면에서 ① ~ ⑩에 해당되는 부분의 명칭을 주어진 약호로 답하시오.

①	②	③	④	⑤
⑥	⑦	⑧	⑨	⑩

(2) 도면에 표기된 다음 그림 기호의 명칭과 용도를 쓰시오.

그림 기호	그림 기호의 명칭과 용도
—o—TT——	
—o—TT—o—	
⊕	
⊗	

정답

(1)

①	②	③	④	⑤
OC	WH	AA	TC	F
⑥	⑦	⑧	⑨	⑩
AV	AVR	DA	RPM	TG

(2)

그림 기호	그림 기호의 명칭과 용도
─○TT○─	전류 시험 단자 : 전류를 시험하는 단자
─○TT○─	전압 시험 단자 : 전압을 시험하는 단자
⊕	전압계용 전환 개폐기 : 3상 전압을 전압계 1대로 측정하기 위한 전환 개폐기
(벤츠마크)	전류계용 전환 개폐기 : 3상의 각 선의 전류를 전류계 1대로 측정하기 위한 전환 개폐기

12

어떤 변전소의 공급 구역 내의 총 부하 용량은 전등 600 [kW], 동력 80 [kW]이다. 각 수용가의 수용률은 전등 60 [%], 동력 80 [%]이고, 각 수용가 간의 부등률은 전등 1.2, 동력 1.6이며, 또한 변전소에서 전등 부하와 동력 부하 간의 부등률을 1.4라 하고, 배전선(주상 변압기 포함)의 전력 손실을 전등 부하, 동력 부하가 각 10 [%]라 할 때 다음 각 물음에 답하시오.

(1) 전등의 종합 최대수용전력은 몇 [kW]인지 구하시오.

(2) 동력의 종합 최대수용전력은 몇 [kW]인지 구하시오.

(3) 변전소에 공급하는 최대전력은 몇 [kW]인지 구하시오.

정답

(1) $P_N = \dfrac{600 \times 0.6}{1.2} = 300$ [kW]   답 300 [kW]

(2) $P_M = \dfrac{800 \times 0.8}{1.6} = 400$ [kW]   답 400 [kW]

(3) $P = \dfrac{300 + 400}{1.4} \times (1 + 0.1) = 550$ [kW]   답 550 [kW]

13

일정기간 사용한 연축전지를 점검하였더니 전 셀의 전압이 불균일하게 나타났다면 어느 방식으로 충전하여야 하는지 충전 방식의 명칭과 그 충전 방식에 대하여 설명하시오.

(1) 충전 방식의 명칭 :
(2) 충전 방식 설명 :

정답

(1) 균등 충전 방식
(2) 각 전해조에 일어나는 전위차를 보정하기 위해 1 ~ 3개월마다 1회 정전압으로 10 ~ 12시간 충전하는 방식

14

지중전선로의 지중함 설치 시 지중함의 시설기준을 3가지만 쓰시오.

정답

- 지중함은 견고하고 차량 기타 중량물의 압력에 견디는 구조일 것
- 지중함은 그 안에 고인 물을 제거할 수 있는 구조일 것
- 지중함의 뚜껑은 시설자 이외의 자가 쉽게 열 수 없도록 시설할 것

> **핵심이론**
>
> □ 지중함의 시설
> (1) 지중함은 견고하고 차량 기타 중량물의 압력에 견디는 구조일 것
> (2) 지중함은 그 안의 고인 물을 제거할 수 있는 구조로 되어 있을 것
> (3) 폭발성 또는 연소성의 가스가 침입할 우려가 있는 것에 시설하는 지중함으로서 그 크기가 1 $[m^3]$ 이상인 것에는 통풍장치 기타 가스를 방산시키기 위한 적당한 장치를 시설
> (4) 지중함의 뚜껑은 시설자 이외의 자가 쉽게 열 수 없도록 시설

15

피뢰기에 대한 다음 각 물음에 답하시오.

(1) 현재 사용되고 있는 교류용 피뢰기의 주요 구조는 무엇과 무엇인지 쓰시오.
(2) 피뢰기의 정격전압이라고 하는 것은 어떤 전압을 말하는지 쓰시오.
(3) 피뢰기의 제한전압은 어떤 전압을 말하는지 쓰시오.
(4) 피뢰기의 기능상 필요한 구비조건을 4가지만 쓰시오.

정답

(1) 직렬 갭, 특성요소
(2) 속류를 차단할 수 있는 교류 최대전압
(3) 피뢰기 방전 시 단자전압
(4) • 충격 방전개시 전압이 낮을 것   • 상용주파 방전개시 전압이 높을 것
    • 방전내량이 크면서 제한전압이 낮을 것   • 속류 차단 능력이 충분할 것

16

전력계통에서 이용되는 다음 리액터의 설치 목적을 쓰시오.

명칭	설치 목적
직렬 리액터	
분로(병렬) 리액터	
소호 리액터	
한류 리액터	

정답

명칭	설치 목적
직렬 리액터	제5고조파 제거
분로(병렬) 리액터	페란티 현상의 방지
소호 리액터	지락전류의 제한
한류 리액터	단락전류의 제한

17

다음과 같은 값을 측정하려면 어떤 측정기기를 사용하는 것이 적합한지 쓰시오.

(1) 전선의 굵기(단선) :

(2) 옥내 전등선의 절연저항 :

(3) 접지저항 :

정답

(1) 와이어 게이지 (2) 메거 (3) 콜라우시 브리지

핵심이론

□ 각 값을 측정하는 기기
- 단선인 전선의 굵기 : 와이어 게이지
- 변압기, 옥내 전등선의 절연저항 : 메거
- 접지저항, 전해액의 저항 : 콜라우시 브리지
- 검류계의 내부저항 : 휘스톤 브리지
- 배전선의 전류 : 후크온 메터

01

수전단 상전압 22000 [V], 전류 400 [A], 선로의 저항 R = 3 [Ω], 리액턴스 X = 5 [Ω]일 때 전압강하율은 몇 [%]인지 구하시오. (단, 수전단 역률은 0.8이다)

정답

■ 계산과정

상전압강하율 $\delta = \dfrac{E_s - E_r}{E_r} \times 100 = \dfrac{I(R\cos\theta + X\sin\theta)}{E_r} \times 100$ [%]

$= \dfrac{400 \times (3 \times 0.8 + 5 \times 0.6)}{22000} \times 100 = 9.82$ [%]

답 9.82 [%]

02

계기 정수가 1200 [Rec/kWh], 승률 1인 전력량계의 원판이 12회전하는 데 50초가 걸렸다. 이때 부하의 평균 전력은 몇 [kW]인지 구하시오.

정답

■ 계산과정

$P = \dfrac{3600 \cdot n}{t \cdot k} \times CT비 \times PT비 = \dfrac{3600 \times 12}{50 \times 1200} \times 1 = 0.72$ [kW]

답 0.72 [kW]

03

어떤 건물 옥상의 수조에 분당 1500 [ℓ]씩 물을 올리려고 한다. 지하수조에서 옥상수조까지의 양정이 50 [m]일 경우 전동기 용량은 몇 [kW] 이상으로 하여야 하는지 구하시오. (단, 배관의 손실은 양정의 30 [%]로 하며, 펌프 및 전동기 종합효율은 80 [%], 여유계수는 1.1로 한다)

정답

■ 계산과정

$$P = \frac{9.8\,QHK}{\eta} = \frac{9.8 \times \frac{1.5}{60} \times 50 \times 1.1}{0.8} \times 1.3 = 21.9\,[\text{kW}]$$

답 21.9 [kW]

04

3상 4선식 교류 380 [V], 20 [kVA] 3상 부하가 전기실 배전반 전용 변압기에서 190 [m] 떨어져 설치되어 있다. 이 경우 간선의 최소 굵기를 구하고 케이블을 선정하시오. (단, 케이블 규격은 IEC에 의한다)

정답

■ 계산과정

- 전류 $I = \dfrac{P_a}{\sqrt{3}\,V} = \dfrac{20 \times 10^3}{\sqrt{3} \times 380} = 30.39\,[\text{A}]$

- 전압강하 $e = 5 + (190 - 100) \times 0.005 = 5.45\,[\%]$

- 전선의 굵기 $A = \dfrac{17.8\,LI}{1000\,e} = \dfrac{17.8 \times 190 \times 30.39}{1000 \times 220 \times 0.0545} = 8.57\,[\text{mm}^2]$

답 10 [mm²] 선정

> 핵심이론

□ 수용가 설비의 전압강하

설비의 유형	조명 [%]	기타 [%]
A - 저압으로 수전하는 경우	3	5
B - 고압 이상으로 수전하는 경우	6	8

가능한 한 최종회로 내의 전압강하가 A유형을 넘지 않도록 하는 것이 바람직하다. 사용자의 배선설비가 100 [m]를 넘는 부분의 전압강하는 미터당 0.005 [%] 증가할 수 있으나 이러한 증가분은 0.5 [%]를 넘지 않도록 한다.

□ 배전 방식별 전압강하

배전 방식	전압강하	측정 기준
단상 2선식	$e = \dfrac{35.6LI}{1000A}$	선간
3상 3선식	$e = \dfrac{30.8LI}{1000A}$	선간
단상 3선식 3상 4선식	$e = \dfrac{17.8LI}{1000A}$	대지간

05

Circuit Breaker(차단기)와 Disconnecting Switch(단로기)의 차이점을 서술하시오.

> 정답

- 차단기(CB) : 부하전류를 개폐하거나 또는 기기나 계통에서 발생한 고장전류를 차단하여 전로나 기기를 보호
- 단로기(DS) : 전선로나 전기기기의 수리, 점검을 하는 경우 차단기로 차단된 무부하 상태의 전로를 확실하게 열기 위하여 사용되는 개폐기(무부하 회로 개폐)

06

직렬 콘덴서를 사용하는 목적에 대하여 적으시오.

정답

직렬 콘덴서는 유도 리액턴스에 의한 선로의 전압강하 보상용으로 전압변동을 줄이고 정태안정도 개선용으로 사용

07

그림과 같은 계통의 기기의 A점에서 완전 지락이 발생하였다. 그림을 이용하여 다음 각 질문에 답하시오.

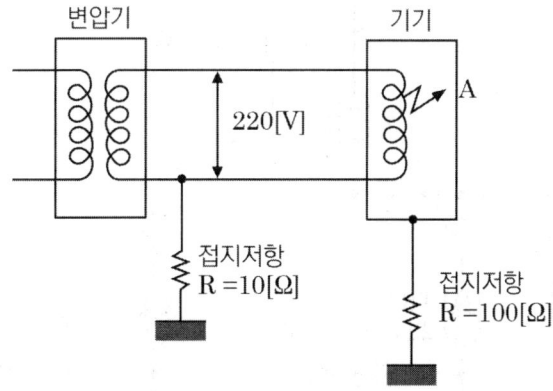

(1) 이 기기의 외함에 인체가 접촉하고 있지 않을 경우 이 외함의 대지전압을 구하시오.

(2) 이 기기의 외함에 인체가 접촉하였을 경우 인체를 통해서 흐르는 전류[mA]를 구하시오.
   (단, 인체의 저항은 3000 [Ω]으로 한다)

정답

(1) 대지전압 : $e = \dfrac{R_2}{R_1 + R_2} \times V = \dfrac{100}{10 + 100} \times 220 = 200$ [V]   **답** 200 [V]

(2) 인체에 흐르는 전류 $I = \dfrac{V}{R_1 + \dfrac{R_2 \cdot R}{R_2 + R}} \times \dfrac{R_2}{R_2 + R}$

$= \dfrac{220}{10 + \dfrac{100 \times 3000}{100 + 3000}} \times \dfrac{100}{100 + 3000}$

$= 0.06647 = 66.47 \times 10^{-3} = 66.47$ [mA]   **답** 66.47 [mA]

08

다음 도면은 어느 수변전설비의 미완성 단선 계통도이다. 도면을 읽고 질문에 답하시오.

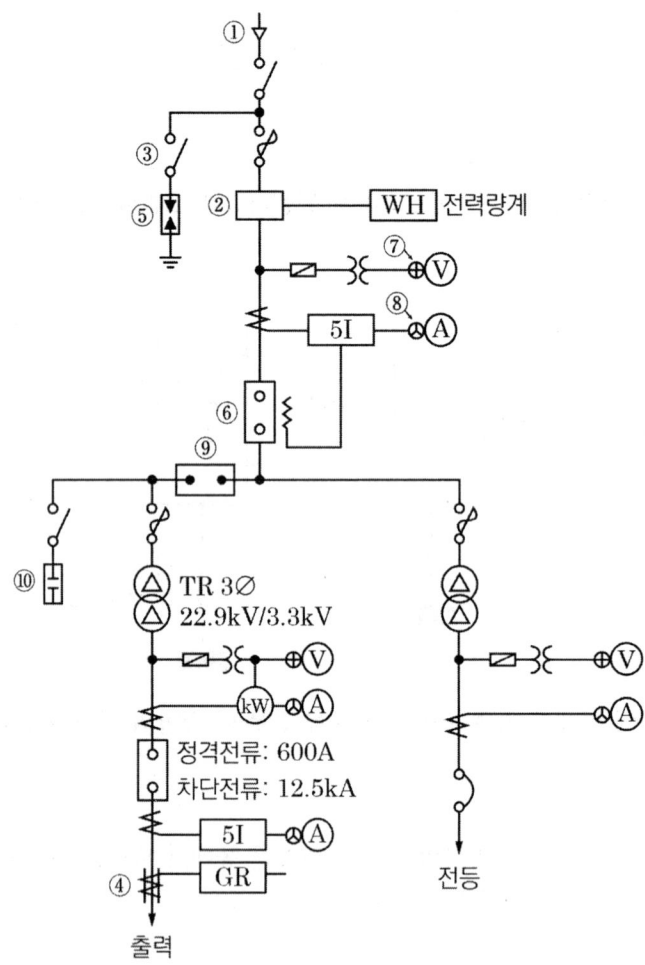

(1) 도면에 표시한 ① ~ ⑩번까지의 약호와 명칭을 쓰시오.

번호	약호	명칭	번호	약호	명칭
①			⑥		
②			⑦		
③			⑧		
④			⑨		
⑤			⑩		

(2) ⑩번을 직렬 리액터와 방전코일이 부착된 상태로 복선도를 그리시오.

(3) 동력용 △-△결선 변압기의 복선도를 그리시오.

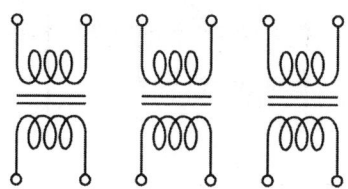

(4) 동력 부하로 3상 유도전동기 20 [kW], 역률 60 [%](지상) 부하가 연결되어 있다. 이 부하의 역률을 80 [%]로 개선하는 데 필요한 전력용 콘덴서의 용량은 몇 [kVA]인가?

정답

(1)
번호	약호	명칭	번호	약호	명칭
①	CH	케이블 헤드	⑥	CB	차단기
②	MOF	전력 수급용 계기용 변성기	⑦	VS	전압계용 전환 개폐기
③	DS	단로기	⑧	AS	전류계용 전환 개폐기
④	ZCT	영상변류기	⑨	OS	유입 개폐기
⑤	LA	피뢰기	⑩	SC	전력용 콘덴서

(2)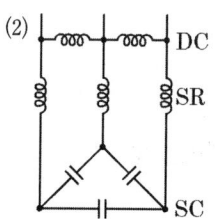

(3)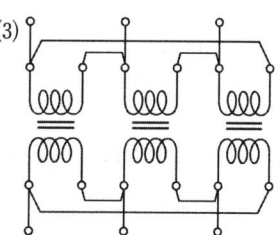

(4) $Q_c = 20 \times \left(\dfrac{0.8}{0.6} - \dfrac{0.6}{0.8} \right) = 11.67$ [kVA]

09

그림과 같은 무접점의 논리 회로도를 유접점 회로로 변경하여 그리시오.

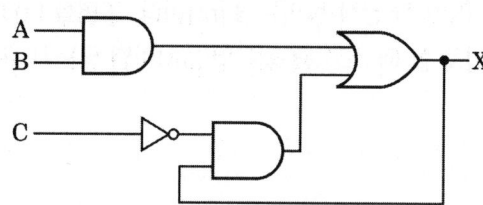

정답

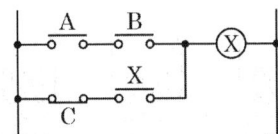

10   6점

배전용 변전소에 접지공사를 하고자 한다. 접지 목적 3가지를 적으시오.

정답

- 지락 및 단락전류 등 고장전류로부터 기기 보호
- 배전소에서의 감전사고 및 화재사고를 방지
- 보호 계전기의 확실한 동작 및 전위 상승 억제

11   3점

전기설비의 보수점검 작업의 점검 후에 실시하여야 하는 유의사항 3가지를 적으시오.

정답

(1) 접지선의 제거   (2) 최종확인   (3) 점검의 기록

12   5점

방의 넓이가 12 [m²]이고, 이 방의 천장 높이는 3 [m]이다. 조명률 50 [%], 감광보상률 1.3, 작업면의 평균조도를 150 [lx]로 할 때 소요 광속은 몇 [lm]이면 되는지 구하시오.

정답

■ 계산과정

$$F = \frac{EAD}{UN} = \frac{12 \times 150 \times 1.3}{0.5 \times 1} = 4680 \,[\text{lm}]$$

답 4680 [lm]

13

전원 전압이 100 [V]인 회로에 600 [W]의 전기밥솥 1대, 350 [W]의 전기다리미 1대, 150 [W]의 텔레비전 1대를 사용하며, 사용되는 모든 부하의 역률이 1이라고 할 때 이 회로에 연결된 10 [A] 고리 퓨즈는 어떻게 되겠는지 이유를 설명하시오.

• 상태 :

• 이유 :

정답

$$I = \frac{P}{V} = \frac{600+350+150}{100} = 11\,[\text{A}], \quad \frac{\text{부하전류}}{\text{퓨즈정격전류}} = \frac{11}{10} = 1.1\text{배}$$

• 상태 : 용단하지 않는다.
• 이유 : 4 [A] 초과 16 [A] 미만의 저압퓨즈는 정격전류의 1.5배에 견디도록 되어 있다.

핵심이론

□ 보호장치의 특성(KEC 212.3.4)
과전류 차단기로 저압전로에 사용하는 범용의 퓨즈는 표에 적합한 것이어야 한다.

정격전류	시간	정격전류의 배수	
		불용단전류	용단전류
4 [A] 이하	60분	1.5배	2.1배
4 [A] 초과 16 [A] 미만			1.9배
16 [A] 이상 63 [A] 이하		1.25배	1.6배
63 [A] 초과 160 [A] 이하	120분		
160 [A] 초과 400 [A] 이하	180분		
400 [A] 초과	240분		

14

3상 3선식 6.6 [kV]로 수전하는 수용가의 수전점에서 100/5 [A] CT 2대와 6600/110 [V] PT 2대를 사용하여 CT 및 PT의 2차 측에서 측정한 전력이 300 [W]이었다면 수전전력은 몇 [kW]인지 구하시오.

정답

■ 계산과정

수전전력 = 측정 전력(전력계의 지시값) × CT비 × PT비

$$\therefore P = 300 \times \frac{100}{5} \times \frac{6600}{110} \times 10^{-3} = 360 \text{ [kW]}$$

답 360 [kW]

15

기존 광원에 비해 LED 램프의 특성 5가지를 나열하시오.

정답

- 소형화·슬림화가 가능
- 고속 응답
- 고효율, 저전력
- 긴 수명, 친환경성
- 풍부한 색 재현성

16

용량 30 [kVA]의 단상 주상 변압기가 있다. 이 변압기의 어느 날의 부하가 30 [kW]로 4시간, 24 [kW]로 8시간 및 8 [kW]로 10시간이었다고 할 경우 이 변압기의 일부하율 및 전일효율을 구하시오. (단, 부하의 역률은 1, 변압기의 전부하 동손은 500 [W], 철손은 200 [W]이다)

(1) 일부하율

(2) 전일효율

정답

(1) 일부하율 = $\dfrac{(30 \times 4 + 24 \times 8 + 8 \times 10)/24}{30} \times 100 = 54.44$ [%] **답** 54.44 [%]

(2) 전일효율
- 출력량 $P = 30 \times 4 + 24 \times 8 + 8 \times 10 = 392$ [kWh]
- 동손량 $P_c = 0.5 \left\{ \left(\dfrac{30}{30}\right)^2 \times 4 + \left(\dfrac{24}{30}\right)^2 \times 8 + \left(\dfrac{8}{30}\right)^2 \times 10 \right\} = 4.92$ [kWh]
- 철손량 $P_i = 24 \times 0.2 = 4.8$ [kWh]
- 전일효율 $\eta = \dfrac{392}{392 + 4.8 + 4.92} \times 100 = 97.58$ [%] **답** 97.58 [%]

17

다음 회로에서 전원전압이 공급될 때 최대 전류계의 측정 범위가 500 [A]인 전류계로 전류값이 1500 [A]인 전류를 측정하려고 한다. 전류계와 병렬로 몇 [Ω]의 저항을 연결하면 측정이 가능한지 계산하여 구하시오. (단, 전류계의 내부저항은 100 [Ω]이다)

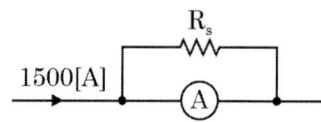

정답

■ 계산과정

• 배율 $n = \dfrac{1500}{500} = 3$

• $R_s = \dfrac{R_a}{n-1} = \dfrac{100}{3-1} = 50\,[\Omega]$ 답 $50\,[\Omega]$

핵심이론

□ 배율기 : 전압계의 측정 범위를 확대하기 위해 사용하며, 전압계에 직렬로 연결함

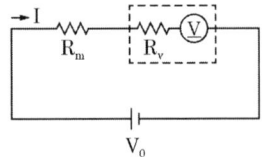

• $R_m = (m-1)R_v\,[\Omega]$
  R_m : 배율기 저항 R_v : 전압계 내부저항

• $\dfrac{V_0 (측정해야\ 할\ 값)}{V(전압계\ 지시값)} = m(배율)$

□ 분류기 : 전류계의 측정 범위를 확대하기 위해 사용하며, 전류계에 병렬로 연결함

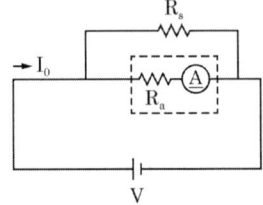

• $R_s = \dfrac{R_a}{m-1}\,[\Omega]$
  R_s : 분류기 저항 R_a : 전류계 내부저항

• $\dfrac{I_0 (측정해야\ 할\ 값)}{I(전압계\ 지시값)} = m(배율)$

18

축전지에 대한 다음 각 질문에 답하시오.

(1) 연축전지의 고장으로 전 셀의 전압이 불균형이 크고 비중이 낮았을 때 추정할 수 있는 원인은?
(2) 연축전지와 알칼리축전지의 1셀당 기전력은 약 몇 [V]인가?
(3) 알칼리 축전지에 불순물이 혼입되었다면 어떤 현상이 나타나는가?

정답

(1) 방전 상태로 방치, 충전 부족으로 장기간 사용, 불순물의 혼입
(2) 연축전지 2.0 [V/cell], 알칼리축전지 1.2 [V/cell]
(3) 전해액의 착색 및 용량의 감소

01

전등, 콘센트만 사용하는 220 [V], 총 부하산정 용량 12000 [VA]의 부하가 있다. 이 부하의 분기회로수를 계산하여 구하시오. (단, 16 [A] 분기회로로 한다)

정답

■ 계산과정

$$\text{분기회로 수} = \frac{\text{상정 부하설비의 합[VA]}}{\text{전압} \times \text{분기회로전류}} = \frac{12000}{220 \times 16} = 3.41 \text{회로}$$

답 16 [A] 분기 4회로

02

다음 도면은 어느 수전설비의 단선결선도이다(일부 생략). 질문에 답하시오.

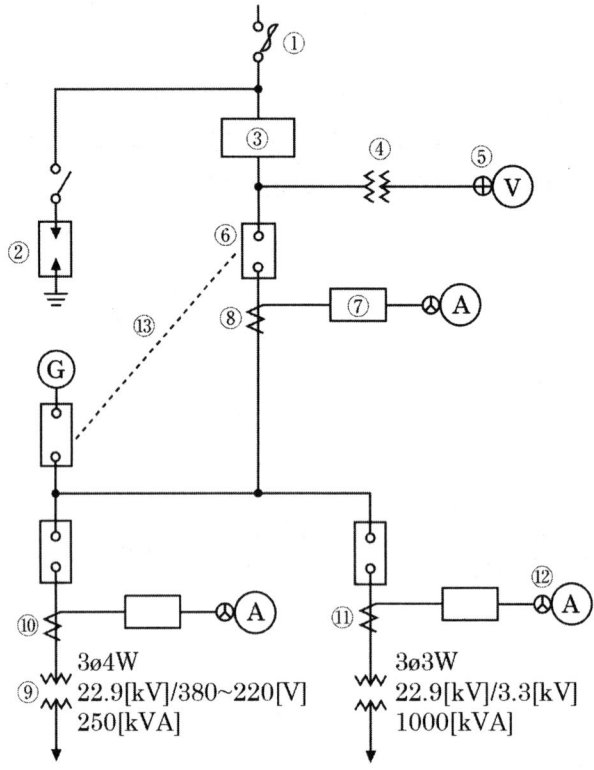

(1) ① ~ ⑧, ⑫에 해당되는 부분의 명칭과 용도를 쓰시오.

(2) ④의 기기의 1차, 2차 전압은?

(3) ⑨ 변압기 2차 측 결선 방법은?

(4) ⑩, ⑪ 변류기의 1차, 2차 전류는 몇 [A]인가? (단, CT 정격전류는 부하 정격전류의 1.5배로 한다)

(5) ⑬과 같이 하는 목적은 무엇인가?

(1)

번호	명칭	용도
①	전력 퓨즈	일정한 값 이상의 과전류 및 단락전류를 차단
②	피뢰기	이상전압이 내습하면 이를 대지로 방전하고 속류를 차단
③	전력 수급용 계기용 변성기	전력량계를 위해 PT와 CT를 한 탱크 안에 넣은 것
④	계기용 변압기	고전압을 저전압으로 변성하여 계기 및 계전기 등의 전원 공급
⑤	전압계용 전환 개폐기	1대의 전압계로 3상 각 전압을 측정하기 위한 전환 개폐기
⑥	차단기	단락사고, 과부하, 지락사고 등 사고 전류와 부하전류를 차단하기 위한 장치
⑦	과전류 계전기	정정값 이상의 전류가 흐르면 동작하여 차단기의 트립코일 여자
⑧	변류기	대전류를 소전류로 변성하여 계기 및 계전기에 전원 공급
⑫	전류계용 전환 개폐기	1대의 전류계로 3상 각 상의 전류를 측정하기 위한 전환 개폐기

(2) 1차 전압 : $\frac{22900}{\sqrt{3}}$ [V], 2차 전압 : 110 [V]

(3) Y결선

(4) ⑩ $I_1 = \frac{250}{\sqrt{3} \times 22.9} = 6.3$ [A]

∴ $6.3 \times 1.5 = 9.45$ [A]이므로 변류비 10/5 선정

∴ $I_2 = \frac{250}{\sqrt{3} \times 22.9} \times \frac{5}{10} = 3.15$ [A]

답 1차 전류 6.3 [A], 2차 전류 3.15 [A]

⑪ $I_1 = \frac{1000}{\sqrt{3} \times 22.9} = 25.21$ [A]

∴ $25.21 \times 1.5 = 37.82$ [A]이므로 변류비 40/5 선정

∴ $I_2 = \frac{1000}{\sqrt{3} \times 22.9} \times \frac{5}{40} = 3.15$ [A]

답 1차 전류 25.21 [A], 2차 전류 3.15 [A]

(5) 상용 전원과 예비 전원의 동시 투입을 방지한다(인터록).

03

500 [kVA]의 변압기에 역률 60 [%]의 부하 500 [kVA]가 접속되어 있다. 이 부하와 병렬로 콘덴서를 접속해서 합성 역률을 90 [%]로 개선하면 부하를 몇 [kW] 증가시킬 수 있는지 구하시오.

정답

■ 계산과정

- 역률 개선 전 유효 전력 $P_1 = 500 \times 0.6 = 300$ [kW]
- 역률 개선 후 유효 전력 $P_2 = 500 \times 0.9 = 450$ [kW]

따라서 증가시킬 수 있는 유효 전력 $P = P_2 - P_1 = 450 - 300 = 150$ [kW]

답 150 [kW]

04

단상 500 [kVA] 변압기 3대를 △-Y결선으로 하였을 경우 저압 측에 설치하는 차단기의 차단 용량을 계산하여 구하시오. (단, 변압기의 임피던스는 5 [%]이다)

정답

■ 계산과정

$$P_s = \frac{100}{\%Z} P_n = \frac{100}{5} \times 500 \times 3 \times 10^{-3} = 30 \text{ [MVA]}$$

답 30 [MVA]

05

다음 주어진 조건을 이용하여 A점에 대한 법선 조도와 수평면 조도를 계산하여 구하시오. (단, 전등의 전광속은 20000 [lm]이며 광도의 θ는 그래프 상에서 값을 읽는다)

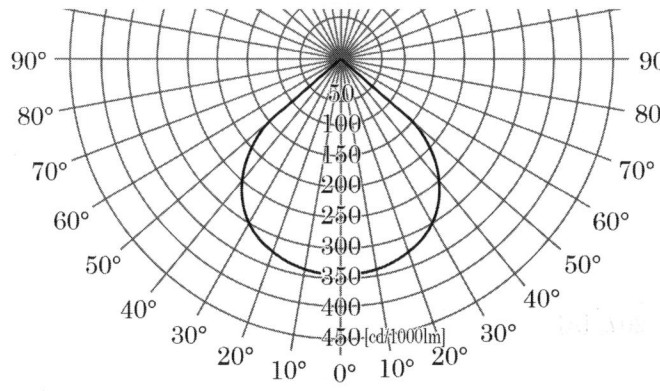 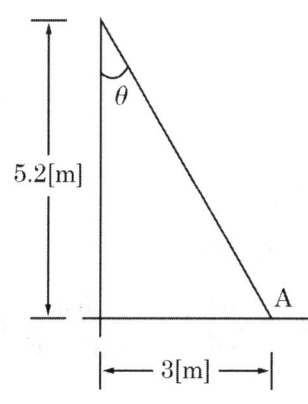

■ 계산과정

$$\cos\theta = \frac{h}{\sqrt{h^2+a^2}} = \frac{5.2}{\sqrt{5.2^2+3^2}} = 0.866 \qquad \therefore \theta = \cos^{-1}0.866 = 30°$$

30°에서 만나는 배광곡선은 1000 [lm] 기준으로 300 [cd]이므로

- 전등의 광도 $I = 20000 \times \dfrac{300}{1000} = 6000$ [cd]

- 법선 조도 $E_n = \dfrac{I}{r^2} = \dfrac{6000}{5.2^2+3^2} = 166.48$ [lx]

- 수평면 조도 $E_h = \dfrac{I}{r^2}\cos\theta = \dfrac{6000}{5.2^2+3^2} \times 0.866 = 144.17$ [lx]

답 법선 조도 : 166.48 [lx], 수평면 조도 : 144.17 [lx]

06

150 [kVA], 22.9 [kV]/380 – 220 [V], %저항 3 [%], %리액턴스 4 [%]일 때 정격전압에서 단락전류는 정격전류의 몇 배인지 구하시오. (단, 전원 측의 임피던스는 무시한다)

정답

■ 계산과정

$$I_s = \frac{100}{\%Z} I_n = \frac{100}{\sqrt{3^2 + 4^2}} I_n = 20 I_n \text{ [A]}$$

답 20배

07

철손과 동손이 같을 때 변압기 효율은 최고로 된다. 단상 220 [V], 50 [kVA]의 변압기의 정격전압에서 철손은 10 [W], 전부하에서 동손은 160 [W]이면 효율이 가장 크게 되는 것은 몇 [%]인가?

정답

■ 계산과정

$$m = \sqrt{\frac{P_i}{P_c}} \times 100 = \sqrt{\frac{10}{160}} \times 100 = 25 \text{ [%]}$$

답 25 [%]

08

수용률(Demand Factor)을 식으로 나타내고 서술하시오.

정답

- 식 : 수용률 = $\dfrac{\text{최대수용전력}}{\text{설비 용량}} \times 100\ [\%]$

- 설명 : 최대전력과 부하설비 용량과의 비를 말하며, 최대전력은 수용가의 계약 용량과 수전용 변압기의 용량을 결정하는 중요한 계수

09

변전소의 주요 기능 4가지를 나열하시오.

정답

① 전압의 변성과 조정 ② 전력의 집중과 배분
③ 전력 조류의 제어   ④ 송배전선로 및 변전소의 보호

10

단상 변압기 3대를 △-△결선하고, 이 결선 방식의 장점과 단점을 3가지씩 나열하시오.

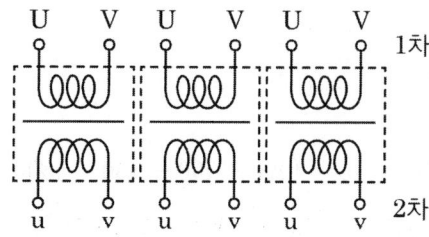

정답

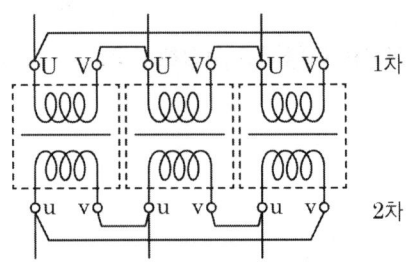

(1) 장점
① 제3고조파 전류가 △결선 내를 순환하므로 정현파 교류 전압을 유기하여 기전력의 파형이 왜곡되지 않는다.
② 1대가 고장이 나면 나머지 2대로 V결선하여 사용할 수 있다.
③ 각 변압기의 상전류가 선전류의 $\frac{1}{\sqrt{3}}$이 되어 대전류에 적합하다.

(2) 단점
① 중성점을 접지할 수 없으므로 지락사고의 검출이 곤란하다.
② 권수비가 다른 변압기를 결선하면 순환전류가 흐른다.
③ 각 상의 임피던스가 다를 경우 3상 부하가 평형이 되어도 변압기의 부하전류는 불평형이 된다.

11

3상 송전선의 각 선의 전류가 $I_a = 220 + j50$ [A], $I_b = -150 - j300$ [A], $I_c = -50 + j150$ [A]일 때 이것과 병행으로 가설된 통신선에 유기되는 전자유도전압의 크기는 약 몇 [V]인지 구하시오. (단, 송전선과 통신선 사이의 상호 임피던스는 15 [Ω]이다)

정답

■ 계산과정

$E_m = -j\omega Ml(I_a + I_b + I_c) = j15 \times (220 + j50 - 150 - j300 - 50 + j150)$
$= j15 \times (20 - j100) = j15 \times \sqrt{20^2 + 100^2} = 1529.71$ [V]

답 1529.71 [V]

12

대지전압이란 무엇과 무엇 사이의 전압을 말하는지 접지식 전로와 비접지식 전로를 구분하여 적으시오.

정답

- 접지식 전로 : 전선과 대지 사이의 전압
- 비접지식 전로 : 전선과 그 전로 중 임의의 다른 전선 사이의 전압

13

수전실 등의 시설과 관련하여 변압기, 배전반 등 수전설비는 보수 점검에 필요한 공간 및 방화상 유효한 공간을 유지하기 위하여 주요 부분이 유지하여야 할 거리를 정하고 있다. 다음 표에서 기기별 최소 유지거리를 써 넣으시오.

기기별 \ 위치별	앞면 또는 조작·계측면	뒷면 또는 점검면	열 상호 간(점검하는 면)
특별고압 배전반	[m]	[m]	[m]
저압 배전반	[m]	[m]	[m]

정답

기기별 \ 위치별	앞면 또는 조작·계측면	뒷면 또는 점검면	열 상호 간(점검하는 면)
특별고압 배전반	1.7 [m]	0.8 [m]	1.4 [m]
저압 배전반	1.5 [m]	0.6 [m]	1.2 [m]

핵심이론

□ 수전설비의 배전반 등의 최소유지거리(내선규정 3220-4)

위치별 기기별	앞면 또는 조작·계측면	뒷면 또는 점검면	열 상호 간(점검하는 면)
특고압 배전반	1.7 [m]	0.8 [m]	1.4 [m]
고압 배전반	1.5 [m]	0.6 [m]	1.2 [m]
저압 배전반	1.5 [m]	0.6 [m]	1.2 [m]
변압기 등	0.6 [m]		

14 [5점]

부하설비가 각각 A – 30 [kW], B – 25 [kW], C – 50 [kW], D – 40 [kW] 되는 수용가가 있다. 이 수용장소의 수용률이 A와 B는 각각 80 [%], C와 D는 각각 60 [%]이고, 이 수용장소의 부등률은 1.3이다. 이 수용장소의 종합 최대전력은 몇 [kW]인지 구하시오.

정답

■ 계산과정

$$\text{종합 최대전력} = \frac{\text{설비 용량} \times \text{수용률}}{\text{부등률}} = \frac{(30+25) \times 0.8 + (50+40) \times 0.6}{1.3} = 75.38$$

답 75.38 [kW]

15 [3점]

다음 PLC에 대한 내용에 대하여 아래 그림의 기능을 적으시오.

명칭	기호	기능
NOT	─╳─	

> **정답**

입·출력의 상태 반전 회로

16 (5점)

부하의 역률을 개선하는 원리를 간단히 서술하시오.

> **정답**

부하의 대부분은 유도성이므로 부하를 사용하게 되면 역률이 저하한다. 따라서 역률을 개선하기 위하여 부하에 병렬로 콘덴서(용량성)를 설치하여 진상무효분을 공급하여 지상무효전력을 감소시켜 역률을 개선한다.

17 (4점)

다음 부울대수 논리식을 간단히 나타내시오.

$$AB + A(B + C) + B(B + C)$$

> **정답**

$$\begin{aligned} AB + A(B + C) + B(B + C) &= AB + AB + AC + BB + BC \\ &= AB + AC + B + BC \\ &= AC + B(A + 1 + C) \\ &= AC + B \end{aligned}$$

01

22.9 [kV]인 3상 4선식의 다중접지 방식에서 다음 각 장소에 시설되는 피뢰기의 정격전압은 몇 [kV]이어야 하는지 쓰시오.

(1) 배전선로
(2) 변전소

정답

(1) 18 [kV]

(2) 21 [kV]

02

다음 적산 전력계에서 간선 개폐기까지의 거리는 10 [m]이고, 간선 개폐기에서 전동기, 전열기, 전등까지의 분기회로의 거리를 각각 20 [m]라 한다. 간선과 분기선의 전압강하를 각각 2 [V]로 할 때 부하전류를 계산하고, 표를 이용하여 전선의 굵기를 구하시오. (단, 모든 역률은 1로 가정한다)

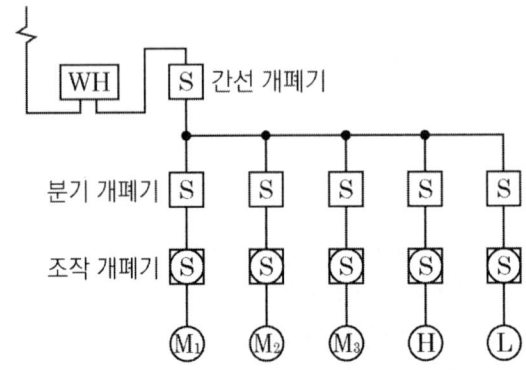

[조건]
- M_1 : 380 [V] 3상 전동기 10 [kW]
- M_2 : 380 [V] 3상 전동기 15 [kW]
- M_3 : 380 [V] 3상 전동기 20 [kW]
- H : 220 [V] 단상 전열기 3 [kW]
- L : 220 [V] 형광등 40 [W] × 2등용, 10개

〈전선 최대 길이(3상 3선식 · 380 [V] · 전압강하 3.8 [V])〉

전류 [A]	전선의 굵기[mm^2]											
	2.5	4	6	10	16	25	35	50	95	150	185	240	300
	전선 최대 길이[m]											
1	534	854	1281	2135	3416	5337	7472	10674	20281	32022	39494	51236	64045
2	267	427	640	1067	1708	2669	3736	5337	10140	16011	19747	25618	32022
3	178	285	427	712	1139	1779	2491	3558	6760	10674	13165	17079	21348
4	133	213	320	534	854	1334	1868	2669	2070	8006	9874	12809	16011
5	107	171	256	427	683	1067	1494	2135	4056	6404	7899	10247	12809
6	89	142	213	356	569	890	1245	1779	3380	5337	6582	8539	10674
7	76	122	183	305	488	762	1067	1525	2897	4575	5642	7319	9149
8	67	107	160	267	427	667	934	1334	2535	4003	4937	6404	8006
9	59	95	142	237	380	593	830	1186	2253	3558	4388	5693	7116
12	44	71	107	178	258	445	623	890	1690	2669	3291	4270	5337
14	38	61	91	152	244	381	534	762	1449	2287	2821	3660	4575
15	36	57	85	142	228	356	498	712	1352	2135	2633	3416	4270
16	33	53	80	133	213	334	467	667	1268	2001	2168	3202	4003
18	30	47	71	119	190	297	415	593	1127	1779	2194	2846	3558
25	21	34	51	85	137	213	299	427	811	1281	1580	2049	2562
35	15	24	37	61	98	152	213	3054	579	915	1128	1464	1830
45	12	19	28	47	76	119	166	237	451	712	878	1139	1423

[주] 1. 전압강하가 2 [%] 또는 3 [%]의 경우 전선길이는 각각 이 표의 2배 또는 3배가 된다. 다른 경우에도 이 예에 따른다.
2. 전류가 20 [A] 또는 200 [A] 경우의 전선길이는 각각 이 표의 전류 2 [A] 경우의 1/10 또는 1/100이 된다. 다른 경우에도 이 예에 따른다.
3. 이 표는 평형 부하의 경우에 대한 것이다.
4. 이 표는 역률 1로 하여 계산한 것이다.

(1) 간선의 굵기

각 부하전류를 구하면

$I_{M1} = \dfrac{10}{\sqrt{3} \times 0.38} = 15.19 \ [\text{A}]$

$I_{M2} = \dfrac{15}{\sqrt{3} \times 0.38} = 22.79 \ [\text{A}]$

$I_{M3} = \dfrac{20}{\sqrt{3} \times 0.38} = 30.39 \ [\text{A}]$

$I_H = \dfrac{3,000}{220} = 13.64 \ [\text{A}]$

$I_L = \dfrac{(40 \times 2) \times 10}{220} = 3.64 \ [\text{A}]$

간선에 흐르는 전류는 $15.19 + 22.79 + 30.39 + 13.64 + 3.64 = 85.65 \ [\text{A}]$

따라서 전선의 최대 긍장

$L = \dfrac{\text{배선설계의 긍장} \times \dfrac{\text{부하의 최대사용전류}}{\text{표의 전류}}}{\dfrac{\text{배선설계의 전압강하}}{\text{표의 전압강하}}} = \dfrac{10 \times \dfrac{85.65}{1}}{\dfrac{2}{3.8}} = 1627.35 \ [\text{m}]$

간선의 굵기는 표에 의해서 10 [mm²]이 된다.

(2) 분기선의 굵기는

- $L_{M1} = \dfrac{20 \times \dfrac{15.19}{1}}{\dfrac{2}{3.8}} = 577.22 \ [\text{m}] \rightarrow 4 \ [\text{mm}^2]$

- $L_{M2} = \dfrac{20 \times \dfrac{22.79}{1}}{\dfrac{2}{3.8}} = 866.02 \ [\text{m}] \rightarrow 6 \ [\text{mm}^2]$

- $L_{M3} = \dfrac{20 \times \dfrac{30.39}{1}}{\dfrac{2}{3.8}} = 1154.82 \ [\text{m}] \rightarrow 6 \ [\text{mm}^2]$

- $L_H = \dfrac{20 \times \dfrac{13.64}{1}}{\dfrac{2}{3.8}} = 518.32 \ [\text{m}] \rightarrow 2.5 \ [\text{mm}^2]$

- $L_L = \dfrac{20 \times \dfrac{3.64}{1}}{\dfrac{2}{3.8}} = 138.32 \ [\text{m}] \rightarrow 2.5 \ [\text{mm}^2]$

03

어떤 콘덴서 3개를 선간전압 3300 [V], 주파수 60 [Hz]의 선로에 △로 접속하여 60 [kVA]가 되도록 하려면 콘덴서 1개의 정전 용량[μF]은 약 얼마로 하여야 하는지 구하시오.

정답

■ 계산과정

$$Q = 3EI_c = 3E\frac{E}{X_c} = 3E\frac{E}{\frac{1}{\omega C}} = 3\omega CE^2 = 3\omega CV^2 = 3 \times 2\pi f CV^2 \text{이므로,}$$

1개의 정전 용량 $C = \dfrac{Q}{6\pi f V^2} = \dfrac{60 \times 10^3}{6\pi \times 60 \times 3300^2} \times 10^6 = 4.87\ [\mu F]$ 답 4.87 [μF]

04

그림과 같은 계통에서 측로 단로기 T1을 통하여 부하에 공급하고 차단기 CB를 점검하기 위한 조작 순서를 적으시오. (단, 평상시에 T1은 열려 있는 상태이다)

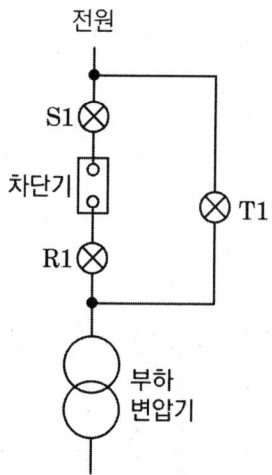

정답

T1(ON) → 차단기(OFF) → R1(OFF) → S1(OFF)

05

그림과 같은 유도 전동기의 미완성 시퀀스 회로도를 보고 다음 각 질문에 답하시오.

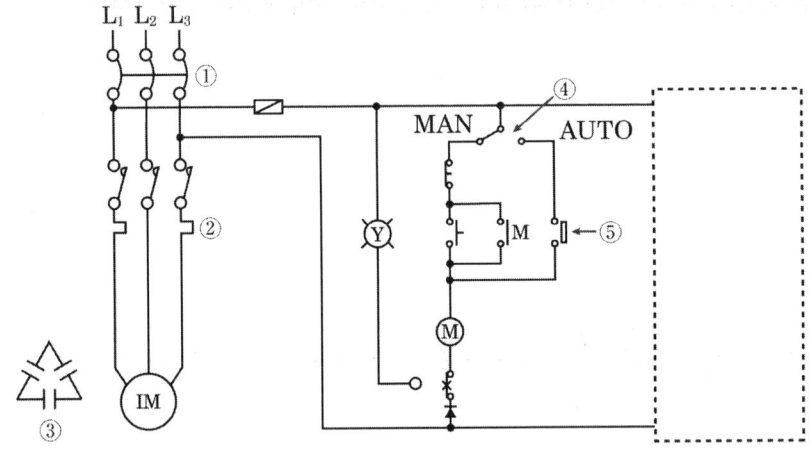

(1) 도면에 표시된 ① ~ ⑤의 약호와 명칭을 쓰시오.
(2) 도면에 그려져 있는 Y등은 어떤 역할을 하는 등인가?
(3) 전동기가 정지하고 있을 때는 녹색등 G가 점등되고, 전동기가 운전 중일 때는 녹색등 G가 소등되고 적색등 R이 점등되도록 표시등 G, R을 회로의 빈 곳에 설치하시오.
(4) ③의 결선도를 완성하고 역할을 쓰시오.

정답

(1)

번호	①	②	③	④	⑤
약호	MCCB	Thr	SC	SS	LS
명칭	배선용 차단기	열동 계전기	전력용 콘덴서	셀렉터 스위치	리미트 스위치

(2) 과부하 시 동작 표시램프

(3), (4)

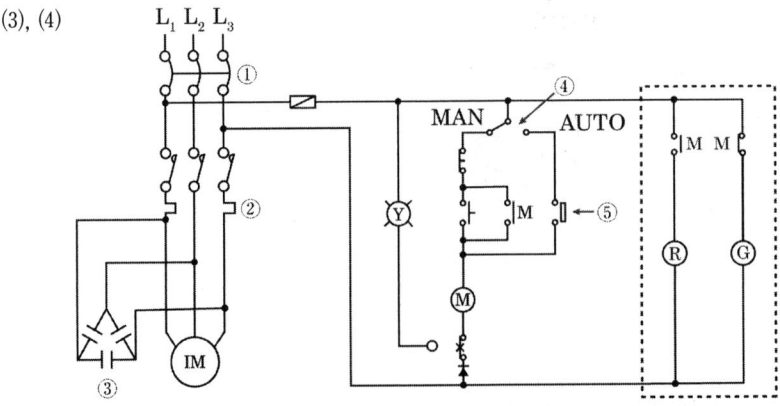

- ③의 역할 : 역률을 개선한다.

06

3상 4선식 송전선에서 한 선의 저항이 10 [Ω], 리액턴스가 20 [Ω]이고, 송전단 전압이 6600 [V], 수전단 전압이 6100 [V]이었다. 수전단의 부하를 끊은 경우 수전단 전압이 6300 [V], 부하 역률이 0.8일 때 다음 각 질문에 답하시오.

(1) 전압강하율을 구하시오.

(2) 전압변동률을 구하시오.

(3) 이 송전선로의 수전 가능한 전력[kW]을 구하시오.

정답

(1) 전압강하율 $\delta = \dfrac{V_s - V_r}{V_r} \times 100 = \dfrac{6600 - 6100}{6100} \times 100 = 8.2\ [\%]$

답 8.2 [%]

(2) 전압변동률 $\epsilon = \dfrac{V_{r0} - V_r}{V_r} \times 100 = \dfrac{6300 - 6100}{6100} \times 100 = 3.28\ [\%]$

답 3.28 [%]

(3) 전압강하 $e = V_s - V_r = 6600 - 6100 = 500\ [V]$

$e = \dfrac{P(R + X\tan\theta)}{V_r}$ 에서

수전전력 $P = \dfrac{eV_r}{R + X\tan\theta} = \dfrac{500 \times 6100}{10 + 20 \times \dfrac{0.6}{0.8}} \times 10^{-3} = 122\ [kW]$

답 122 [kW]

07

매분 10 [m³]의 물을 높이 15 [m]인 탱크에 양수하는 데 필요한 전력을 V결선한 변압기로 공급한다면, 여기에 필요한 단상 변압기 1대의 용량은 몇 [kVA]인지 구하시오. (단, 펌프와 전동기의 합성 효율은 65 [%], 전동기의 전부하 역률은 95 [%], 펌프의 축동력은 15 [%]의 여유를 본다고 한다)

정답

■ 계산과정

부하 용량 $P = \dfrac{9.8 QHK}{\eta \times \cos\theta} = \dfrac{9.8 \times \dfrac{10}{60} \times 15 \times 1.15}{0.65 \times 0.95} = 45.63$ [kVA]

V결선했을 경우의 출력 $P_V = \sqrt{3}\, K$ [kVA] = 45.63 [kVA]

따라서 변압기 1대 정격 용량 $K = \dfrac{45.63}{\sqrt{3}} = 26.34$ [kVA]

답 26.34 [kVA]

핵심이론

□ 발전기 용량
 (1) 수력발전기 용량 $P_a = 9.8 QHK\eta$ [kW]
 (2) 펌프 용량 $P = \dfrac{9.8 QHK}{\eta}$ [kW]

Q : 유량[m³/s], H : 낙차 높이[m], K : 여유계수, η : 효율

08

그림과 같이 전등만의 2군 수용가가 각각 1대씩의 변압기를 통해서 전력을 공급받고 있다. 각 군 수용가의 총설비 용량은 각각 50 [kW] 및 30 [kW]라고 한다. 각 군 수용가의 최대 부하를 계산하여 구하시오. 또한 고압 간선에 걸리는 최대 부하는 얼마로 되는지 구하시오. (단, 변압기 상호 간의 부등률은 1.2라고 한다)

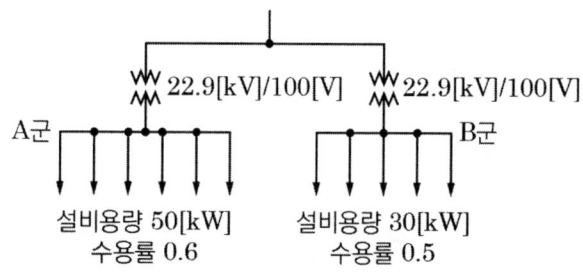

(1) A군의 최대 부하

(2) B군의 최대 부하

(3) 간선에 걸리는 최대 부하

정답

(1) A군의 최대 부하 $T_A = 50 \times 0.6 = 30$ [kW]

답 30 [kW]

(2) B군의 최대 부하 $T_B = 30 \times 0.5 = 15$ [kW]

답 15 [kW]

(3) 간선에 걸리는 최대 부하 $= \dfrac{T_A + T_B}{부등률} = \dfrac{30 + 15}{1.2} = 37.5$ [kW]

답 37.5 [kW]

09

금속관 배선의 교류회로에서 1회로의 전선 전부를 동일 관내에 넣는 것을 원칙으로 하는데, 그 이유는 무엇인지 설명하시오.

> **정답**

전자적 불평형을 방지하기 위하여

10

최대 눈금 250 [V]인 전압계 V_1, V_2를 직렬로 접속하여 측정하면 몇 [V]까지 측정할 수 있는지 계산하시오. (단, 전압계 내부저항은 V_1은 15 [kΩ], V_2는 18 [kΩ]으로 한다)

> **정답**

■ 계산과정

전압 분배법칙 $V_1 = \dfrac{15}{18} \times 250 = 208.33\ [\text{V}]$

$V = V_1 + V_2 = 208.33 + 250 = 458.33\ [\text{V}]$

답 458.33 [V]

11

다음은 22.9 [kV] 수변전설비 결선도이다. 질문에 답하시오.

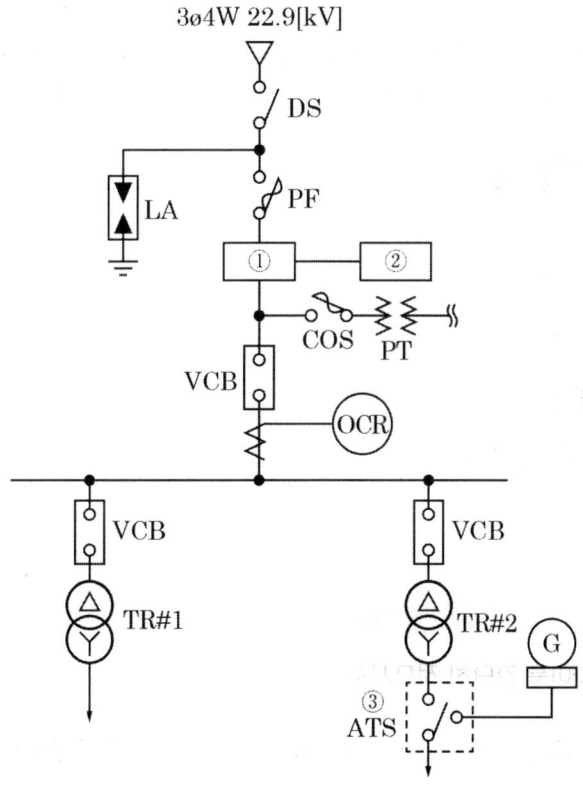

(1) 22.9 [kV - Y] 계통에서는 수전설비 지중 인입선으로 어떤 케이블을 사용하여야 하는가?

(2) ①, ②의 약호는?

(3) ③ ATS의 기능은 무엇인가?

(4) △ - Y 변압기 결선도를 그리시오.

(5) DS 대신 사용할 수 있는 기기는?

(6) 전력용 퓨즈의 가장 큰 단점은 무엇인가?

> 정답

(1) CNCV - W(수밀형) 또는 TR CNCV - W(트리억제형)

(2) ① MOF ② WH

(3) 주전원의 정전 시 또는 기준치 이하로 전압이 떨어질 경우 예비전원으로 자동 전환시킴으로써 정전 시간을 단축시킬 수 있는 개폐기

(4)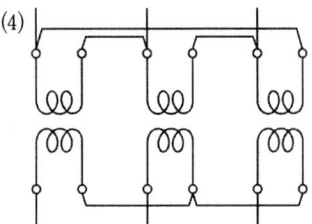

(5) 자동고장구분 개폐기

(6) 동작 후 재투입이 불가능하다.

12 [5점]

피뢰기와 피뢰침의 차이를 간단히 적으시오.

항목	피뢰기(Lightning Arrester)	피뢰침(Lightning Rod)
사용 목적		
취부 위치		

> 정답

항목	피뢰기(Lightning Arrester)	피뢰침(Lightning Rod)
사용 목적	이상전압 시 대지로 방전하고 그 속류를 차단	건축물과 내부의 사람이나 물체를 뇌해로부터 보호
취부 위치	• 발전소·변전소 또는 이에 준하는 장소의 가공전선 인입구 및 인출구 • 가공전선로에 접속하는 배전용 변압기의 고압 측 및 특고압 측 • 고압 및 특고압 가공전선로로부터 공급을 받는 수용장소의 인입구 • 가공전선로와 지중전선로가 접속되는 곳	• 지면상 20 [m] 이상인 건축물이나 공작물 • 소방법에서 정한 위험물, 화약류 저장소, 옥외탱크 저장소 등

13

변류비 40/5인 CT 2개를 그림과 같이 접속할 때 전류계에 2 [A]가 흐른다면 CT 1차 측에 흐르는 전류는 몇 [A]인지 구하시오.

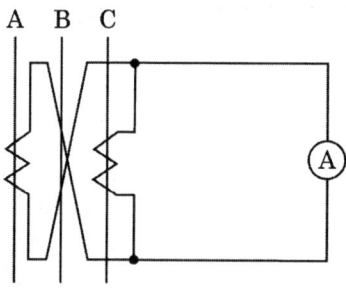

정답

■ 계산과정

CT 1차 측 전류 = 전류계 지시값 $\times \dfrac{1}{\sqrt{3}} \times$ 변류비 $= 2 \times \dfrac{1}{\sqrt{3}} \times \dfrac{40}{5} = 9.24$ [A]

답 9.24 [A]

14

가공전선로의 이도(처짐정도)가 너무 크거나 너무 작을 시 전선로에 미치는 영향 4가지를 적으시오.

정답

- 이도의 대소는 지지물의 높이를 좌우한다.
- 이도가 너무 크면 전선은 그만큼 좌우로 크게 진동해서 다른 상의 전선에 접촉하거나 수목에 접촉해서 위험을 준다.
- 이도가 너무 크면 도로, 철도, 통신선 등의 횡단 장소에서는 접촉될 위험이 있다.
- 이도가 너무 작으면 전선의 장력이 증가하여 전선의 단선 우려가 있다.

15

다음과 같은 부하특성을 소결식 알칼리 축전지의 용량 저하율 L은 0.85이고, 최저 축전지 온도는 5 [℃], 허용 최저 전압은 1.06 [V/cell]일 때 축전지 용량은 몇 [Ah]인지 구하시오. (단, 여기서 용량환산시간 $K_1 = 1.22$, $K_2 = 0.98$, $K_3 = 0.52$)

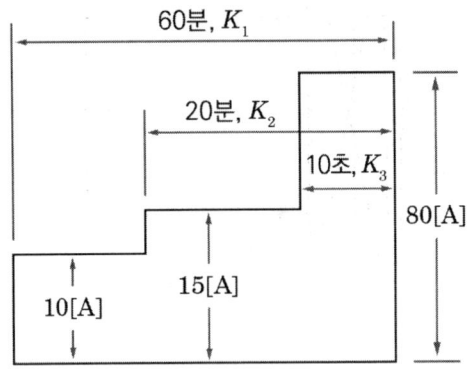

정답

■ 계산과정

$$C = \frac{1}{L}[K_1 I_1 + K_2 (I_2 - I_1) + K_3 (I_3 - I_2)]$$

$$= \frac{1}{0.85} \times [1.22 \times 10 + 0.98(15 - 10) + 0.52(80 - 15)] = 59.88 \text{ [Ah]}$$

답 59.88 [Ah]

16

다음의 조명 효율에 대해 서술하시오.

(1) 전등효율

(2) 발광효율

(1) 전등효율 : 소비전력에 대한 발산광속의 비 $\eta = \dfrac{F}{P}$ [lm/W]

(2) 발광효율 : 방사속에 대한 광속의 비 $\eta' = \dfrac{F}{\phi}$ [lm/W]

17

그림과 같은 PLC 시퀀스(래더 다이어그램)가 있다. 질문에 답하시오.

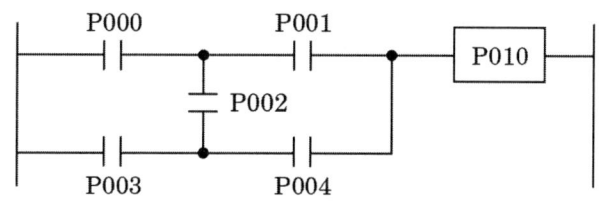

(1) PLC 프로그램에서의 신호 흐름은 단방향이므로 시퀀스를 수정해야 한다. 문제의 도면을 바르게 작성하시오.

(2) PLC 프로그램을 표의 ① ~ ⑧에 완성하시오. (단, 명령어는 LOAD, AND, OR, NOT, OUT를 사용한다)

주소	명령어	번지	주소	명령어	번지
0	LOAD	P000	7	AND	P002
1	AND	P001	8	⑤	⑥
2	①	②	9	OR LOAD	
3	AND	P002	10	⑦	⑧
4	AND	P004	11	AND	P004
5	OR LOAD		12	OR LOAD	
6	③	④	13	OUT	P010

(1)
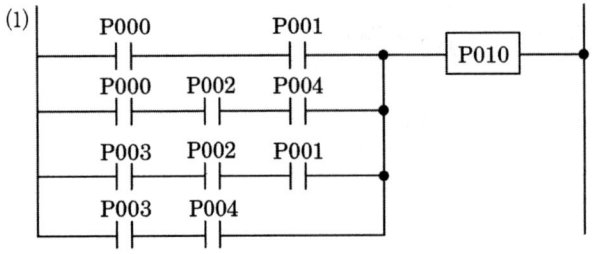

(2) ① LOAD ② P000 ③ LOAD ④ P003
　　⑤ AND ⑥ P001 ⑦ LOAD ⑧ P003

모아바 www.moa-ba.com
모아소방전기학원 www.moate.co.kr

[모아] 전기산업기사 실기 과년도 10개년(개정판)

발행일	2024년 4월 8일 개정판 1쇄
지은이	김영언, 천은지
발행인	황모아
발행처	(주)모아교육그룹
주 소	서울특별시 영등포구 영신로 32길 29 세화빌딩 2층
전 화	02-2068-2393(출판, 주문)
등 록	제2015-000006호 (2015.1.16.)
이메일	moagbooks@naver.com
누리집	www.moate.co.kr
ISBN	979-11-6804-256-8 (13560)

이 책의 가격은 뒤표지에 있습니다.

Copyright ⓒ (주)모아교육그룹 Co., Ltd. All Rights Reserved.

이 책은 저작권법에 의해 보호를 받는 저작물이므로 저자와 출판사의 서면 허락 없이 내용의 전부 또는 일부를 이용하는 것을 금합니다.

전기산업기사 합격!
여러분의 합격은 모아의 보람입니다.

끊임없이 변화를 추구하는 교육기업
모아교육그룹

모아를 선택해주신 여러분께 감사드립니다.

- 모아는 혁신적인 교육을 통해 인간의 사고(思考)를 확장 및 변화시킬 수 있다고 믿고 있습니다.
- 모아는 미래를 교육으로 변화시킬 수 있다고 믿고 있습니다.
- 모아는 청년부터 장년, 중년, 노년까지의 성인교육에 중점을 두고 사업을 진행하고 있습니다.

초고령화, 불확실성의 시대
모아는 당신의 미래를 함께 하는 혁신적인 교육 플랫폼이 되겠습니다.